HTML 5

网页设计与制作案例教程

李兴莹　编著

清华大学出版社

北 京

内 容 简 介

本书是为适应中等职业学校培养计算机应用及软件技术领域技能紧缺人才的需要而编写的。本书从浅到深逐步讲解,通过语法、示例、案例的逐层递进方式阐释HTML 5的新特性。通过精彩案例,综合应用多种HTML 5技术,从而实现"知识是基础,能力是目标",且部分案例给出视频讲解。

本书适合所有想全面和深入学习HTML 5开发技术的人员阅读;对于大中专院校相关专业的学生和培训机构的学员,本书也是一本不可多得的参考书。

图书在版编目(CIP)数据

HTML 5网页设计与制作案例教程 / 李兴莹编著. —北京:清华大学出版社,2020.10(2022.7重印)
ISBN 978-7-302-55444-8

Ⅰ.①H… Ⅱ.①李… Ⅲ.①超文本标记语言—程序设计—教材 Ⅳ.①TP312.8

中国版本图书馆CIP数据核字(2020)第084743号

责任编辑:韩宜波
装帧设计:杨玉兰
责任校对:周剑云
责任印制:杨 艳
出版发行:清华大学出版社
    网 址:http://www.tup.com.cn, http://www.wqbook.com
    地 址:北京清华大学学研大厦A座   邮 编:100084
    社 总 机:010-83470000   邮 购:010-62786544
    投稿与读者服务:010-62776969, c-service@tup.tsinghua.edu.cn
    质量反馈:010-62772015, zhiliang@tup.tsinghua.edu.cn
印 装 者:涿州汇美亿浓印刷有限公司
经 销:全国新华书店
开 本:185mm×260mm 印 张:13 字 数:316千字
版 次:2020年10月第1版 印 次:2022年7月第2次印刷
定 价:66.00元

产品编号:084432-01

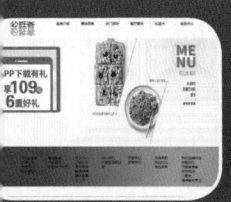

前 言 PREFACE

早期的 HTML 在非常长的时间里被人们认为是一种效率低下，且功能简单的网页开发技术。但 Web 技术的不断发展让"网页"和"应用"的界限越来越模糊，尤其是 HTML 5 的横空出世让 Web 变得更加强大。

HTML 5 标准草案最初发布于 2008 年，而后被各大浏览器厂商跟进，包括 Chrome、IE、Opera 和 Safari 等。它发展迅速，很快成为开发跨平台和跨设备应用的首选客户端技术。它能赋予浏览器强大的能力。

对于开发人员来讲，HTML 5 使得开发应用程序更加高效、快捷和简单，几十行代码便可以实现过去几百上千行代码才能实现的功能，真是省时省力。

1. 本书内容

全书共分为 8 章，分别讲解了设计网页文本内容、HTML 5 网页中的图像、使用 HTML 5 创建超链接、使用 HTML 5 创建表单与表格、HTML 5 中的多媒体、使用 JavaScript 完善网页效果、使用 HTML 5 绘制图形、HTML 5 中的文件与拖放等内容。

2. 本书特色

本书面向 HTML 5 的初、中级用户，采用由浅深入、循序渐进的讲解方法，内容丰富。

◎ 本书案例丰富，每章都有不同类型的案例，适合上机操作教学。

◎ 每个案例都是经过编写者精心挑选，可以引导读者发挥想象力，调动学习的积极性。

◎ 案例实用，技术含量高，与实践紧密结合。

◎ 配套资源丰富，方便教学。

3. 海量的电子学习资源和素材

本书附带大量的学习资料和视频教程，下面截图给出部分概览。

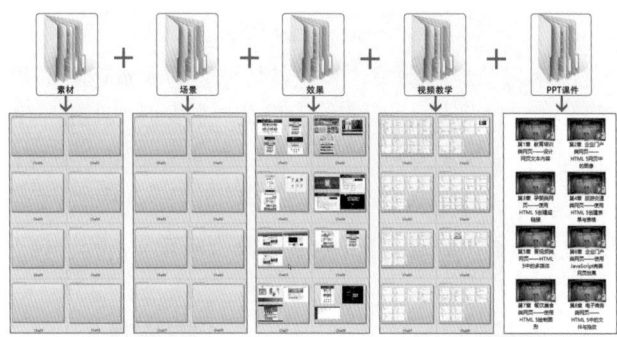

本书附带所有的素材文件、场景文件、效果文件、多媒体有声视频教学录像，读者在读完本书内容以后，可以调用这些资源进行深入学习。

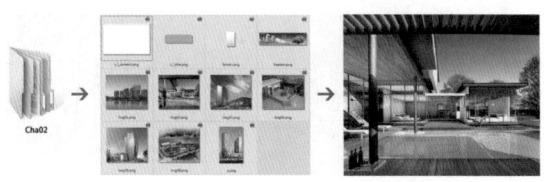

本书视频教学贴近实际，几乎手把手教学。

4. 本书约定

为便于阅读理解，本书的写作风格遵从如下约定：

● 本书中出现的中文菜单和命令将用鱼尾号（【】）括起来，以示区分。此外，为了使语句更简洁易懂，本书中所有的菜单和命令之间以竖线（｜）分隔，例如，单击【编辑】菜单，再选择【移动】命令，就用【编辑】|【移动】来表示。

● 使用加号（+）连接的两个或3个键表示快捷组合键，在操作时表示同时按下这两个或3个键。例如，Ctrl+V 是指在按下 Ctrl 键的同时，按下 V 字母键；Ctrl+Alt+F10 是指在按下 Ctrl 和 Alt 键的同时，按下功能键 F10。

● 在没有特殊指定时，单击、双击和拖动是指用鼠标左键单击、双击和拖动，右击是指用鼠标右键单击。

5. 读者对象

（1）HTML 5 的初学者。

（2）浏览器开发人员。

（3）大中专院校的学生。

（4）相关培训班的学员。

6. 致谢

本书由武汉传媒学院的李兴莹老师编写，其他参与编写的人员还有德州学院的李健泽、王浩、马春晖、孙文昊、董开放、王芮以及刘蒙蒙、朱晓文、李少勇，在此一并表示感谢。

本书的出版可以说凝结了许多优秀教师的心血，在这里衷心感谢对本书出版过程给予帮助的编辑老师、视频测试老师，感谢你们！

本书提供了案例的素材、场景、效果、PPT 课件以及视频教学，扫一扫下面的二维码，推送到自己的邮箱后下载获取。

素材、效果、视频教学 1　　　　　　场景、PPT 课件、视频教学 2

由于作者水平有限，书中错误在所难免，希望广大读者批评指正。

编　者

目 录 CONTENTS

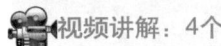视频讲解：4个

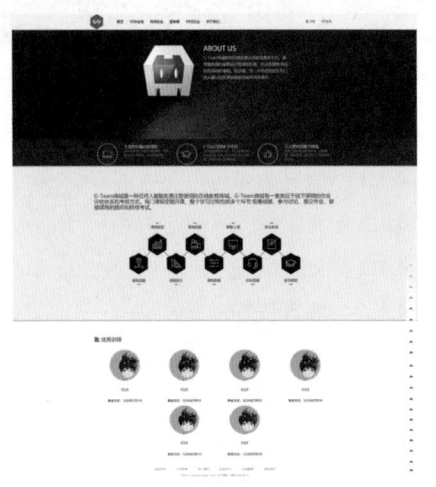

视频讲解：3个

**第3章 孕婴类网页—使用HTML5
创建超链接 ·········· 42**

视频讲解：3个

**第4章 旅游交通类网页——使用
HTML 5创建表单与
表格 ·················· 65**

视频讲解：4个

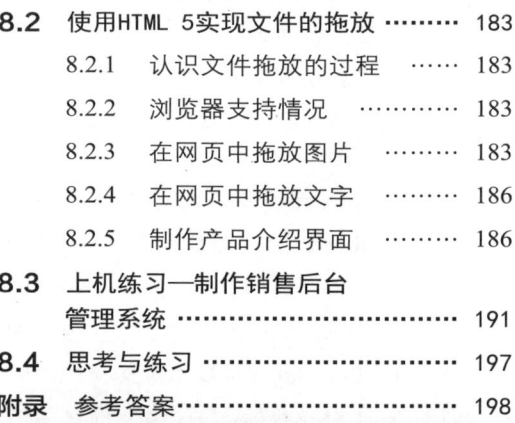

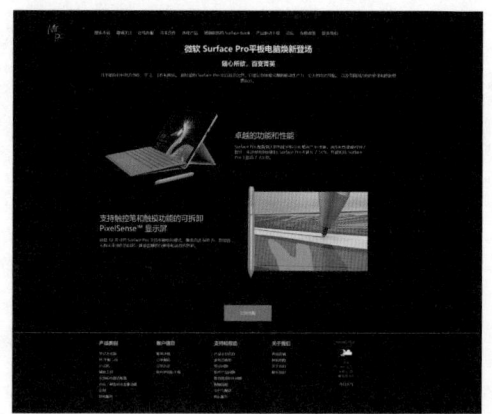

第 **1** 章　教育培训类网页——设计网页文本内容

本章主要介绍各种文字的表现形式，如段落、标题等，以及有序和无序列表的定义，在表现文字内容之余通过样式使其尽量美观。

基础知识
- ➤ 设置文本样式
- ➤ 设置段落样式
- ➤ 添加水平线

提高知识
- ➤ 添加有序、无序链接
- ➤ 使用其他方式添加水平线

本章通过设置文字样式、段落格式等网页文本内容，在展示内容的同时增强了文字的表现效果，使段落更加美观整洁，以及通过列表的使用使得条理表现更加清晰，提升用户体验。

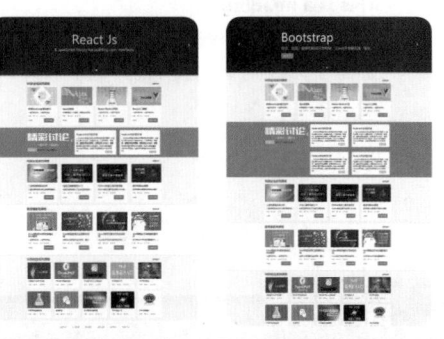

1.1 标题与文字格式

在 HTML 文档中，标题很重要。HTML 标题可以用来呈现文档结构，设置得当的标题有利于用户浏览网页。

1.1.1 设置文字标题及字体样式

标题（Heading）是通过 <h1>~<h6> 等标签（也称为标记）进行定义的。<h1> 定义最大的标题，<h6> 定义最小的标题。代码如图 1-1 所示，效果如图 1-2 所示。

```
1  <!DOCTYPE HTML>
2 ▼ <html>
3 ▼ <body>
4    <h1>My First Heading</h1>
5    <h2>This is a heading</h2>
6    <h3>This is a heading</h3>
7    <h4>This is a heading</h4>
8    <h5>This is a heading</h5>
9    <h6>This is a heading</h6>
10   </body>
11   </html>
```

My First Heading

This is a heading

This is a heading

This is a heading

This is a heading

This is a heading

图1-1　设置标题的示例代码　图1-2　设置标题的效果图

💡 提　示

浏览器会自动地在标题的前后添加空行。默认情况下，HTML 会自动地在块级元素前后添加一个额外的空行，比如段落、标题元素前后。

对字体的排版主要使用两个属性，一个是 align 属性，另外一个是 style 属性的 text-align 方法，但 align 属性在 HTML 5 中不受支持。代码如图 1-3 所示，效果如图 1-4 所示。

```
1  <!DOCTYPE HTML>
2 ▼ <html>
3 ▼ <body>
4    <h1 align="center">My First Heading</h1>
5    <h2 align="left">This is a heading</h2>
6    <h3 align="right">This is a heading</h3>
7    <h4 style="text-align: center">This is a heading</h4>
8    <h5 style="text-align: left">This is a heading</h5>
9    <h6 style="text-align: right">This is a heading</h6>
10   </body>
11   </html>
```

图1-3　设置对齐属性的示例代码

My First Heading

This is a heading

This is a heading

This is a heading

This is a heading

This is a heading

图1-4　设置对齐属性的效果图

值	描述
left	左对齐内容
right	右对齐内容
center	居中对齐内容
justify	对行进行伸展，这样每行都可以有相等的长度（就像在报纸和杂志中）

💡 提　示

请确保将标题标签只用于标题。不要仅仅是为了产生粗体或大号的文本而使用标题。搜索引擎使用标题为您的网页的结构和内容编制索引。因为用户可以通过标题来快速浏览您的网页，所以用标题来呈现文档结构是很重要的。应该将 h1 用作主标题（最重要的），其后是 h2（次重要的），再其次是 h3，依次类推。

设置字体的样式使用的是 style 属性的 font-family 方法，其中使字体倾斜使用 <i> 标签，使字体加粗使用 <b> 标签，设置字体下划线使用 <u> 标签。代码如图 1-5 所示，效果如图 1-6 所示。

```
1  <!DOCTYPE HTML>
2 ▼ <html>
3 ▼ <body>
4    <h1 align="center">My First Heading<u>下划线</u></h1>
5    <h2 align="left"><b>加粗</b>This is a heading</h2>
6    <h3 align="right">This is a heading<i>斜体</i></h3>
7    <h4 style="text-align: center;font-family: Cambria, 'Hoefler Text', 'Liberation Serif', Times, 'Times New Roman', 'serif'">This is a heading</h4>
8    <h5 style="text-align: left;font-family: 'Lucida Grande', 'Lucida Sans Unicode', 'Lucida Sans', 'DejaVu Sans', Verdana, 'sans-serif'">This is a heading</h5>
9    <h6 style="text-align: right">This is a heading</h6>
10   </body>
11   </html>
```

图1-5　设置标题字体样式的示例代码

My First Heading下划线

加粗This is a heading

This is a heading*斜体*

This is a heading

This is a heading

This is a heading

图1-6　设置标题字体样式的效果图

font-family 方法中常用的值如下表所示。

值	描述
family-name	用于某个元素的字体族名称或/及类族名称的一个优先表。 默认值：取决于浏览器
generic-family	inherit规定应该从父元素继承字体系列

⟫ 知识链接：Animate的启动与退出

通常标签 <strong> 可替换加粗标签 <b> 使用，<em> 替换 <i> 标签使用。

然而，这些标签的含义是不同的：<b> 与 <i> 定义粗体或斜体文本。<strong> 或者 <em> 意味着要呈现的文本是重要的，所以要突出显示。

　　font-family 可以把多个字体名称作为一个"回退"系统来保存。如果浏览器不支持第一个字体，则会尝试下一个。也就是说，font-family 属性的值是用于某个元素的字体族名称或／及类族名称的一个优先表。浏览器会使用它可识别的第一个值。

> **提 示**
>
> 　　当字体名称包含空格时必须使用引号括起来，并且使用某种特定的字体系列完全取决于用户机器上该字体系列是否可用；这个属性没有指示任何字体下载。因此，强烈推荐使用一个通用字体系列名作为后路。

1.1.2　设置文字的属性

　　在 CSS 3 中，定义的文字属性如下表所示。

属性名	描述
font-family	指定一个元素的字体
font-size	设置字体大小
font-style	设置字体样式
font-variant	设置小写字母样式
font-weight	设置字体粗细

　　font-family 属性用于指定文字字体的类型，如宋体、黑体、隶书等，即在网页中，展示字体不同的形状。相关代码如图 1-7 所示，效果如图 1-8 所示。

```
<p style="font-family: 黑体">我是黑体</p>
<p style="font-family: '方正舒体','方正现体','仿宋','黑体'>我是一个特殊的字体</p>
```

图1-7　设置字体类型的部分代码

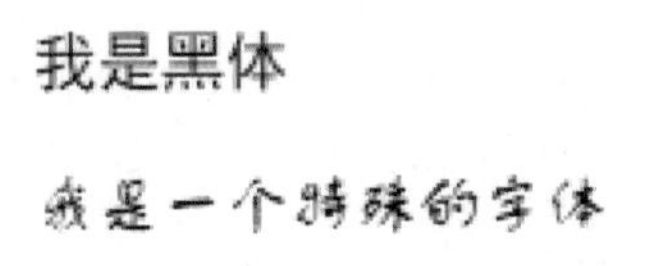

我是黑体

我是一个特殊的字体

图1-8　设置字体类型的效果图

　　font-size 属性用来改变网页中字体的大小，通常使用大字体表现标题或比较重要的内容，小字体用来显示正常的内容，这样既提高了网页的吸引力，同时提高了阅读的效率。具体的代码如图 1-9 所示，效果如图 1-10 所示。

```
<p style="font-size: 40px">标题或者概要</p>
<p style="font-size: 12px">我是正文</p>
```

图1-9　设置字体大小的部分代码

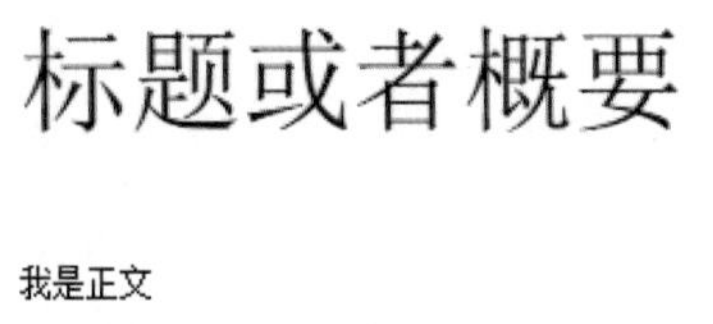

标题或者概要

我是正文

图1-10　设置字体大小的效果图

　　font-style 属性用来改变字体在网页中显示的样式，支持的属性值如下表所示。

值	描述
normal	默认值。浏览器显示一个标准的字体样式
italic	浏览器会显示一个斜体的字体样式
oblique	浏览器会显示一个倾斜的字体样式

　　具体的代码如图 1-11 所示，效果如图 1-12 所示。

```
<p style="font-style: italic">显示斜体</p>
<p style="font-style: oblique">倾斜</p>
<p style="font-style: normal">正常样式</p>
```

图1-11　设置字体显示样式的部分代码

显示斜体

倾斜

正常样式

图1-12　设置字体显示样式的效果图

　　font-variant 属性用来改变小写字母的样式，支持的属性值如下表所示。

值	描述
normal	默认值。浏览器会显示一个标准的字体
small-caps	浏览器会显示比网页中同行字体要小的大写字母字体
inherit	规定应该从父元素继承 font-variant 属性的值

　　具体的代码如图 1-13 所示，效果如图 1-14 所示。

```
<p style="font-variant: normal">AaBbCc</p>
<p style="font-variant: small-caps">aAbBcC</p>
    <p style="font-variant: inherit">AaBbCc</p>
</p>
```

图1-13　设置小写字母样式的部分代码

AaBbCc

ᴀᴀʙᴄC

AaBbCc

图1-14　设置小写字母样式的效果图

font-weight 属性用来改变字体粗细程度，支持的属性值如下表所示。

值	描述
normal	默认值。定义标准的字符
bold	定义粗体字符
bolder	定义更粗的字符
lighter	定义更细的字符
100~900	定义由粗到细的字符。400等同于normal，700等同于bold

具体的代码如图 1-15 所示，效果如图 1-16 所示。

```
<p style="font-weight: normal">我改变了粗细</p>
<p style="font-weight: bold">我改变了粗细</p>
<p style="font-weight: bolder">我改变了粗细</p>
<p style="font-weight: lighter">我改变了粗细</p>
<p style="font-weight: 900">我改变了粗细</p>
```

图1-15　设置字体粗细程度的部分代码

我改变了粗细

我改变了粗细

我改变了粗细

我改变了粗细

我改变了粗细

图1-16　设置字体粗细程度的效果图

1.1.3　设置文字的颜色

在网页中，我们通过设置文字的字体颜色来改变网页呈现的效果，这样可以做到更好地排版，让用户有更加良好的使用体验。对颜色的设定具体语法为"Color：指定的文本颜色"。

其中，指定的文本颜色可以为如下值。

值	描述
color_name	规定颜色值为颜色名称的颜色（比如red）
hex_number	规定颜色值为十六进制值的颜色（比如#ff0000）
rgb_number	规定颜色值为rgb代码的颜色（比如rgb(255, 0, 0))

续表

值	描述
rgba_number	和rgb类似，但是多了一个alpha通道，用来改变文字的透明度
inherit	规定应该从父元素继承颜色

我们使用红色来展示如何使用不同的值实现相同的效果。具体代码如图 1-17 所示，效果如图 1-18 所示。

```
<body>
  <p style="color: red">使用颜色名称设置字体颜色</p>
  <p style="color: #FF0000">使用Hex设置字体颜色</p>
  <p style="color: rgb(255,0,0)">使用设置字体颜色</p>
  <p style="color: rgba(255,0,0,0.4)">使用rgba设置字体颜色并改变透明度</p>
</body>
</html>
```

图1-17　设置文字颜色的部分代码

使用颜色名称设置字体颜色

使用Hex设置字体颜色

使用设置字体颜色

使用rgba设置字体颜色并改变透明度

图1-18　设置文字颜色的效果图

1.1.4　设置文字的阴影

在显示文本时，有时根据需求，需要给文字添加适当的阴影效果，来提高网页的吸引力，并且为文字的阴影适当添加颜色，通过这些方式，使网页更加美观，提高用户的满意程度。所以我们需要使用 text-shadow 属性，具体语法格式如下：

"text-shadow: h-shadow v-shadow blur color;"

其中的值如下表所示。

值	描述
h-shadow	必需。水平阴影的位置。允许负值
v-shadow	必需。垂直阴影的位置。允许负值
blur	可选。模糊的距离
color	可选。阴影的颜色。参阅 CSS 颜色值

具体代码如图 1-19 所示，效果如图 1-20 所示。

```
<p style="text-shadow: 5px 5px 5px red">字体阴影</p>
<p style="text-shadow: 5px 5px 1px red">字体阴影</p>
<p style="text-shadow: 5px -5px 5px red">字体阴影</p>
```

图1-19　设置文字阴影的部分代码

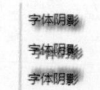

图1-20　设置文字阴影的效果图

1.1.5　设置字体复合属性

　　设计网页时，为了使网页布局更加合理美观，设计网页的字体样式时会使用多种样式属性，但分别设置属性会增加网页编写的繁杂程度，所以我们使用 CSS 3 中的 font 属性来解决这个问题。

　　可设置的属性是（按顺序）font-style、font-variant、font-weight、font-size/line-height、font-family，其中 font-size 和 font-family 的值是必需的。具体代码如图 1-21 所示，效果如图 1-22 所示。

```
<p style="font: italic small-caps bold 20px/30px 黑体">字体</p>
<p style="20px/30px 黑体">字体</p>
<p style="30px 黑体">字体</p>
```

图1-21　设置字体复合属性的部分代码

字体

字体

字体

图1-22　设置字体复合属性的效果图

1.1.6　控制换行

　　在网页中，控制换行有两种方式，第一种是改变元素的属性，这种方式将在 1.1.7 节中说明，另外一种方式是使用
 标签换行。具体的代码如图 1-23 所示，效果如图 1-24 所示。

```
<p>第一行隔两行</p><br><br>
<p>第二行隔一行</p><br>
<span>我是行元素</span><span>我是行元素</span><br>
<span>我是行元素但我换行了</span>
```

图1-23　设置换行的部分代码

第一行隔两行

第二行隔一行

我是行元素我是行元素
我是行元素但我换行了

图1-24　设置换行的效果图

1.1.7　块元素及行元素

　　块元素的特点是：总是从新的一行开始；高度、宽度都是可控的；宽度没有设置时，默认为 100%；块级元素中可以包含块级元素和行内元素，其中 <h1>、<p>、<ul>、<table> 标签均为块元素。

⯮ 知识链接：HTML的div元素

　　(1) <div> 标签可以把文档分割为独立的、不同的部分。HTML 的 div 元素是块级元素，它是可用于组合其他 HTML 元素的容器。div 元素没有特定的含义。除此之外，由于它属于块级元素，浏览器会在其前后显示折行。

　　(2) 如果与 CSS 一同使用，div 元素可用于对大的内容块设置样式属性。在示例代码中我们使用了 <table> 表格标签，<table> 标签在后面章节中有详细的介绍，本章不再介绍。

　　具体代码如图 1-25 所示，效果如图 1-26 所示。

```
<div align="center" style="width: 500px;height: 300px;border: 1px solid red;color: red;">
    <p style="color: inherit">div内部嵌套内容</p>
    <table>
        <tr>
            <td>111</td>
            <td>111</td>
        </tr>
        <tr>
            <td>1211</td>
            <td>1211</td>
        </tr>
    </table>
</div>
```

图1-25　设置块元素的示例代码

div内部嵌套内容

111　111
1211 1211

图1-26　设置块元素的效果图

提示

div 元素的另一个常见的用途是文档布局。它取代了使用表格定义布局的老式方法。使用 table 元素进行文档布局不是表格的正确用法。table 元素的作用是显示表格化的数据。

行元素的具体特点为：和其他元素都在一行；高度、宽度以及内边距都是不可控的；宽高就是内容的高度，不可以改变；行内元素只能包含行内元素，不能包含块级元素。其中 `<b>`、`<td>`、`<a>`、`<img>` 标签均为行元素。

知识链接：HTML 中的 span 元素

(1) HTML 中的 span 元素是内联元素，可用作文本的容器。span 元素也没有特定的含义。

(2) 当与 CSS 一同使用时，span 元素可用于为部分文本设置样式属性。

具体代码如图 1-27 所示，效果如图 1-28 所示。

```
<span>若不进行任何设置</span><span>&lt;span&gt;标签无任何意义</span>

<span style="display: block;font: 20px 黑体">
使用内联样式设置之后，&lt;span&gt;才有了具体的意义
</span>
```

图1-27 使用`<span>`标签的部分代码

若不进行任何设置`<span>`标签无任何意义
使用内联样式设置之后，`<span>`才有了具体的意义

图1-28 使用`<span>`标签的效果图

提示

对于 span 元素，设置宽度用 width 属性无效。设置高度用 height 属性无效，可以通过 line-height 来设置。设置边距（margin）时只有左右边距有效，上下无效。设置填充（padding）时只有左右填充有效，上下则无效。注意元素范围是增大了，但是对元素周围的内容是没影响的。

使用 style 属性的 display 方法可以对行内元素及块元素进行切换，display 包含的常用属性值如右上表所示。

01 `<p>` 标签会自动在其前后创建一些空白。浏览器会自动添加这些空间，也可以在样式表中规定。

02 div 是一个块级元素。这意味着它的内容自动地开始一个新行。实际上，换行是 div 固有的唯一格式表现。可以通过 div 的 class 或 id 应用额外的样式。

值	描述
none	此元素不会被显示
block	此元素将显示为块级元素，此元素前后会带有换行符
inline	默认。此元素会被显示为内联元素，元素前后没有换行符
inline-block	行内块元素。（CSS 2.1 新增的值）
list-item	此元素会作为列表显示
inline-table	此元素会作为内联表格来显示（类似`<table>`），表格前后没有换行符
inherit	规定应该从父元素继承 display 属性的值

03 块元素和行内元素的定义及临时将块元素修改为行元素（可反过来），示例代码如图 1-29 所示，效果如图 1-30 所示。

```
<p>这个是P标签</p>
<div>这个是div标签，我们都是块元素</div>
<div style="display: inline">我是修改为行元素的div</div>
<span>   我是span标签，我是一个行元素！！</span><span>你看我还不换行！！</span>
<span style="display: block">我是修改为块元素的span</span>
```

图1-29 设置行元素与块元素的示例代码

这个是P标签
这个是div标签，我们都是块元素
我是修改为行元素的div 我是span标签，我是一个行元素！！你看我还不换行！！
我是修改为块元素的span

图1-30 设置行元素与块元素的效果图

1.1.8 制作G-Team教育培训类网页(一)

经过了前面基础知识的学习，接下来我们通过一个案例，来深入理解对于标题和文本内容如何设置的知识。我们要制作的网页是 G-Team 教育培训网页，效果如图 1-31 所示。在这个案例中，我们仅对其中的文本内容进行编辑，其他的内容将会在后面慢慢地实现。

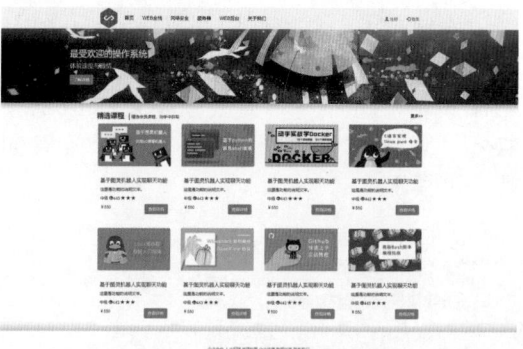

图1-31 G-Team网页的效果图

素材	素材\Cha01 \1\index.html
场景	场景\Cha01 \1\index.html
视频	视频教学\Cha01\1.1.8　制作G-Team教育培训类网页(一).mp4

提示

因为个人电脑及代码编写习惯的原因，可能会出现行号不正确的情况，请每个读者根据截图中显示的代码寻找对应的代码行。如果出现行号不对的情况，建议读者打开我们提供的场景素材，比对代码的差异，并通过步骤文本的描述，完成代码的添加，这样有利于读者对于代码的理解。

01 双击打开 Dreamweaver 软件后，在菜单栏中选择【文件】|【打开】命令（见图1-32），弹出【打开】对话框。

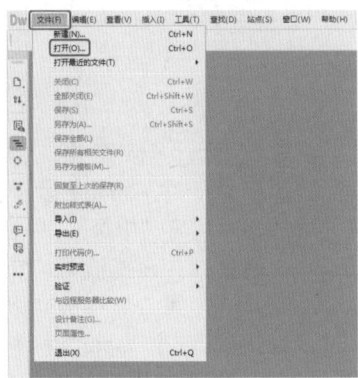

图1-32　选择命令以打开文件

02 在【打开】对话框中选择"素材\Cha01\1\index.html"素材文件，单击【打开】按钮，如图1-33所示。

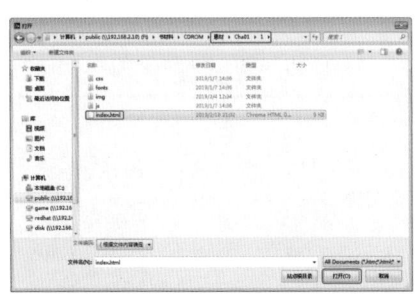

图1-33　选择素材文件

03 在打开的界面中选择【代码】视图界面，如图1-34所示。

04 按 F12 键开启实时预览功能，如图1-35所示。

图1-34　选择视图界面

图1-35　开启实时预览

疑难解答　为什么要使用实时预览功能呢？

在网页编辑过程中，我们会对网页的代码进行编写或修改，在每次编写完成后，需要重新刷新一遍才能够查看编写或者修改之后的变化，这无疑提高了工作的复杂度。Dreamweaver 2018版本中新增了实时预览功能，我们对代码的编写或者修改都会实时反馈到网页中，无须刷新，提高了工作的效率，降低了工作的复杂度。

05 将光标定位到第69行，如图1-36所示。

```
65          </div>
66      </nav>
67 ▼ <div class="jumbotron" style="margin-top: -20px;background-image:
68 ▼      <div style="margin-left: 15%;color: #FFFFFF;">
69
70      </div>
71      </div>
72 ▼ <div class="container">
73
74 ▼      <div class="row" style="margin-top: 10px;">
```

图1-36　在代码视图中定位光标

06 在此行中添加一个 <h2> 标签和两个 <p> 标签，如图1-37所示。

```
67 ▼ <div class="jumbotron" style="margin-top: -20px;background-image:
68 ▼      <div style="margin-left: 15%;color: #FFFFFF;">
69          <h2></h2>
70          <p></p>
71          <p></p>
72      </div>
73      </div>
```

图1-37　第6步操作对应的代码

07 在 <h2> 标签中，添加文本内容"最受欢迎的操作系统"，在第一个 <p> 标签中添加文本内容"体验速度与激情"，在第二个 <p> 标签中添加 <a> 标签，并添加文本内容"了解详情"和 href、class 属性，其中 href 属性值为"#"，class 属性值为"btn btn-primary"，如图 1-38 所示。

```
<div class="jumbotron" style="margin-top: -20px;background-image:
    <div style="margin-left: 15%;color: #FFFFFF;">
        <h2>最受欢迎的操作系统</h2>
        <p>体验速度与激情</p>
        <p><a href="#" class="btn btn-primary">了解详情</a></p>
    </div>
</div>
```

图 1-38　第7步操作对应的代码

08　添加完成后，单击已经打开的浏览器页面，选择标题为"Device Preview"的页面，在此页面中查看网页效果，效果如图 1-39 所示。

图 1-39　第8步操作对应的效果图

09　将光标移动到第 75 行，添加 <h3> 标签，在 <h3> 标签中添加 style 属性并设置属性值为"display: inline"。在 <h3> 标签中添加 <b> 标签，并添加文本"精选课程 |"，在 <h3> 结束标签处添加文本" 精选会员课程，动手中获取"，在第 76 行中添加 <span> 标签，在 <span> 标签中添加 style 属性，并设置属性值为"float: right"，在 <span> 标签中添加 <a> 标签，添加并设置 style 属性，值为"color: #000000;text-decoration: none;"，添加文本内容"更多 >>"，设置 <a> 标签链接无效，如图 1-40 所示。

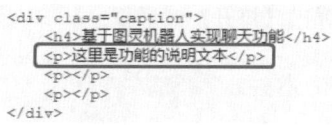

图 1-40　第9步操作对应的代码

10　将光标移动到第 84 行，添加 1 个 <h4> 标签和 3 个 <p> 标签，在 <h4> 标签中，添加文本内容"基于图灵机器人实现聊天功能"，如图 1-41 所示。

图 1-41　第10步操作对应的代码

11　在第一个 <p> 标签中添加文本内容"这里是功能的说明文本"，如图 1-42 所示。

```
<div class="caption">
    <h4>基于图灵机器人实现聊天功能</h4>
    <p>这里是功能的说明文本</p>
    <p></p>
    <p></p>
</div>
```

图 1-42　第11步操作对应的代码

12　在第二个 <p> 标签中，添加 3 个 <span> 标签。在第一个 <span> 标签内添加 <i> 标签并添加文本内容"中级"，并在 <i> 标签中添加 class 属性，并设置值为"glyphicon glyphicon-eye-open"；第二个 <span> 标签中添加文本"443"；在第三个 <span> 标签中，添加三个 <i> 标签，并添加 class 属性，设置值为"glyphicon glyphicon-star"。代码如图 1-43 所示。

```
<div class="caption">
    <h4>基于图灵机器人实现聊天功能</h4>
    <p>这里是功能的说明文本</p>
    <p>
        <span><i class="glyphicon glyphicon-eye-open"></i>中级</span>
        <span>443</span>
        <span>
            <i class="glyphicon glyphicon-star"></i>
            <i class="glyphicon glyphicon-star"></i>
            <i class="glyphicon glyphicon-star"></i>
        </span>
    </p>
    <p></p>
</div>
```

图 1-43　第12步操作对应的代码

13　在第三个 <p> 标签中，添加 class 属性，并设置值为"clearfix"；在 <p> 标签中，添加 <span> 和 <a> 标签，在 <span> 标签中，添加文本内容"¥550"，在 <a> 标签中添加 class 属性和文本内容"查看详情"，设置 class 属性值为"btn btn-primary pull-right"，并使链接无效，如图 1-44 所示。

```
<div class="caption">
    <h4>基于图灵机器人实现聊天功能</h4>
    <p>这里是功能的说明文本</p>
    <p>
        <span><i class="glyphicon glyphicon-eye-open"></i>中级</span>
        <span>443</span>
        <span>
            <i class="glyphicon glyphicon-star"></i>
            <i class="glyphicon glyphicon-star"></i>
            <i class="glyphicon glyphicon-star"></i>
        </span>
    </p>
    <p class="clearfix">
        <span>¥550</span>
        <a class="btn btn-primary pull-right" href="#">查看详情</a>
    </p>
</div>
```

图1-44　第13步操作对应的代码

14 接下来我们复制类名为 caption 的 <div> 标签所有的内容，然后分别替换下方所有类名为 caption 且内容为空的 <div> 标签。总共要替换七个 <div> 标签。替换完成之后，网页效果如图 1-45 所示。

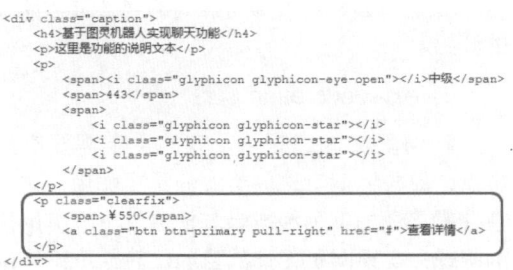

图1-45　第14步操作完成的效果图

15 为第 274 行中 <div> 标签中的 style 属性，添加值"text-align: center"，如图 1-46 所示。

```
277 ▼ <div style="padding: 50px 0px 50px 0px;box-shadow: 0px -10px 35px #CCC;text-align: center">
278
279   </div>
```

图1-46　第15步操作对应的代码

16 在第 278 行添加两个 <p> 标签，在第一个 <p> 标签中添加 6 个 <a> 标签，在第二个 <p> 标签中，添加文本内容"©2017 G-Team 京 ICP 备 13046642 号 -2"，如图 1-47 所示。

17 在 <a> 标签中分别添加文本内容"企业合作""人才招聘""地理位置""企业详情""数据共享""联系我们"，如图 1-48 所示。

图1-47　第16步操作对应的代码

```
277 ▼ <div style="padding: 50px 0px 50px 0px;box-shadow: 0px -10px 35px #CCC;text-align: center">
278 ▼  <p>
279       <a href="#">企业合作</a>
280       <a href="#">人才招聘</a>
281       <a href="#">地理位置</a>
282       <a href="#">企业详情</a>
283       <a href="#">数据共享</a>
284       <a href="#">联系我们</a>
285      </p>
286      <p>©2017 G-Team 京ICP备 13046642号-2</p>
287   </div>
```

图1-48　第17步操作对应的代码

18 单击浏览器中标题为"Device Preview"的页面，在此页面中查看网页最终效果。效果如图 1-49 所示。

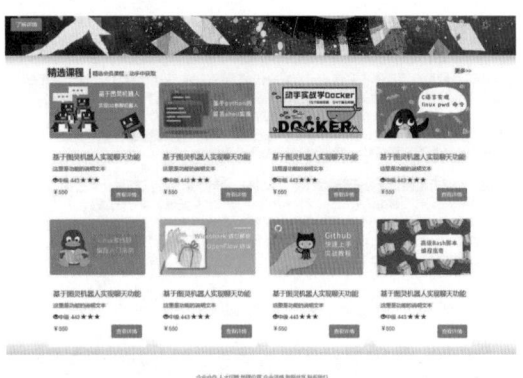

图1-49　最终效果图

1.2　设置段落与网页水平线

我们通过设置段落的样式和添加网页的水平线来改善网页的显示效果。本节中，我们会详细讲解段落标签以及如何设置段落的样式，并讲解通过多种方式实现网页水平线的效果。

1.2.1　段落标签

段落标签是双标签，在开始标签和结束标签之间的内容，前方和后方都添加一个折行，形成单独的一段内容，从 <p> 标签开始，直到遇到下一个 </p> 标签之前的文本，都在一个段落内。段落标签中的 <p> 是 paragraph（段落）的首字母。

在下面的实例中，我们使用
 标签来控制文本内容的换行，但在一对 <p> 标签外，读者可以很明显地看到，文本内容的前方和后方都添加了一个折行，类似于使用 <span> 标签，并在 <span> 标签的前方和后方分别添加了
 标签，这样简化了编程的复杂程度，提高了编程效率。代码如图 1-50 所示，效果如图 1-51 所示。

```
<p>段落标签</p>
<p>
    Web设计师可以用HTML5和CSS3完成一些很酷的东西，我们可以在不使用陈旧的<br>
    基于table布局的基础上完成文档逻辑结构并创建内容丰富的网站。我们可以在<br>
    不使用内联&lt;font&gt;和&lt;br&gt;标签的基础上对网站添加漂亮而细腻的风格样式。<br>
    事实上，我们目前的设计能力已经让我们远离了那个可怕的浏览器战争时代，<br>
    专有协议和那些充满闪动、滚动和闪烁的丑陋网页。
</p>
<p>
    曾经，设计师们经常会很频繁使用基于table的没有任何意义的布局。不过最终还是<br>
    要感谢像Jeffery Zeldman和Eric Meyer这样的思想革新者，聪明的设计<br>
    师们懂得的接受了相对更语义化的div布局替代了table布局，并且开始调用<br>
    外部样式表。但不幸的是，复杂的网页设计需要大量不同的标签结构代码，我<br>
    们把它叫做"div-soup"综合症。
</p>
```

图1-50 设置段落的示例代码

Web设计师可以用HTML5和CSS3完成一些很酷的东西，我们可以在不使用陈旧的基于table布局的基础上完成文档逻辑结构并创建内容丰富的网站。我们可以在不使用内联<font>和
标签的基础上对网站添加漂亮而细腻的风格样式。事实上，我们目前的设计能力已经让我们远离了那个可怕的浏览器战争时代、专有协议和那些充满闪动、滚动和闪烁的丑陋网页。

曾经，设计师们经常很频繁使用基于table的没有任何意义的布局。不过最终还是要感谢像Jeffery Zeldman和Eric Meyer这样的思想革新者，聪明的设计师们懂得的接受了相对更语义化的div布局替代了table布局，并且开始调用外部样式表。但不幸的是，复杂的网页设计需要大量不同的标签结构代码，我们把它叫做"div-soup"综合症。

图1-51 设置段落的效果图

> 🏷 **提 示**
>
> 在 HTML 5 中的 <p> 标签已经废除了 align 属性，如果想要设置文本的对齐，建议使用"text-align"样式表（内联样式）来设定。

1.2.2 段落内容排版

对于段落内的文本及其他内容的排版，我们可以使用如下表所示的 css 样式进行设置。其中 text-align 前文已经讲过，本节不再进行详细的说明。

属性	描述
text-align	设置文本水平对齐样式
text-decoration	对文本进行修饰
text-transform	对文本进行转换
text-indet	设置文本缩进
word-spacing	设置单词间隔
letter-spacing	设置字符间隔
vertical-align	设置垂直对齐方式
line-height	设置文本行高

续表

属性	描述
white-space	处理空白
unicode-bidi	文本反排

我们将会针对上面所提到的属性进行详细的介绍。

1. text–decoration 属性

在网页文本编辑中，有的文字需要突出重点，即告诉读者这段文本的重要作用，这时往往需要添加下画线或者其他属性，吸引用户的眼球，实现网页设计的目的。我们可以使用 text-decoration 属性来实现此功能，可设置的属性值如下表所示，具体代码如图 1-52 所示，效果如图 1-53 所示。

属性值	描述
none	默认，标准文本
underline	下画线
overline	上画线
line-through	删除线
inherit	从父元素继承该属性

```
<p style="text-decoration: line-through">段落标签</p>
<p style="text-decoration: overline">段落标签</p>
<p style="text-decoration: underline">段落标签</p>
<p style="text-decoration: inherit">段落标签</p>
<p style="text-decoration: none">段落标签</p>
```

图1-52 对文本进行修饰的示例代码

段落标签

段落标签

段落标签

段落标签

段落标签

图1-53 对文本进行修饰的效果图

2. text–transform 属性

实际编写网页时，我们可能需要根据需求，将小写字母转换为大写字母。面对这种需求，我们可以使用 text-transform 属性完成。可以设置的 text-transform 属性值如下页左上表所示，具体代码如图 1-54 所示，效果如图 1-55 所示。

属性值	描述
none	表示无转换，保持原样
capitalize	表示将每个单词的首字母转换成大写，其他字符不变
uppercase	表示将文本的所有字符转换成大写
lowercase	表示将文本的所有字符转换成小写
full-width	表示将所有字符转换成全角形式
inherit	从父元素继承该属性

```
<p style="text-transform: uppercase">abcDefG.</p>
<p style="text-transform: lowercase">abcDefG.</p>
<p style="text-transform: full-width">abcDefG.</p>
<p style="text-transform: capitalize">abcDefG.</p>
<p style="text-transform: inherit">AbcDefG.</p>
<p style="text-transform: none">AbcDefG.</p>
```

图1-54　对文本进行转换的示例代码

```
ABCDEFG.
abcdefg.                    Text-transform: Capitalize
abcDefG.                    TEXT-TRANSFORM: UPPERCASE
AbcDefG.                    text-transform: lowercase
AbcDefG.       t e x t - t r a n s f o r m :   f u l l - w i d t h
AbcDefG.
```

图1-55　对文本进行转换的效果图

> **提示**
>
> 使用 text-transform 属性之后，如果需要将部分元素变成大写，则无须修改元素的内容，只需使用 CSS 就可以完成。这也是 CSS 优越性的再一次体现。读者可能发现了 text-transform 属性中的 full-width 并没有什么变化，因为这个属性值是 CSS 3 中新增的属性值，目前仅有 FireFox 浏览器能够进行解析，所以我们在图 1-55 右侧添加了不同的属性值在 Firefox 中的对比效果。

3. text-indent 属性

在编写文档时，我们常首行缩进两个字符用来表示这是一个新的段落，在网页中我们一样可以指定段落的缩进样式。可设置的 text-indent 属性值，具体代码如图 1-56 所示，效果如图 1-57 所示。

```
<p style="text-indent: 5px;">
    曾经，设计师们经常会很频繁使用基于table的没有任何意义的布局。不过最终还是<br>
    要感谢像Jeffery Zeldman和Eric Meyer这样的思想革新者，聪明的设计<br>
    师们慢慢的接受了相对更语义化的div布局替代了table布局，并且开始调用<br>
    外部样式表。但不幸的是，复杂的网页设计需要大量不同的标签结构代码，我<br>
    们把它叫做"div-soup"综合症。
</p>
<p style="text-indent: 1%;">
    曾经，设计师们经常会很频繁使用基于table的没有任何意义的布局。不过最终还是<br>
    要感谢像Jeffery Zeldman和Eric Meyer这样的思想革新者，聪明的设计<br>
    师们慢慢的接受了相对更语义化的div布局替代了table布局，并且开始调用<br>
    外部样式表。但不幸的是，复杂的网页设计需要大量不同的标签结构代码，我<br>
    们把它叫做"div-soup"综合症。
</p>
```

图1-56　设置文本缩进的示例代码

曾经，设计师们经常会很频繁使用基于table的没有任何意义的布局。不过最终还是要感谢像Jeffery Zeldman和Eric Meyer这样的思想革新者，聪明的设计师们慢慢的接受了相对更语义化的div布局替代了table布局，并且开始调用外部样式表。但不幸的是，复杂的网页设计需要大量不同的标签结构代码，我们把它叫做"div-soup"综合症。

曾经，设计师们经常会很频繁使用基于table的没有任何意义的布局。不过最终还是要感谢像Jeffery Zeldman和Eric Meyer这样的思想革新者，聪明的设计师们慢慢的接受了相对更语义化的div布局替代了table布局，并且开始调用外部样式表。但不幸的是，复杂的网页设计需要大量不同的标签结构代码，我们把它叫做"div-soup"综合症。

图1-57　设置文本缩进的效果图

> **提示**
>
> 在实例中，我们使用两种单位。text-indent 属性支持两种属性值的设置，一种是 px 像素，另外一种是百分比。读者可以根据自己的需求选择使用什么样的属性值，实现自己的设计。并且在下方多个属性中，可能都支持这两种属性值，书中不会再做特殊说明，但是会在示例代码中展示出来。

4. word-spacing 属性

单词之间的间隔如果设置合理，一是会给整个网页布局节省空间，二是可以给人赏心悦目的感觉，提高阅读效果。在 CSS 中，可以使用 word-spacing 属性直接定义指定区域或者段落中字符之间的间隔。其具体代码如图 1-58 所示，效果如图 1-59 所示。

```
<p style="word-spacing: 10px">Hello world!</p>
<p style="word-spacing: inherit">Hello world!</p>
```

图1-58　设置单词间距的示例代码

Hello　world!

Hello world!

图1-59　设置单词间距的效果图

5. letter-spacing 属性

在一个网页中，还可能涉及多个字符文本，将字符文本之间的间距设置得和词间隔保持一致，进而保持整个网页的整体性，可以提高网页效果。其具体代码如图 1-60 所示，效果如图 1-61 所示。

```
<p style="letter-spacing: 10px">AbcDefG.</p>
<p style="letter-spacing: inherit">AbcDefG.</p>
```

图1-60　设置字符间距的示例代码

A b c D e f G .

AbcDefG.

图1-61　设置字符间距的效果图

在 word-spacing 和 letter-spacing 属性中，我们使用了 inherit 属性值，但在效果中没有任何变化，如果读者在自己学习实验中，将 p 元素嵌套在 <div> 标签中，并分别设置 word-spacing、letter-spacing 属性及 inherit 属性值之后，就会发现网页中使用 inherit 属性值的样式发生了变化。读者可以查看第 1 章 1.1 节中使用了 color 属性及属性值 inherit，但是网页效果中颜色的设置继承自 <div> 标签中的 color 属性值。效果变化的原理是类似的。

6. vertical-align 属性

在网页编辑中，对齐有多种方式，其中一行文本在水平方向与垂直方向的中间位置叫作"中心"。如果我们想要文本的重要位置位于下方或者位于上方，我们可以使用 vertical-align 属性实现。属性支持的属性值如下表所示，具体代码如图 1-62 所示，效果如图 1-63 所示。

属性值	描述
baseline	默认。元素放置在父元素的基线上
sub	垂直对齐文本的下标
super	垂直对齐文本的上标
top	把元素的顶端与行中最高元素的顶端对齐
text-top	把元素的顶端与父元素字体的顶端对齐
middle	把此元素放置在父元素的中部
bottom	把元素的顶端与行中最低的元素的顶端对齐
text-bottom	把元素的底端与父元素字体的底端对齐
length	设置元素的堆叠顺序
%	使用 "line-height" 属性的百分比值来排列此元素。允许使用负值
inherit	从父元素继承该属性

```
<div style="height: 30px;width: 100px;border: 1px solid;display: table-cell;vertical-align: middle">
    <span style="vertical-align: top">test1</span>
</div>
<div style="height: 30px;width: 100px;border: 1px solid;display: table-cell;vertical-align: bottom">
    <span style="vertical-align: top">test1</span>
</div>
<div style="height: 30px;width: 100px;border: 1px solid;display: table-cell;vertical-align: top">
    <span style="vertical-align: top">test1</span>
</div>
```

图1-62　设置垂直对齐的示例代码

test1	test1	test1

图1-63　设置垂直对齐的效果图

vertical-align 属性影响行内元素和表格元素垂直方向上的布局，所以默认情况下，图片、按钮、文字和单元格都可以用 vertical-align 属性。

代码实例中，我们在 <div> 标签内添加了一个 display 属性，并添加属性值 table-cell，因为 vertical-align 属性仅对行内元素、表格有作用，所以我们把 div 变成了表格的子元素。

7. line-height 属性

使用 line-height 属性，可以设置行间距，即行高，具体代码如图 1-64 所示，效果如图 1-65 所示。

```
<p style="line-height: 30px;">使用line-height属性</p>
<p style="line-height: 20%;">可以设置</p>
<p>行间距</p>
```

图1-64　设置行高的示例代码

使用line-height属性

可以设置

行间距

图1-65　设置行高的效果图

8. white-space 属性

使用 white-space 属性可以设置对象内空格字符的处理方式，可设置的属性值如下表所示，具体代码如图 1-66 所示，效果如图 1-67 所示。

属性值	描述
normal	默认。空白会被浏览器忽略
pre	空白会被浏览器保留。其行为方式类似 HTML 中的 <pre> 标签
nowrap	文本不会换行，文本会在同一行上继续，直到遇到 标签为止
pre-wrap	保留空白符序列，但是正常地进行换行
pre-line	合并空白符序列，但是保留换行符
inherit	规定应该从父元素继承 white-space 属性的值

```
<p> white-space属性测试</p>
<p style="white-space: pre">white-space属性测试</p>
<p style="white-space: pre-wrap">
    white-space属性测试</p>
<p style="white-space: pre-line">
    white-space属性测试</p>
<p style="white-space: nowrap">
    white-space属性测试</p>
```

图1-66　设置内部空白处理的示例代码

white-space属性测试

white-space属性测试

white-space属性测试

white-space属性测试

white-space属性测试

图1-67　设置内部空白处理的效果图

9. unicode-bidi 属性

unicode-bidi 属性与 direction 属性一起使用，来设置或返回文本是否被重写，以便在同一文档中支持多种语言。其中一种用法是修改文本流的阅读方向，具体代码如图 1-68 所示，效果如图 1-69 所示。

```
<p>静坐常思己过，闲谈莫论人非</p>
<p style="unicode-bidi: bidi-override;direction: rtl;text-align: left">
静坐常思己过，闲谈莫论人非</p>
```

图1-68 修改文本阅读方向的示例代码

静坐常思己过，闲谈莫论人非

非人论莫谈闲，过己思常坐静

图1-69 修改文本阅读方向的效果图

unicode-bidi 属性可设置的属性值为：

属性值	描述
normal	默认。不使用附加的嵌入层面
embed	创建一个附加的嵌入层面
bidi-override	创建一个附加的嵌入层面。重新排序取决于 direction 属性
inherit	从父元素继承该属性

direction 属性可设置的属性值为：

属性值	描述
ltr	默认。文本方向从左到右
rtl	文本方向从右到左
inherit	从父元素继承该属性

🏷 **提　示**

在使用 white-space 属性时，读者可能会发现如果将 direction 属性值设定为 rtl 时，文本内容也会移动到右侧，此时我们添加 text-align 属性即可让文本左侧对齐。

1.2.3 使用 <hr> 标签添加水平线

水平线标签 <hr> 是单标签，类似于
 标签，因为水平线内添加文本内容是没有意义的，所以添加一个 </hr> 也是没有意义的。使用 <hr> 标签添加一条水平线，但是结合 CSS 样式来使用的话，就会有很多不同的展现方式，给编程者一个发挥想象的空间。代码如图 1-70 所示，效果如图 1-71 所示。

```
<p>段落标签</p>
<hr>
<p>
Web设计师可以用HTML5和CSS3完成一些很酷的东西，我们可以在不使用陈旧的<br>
基于table布局的基础上完成文档逻辑编结构并创建内容丰富的网站。我们可以在<br>
不使用内联&lt;font&gt;和&lt;br&gt;标签的基础上对网站添加漂亮而细腻的风格样式。<br>
事实上，我们目前的设计能力已经让我们远离了那个可怕的浏览器战争时代、<br>
专有协议和那些充满闪动、滚动和闪烁的丑陋网页。
</p>
<hr>
<p>
曾经，设计师们经常会很频繁使用基于table的没有任何意义的布局。不过最终还是<br>
要感谢像Jeffery Zeldman和Eric Meyer这样的思维革新者，聪明的设计<br>
师们懂懂的接受了相对更语义化的div布局替代了table布局，并且开始调用<br>
外部样式表。但不幸的是，复杂的网页设计需要大量不同的标签结构代码，我<br>
们把它叫做"div-soup"综合症。
</p>
<hr>
```

图1-70 使用水平线标签的示例代码

段落标签

Web设计师可以用HTML5和CSS3完成一些很酷的东西，我们可以在不使用陈旧的基于table布局的基础上完成文档逻辑编结构并创建内容丰富的网站。我们可以在不使用内联<font>和
标签的基础上对网站添加漂亮而细腻的风格样式。事实上，我们目前的设计能力已经让我们远离了那个可怕的浏览器战争时代、专有协议和那些充满闪动、滚动和闪烁的丑陋网页。

曾经，设计师们经常会很频繁使用基于table的没有任何意义的布局。不过最终还是要感谢像Jeffery Zeldman和Eric Meyer这样的思维革新者，聪明的设计师们懂懂的接受了相对更语义化的div布局替代了table布局，并且开始调用外部样式表。但不幸的是，复杂的网页设计需要大量不同的标签结构代码，我们把它叫做"div-soup"综合症。

图1-71 使用水平线标签的效果图

读者可以发现，如果不对 <hr> 标签进行任何设置的话，水平线的长度为网页的长度，这样并不美观，所以读者可以继续往下学习，进一步完善网页的设计。

1.2.4 使用CSS样式添加水平线

添加水平线有多种方式，但如果综合起来分类的话，主要有两种方案，第一种是使用 <hr> 标签，但有的时候使用 <hr> 标签添加水平线并设置的样式可能比较复杂，所以可以换另外一种方式添加水平线。那就是在网页元素中使用 CSS 的 border 属性，为元素添加边框，具体代码如图 1-72 所示，效果如图 1-73 所示。

```
<div style="width: 610px; height: 300px; border-top: 1px solid #9A9A9A">
<p>段落标签</p>
<hr>
<p>
Web设计师可以用HTML5和CSS3完成一些很酷的东西，我们可以在不使用陈旧的<br>
基于table布局的基础上完成文档逻辑编结构并创建内容丰富的网站。我们可以在<br>
不使用内联&lt;font&gt;和&lt;br&gt;标签的基础上对网站添加漂亮而细腻的风格样式。<br>
事实上，我们目前的设计能力已经让我们远离了那个可怕的浏览器战争时代、<br>
专有协议和那些充满闪动、滚动和闪烁的丑陋网页。
</p>
<p>
曾经，设计师们经常会很频繁使用基于table的没有任何意义的布局。不过最终还是<br>
要感谢像Jeffery Zeldman和Eric Meyer这样的思维革新者，聪明的设计<br>
师们懂懂的接受了相对更语义化的div布局替代了table布局，并且开始调用<br>
外部样式表。但不幸的是，复杂的网页设计需要大量不同的标签结构代码，我<br>
们把它叫做"div-soup"综合症。
</p>
</div>
```

图1-72 使用CSS样式添加水平线的示例代码

在上面的实例中，我们今天加了一个 <div> 标签并设置了 <div> 标签的样式表，网页的效果就变成了如图 1-73 所示。若同样的样式，仅使用 <hr>、<p> 标签来实现的话，具体代码如图 1-74 所示，效果如图 1-75 所示。

段落标签

Web设计师可以用HTML5和CSS3完成一些很酷的东西，我们可以在不使用陈旧的基于table布局的基础上完成文档逻辑结构并创建内容丰富的网站。我们可以在不使用内联<font>和
标签的基础上对网站添加漂亮而细腻的风格样式。事实上，我们目前的设计能力已经让我们远离了那个可怕的浏览器战争时代、专有协议和那些充满闪动、滚动和闪烁的丑陋网页。

曾经，设计师们经常会很频繁使用基于table的没有任何意义的布局。不过最终还是要感谢像Jeffery Zeldman和Eric Meyer这样的思想革新者，聪明的设计师们慢慢的接受了相对更语义化的div布局替代了table布局，并且开始调用外部样式表。但不幸的是，复杂的网页设计需要大量不同的标签结构代码，我们把它叫做"div-soup"综合症。

图1-73　使用CSS样式添加水平线的效果图

```
<hr style="width: 610px align="left"">
<p>段落标签</p>
<hr style="width: 610px align="left"">
<p>
Web设计师可以用HTML5和CSS3完成一些很酷的东西，我们可以在不使用陈旧的<br>
基于table布局的基础上完成文档逻辑结构并创建内容丰富的网站。我们可以在<br>
不使用内联&lt;font&gt;和&lt;br&gt;标签的基础上对网站添加漂亮而细腻的风格样式。<br>
事实上，我们目前的设计能力已经让我们远离了那个可怕的浏览器战争时代、<br>
专有协议和那些充满闪动、滚动和闪烁的丑陋网页。
</p>
<hr style="width: 610px align="left"">
<p>
曾经，设计师们经常会很频繁使用基于table的没有任何意义的布局。不过最终还是<br>
要感谢像Jeffery Zeldman和Eric Meyer这样的思想革新者，聪明的设计<br>
师们慢慢的接受了相对更语义化的div布局替代了table布局，并且开始调用<br>
外部样式表。但不幸的是，复杂的网页设计需要大量不同的标签结构代码，我<br>
们把它叫做"div-soup"综合症。
</p>
```

图1-74　仅使用<hr>、<p>标签的示例代码

段落标签

Web设计师可以用HTML5和CSS3完成一些很酷的东西，我们可以在不使用陈旧的基于table布局的基础上完成文档逻辑结构并创建内容丰富的网站。我们可以在不使用内联<font>和
标签的基础上对网站添加漂亮而细腻的风格样式。事实上，我们目前的设计能力已经让我们远离了那个可怕的浏览器战争时代、专有协议和那些充满闪动、滚动和闪烁的丑陋网页。

曾经，设计师们经常会很频繁使用基于table的没有任何意义的布局。不过最终还是要感谢像Jeffery Zeldman和Eric Meyer这样的思想革新者，聪明的设计师们慢慢的接受了相对更语义化的div布局替代了table布局，并且开始调用外部样式表。但不幸的是，复杂的网页设计需要大量不同的标签结构代码，我们把它叫做"div-soup"综合症。

图1-75　仅使用<hr>、<p>标签的效果图

在使用两种方法实现水平线的代码中，读者可以发现，单独使用 <hr>、<p> 标签需要对每一个 <hr> 设置样式。也可以添加 class 类来简化工作，但相比在元素上使用 border 属性来说还是稍显复杂。

1.2.5　设置水平线样式

水平线标签 <hr> 结合 CSS 3 后，可以实现不同的效果，设置可以结合前两种方式，实现更完美的效果。

1. 设置水平线的宽度和高度

使用 size 与 width 属性可以设置水平线的宽度与高度，其中 size 属性设置水平线的高度，使用 px 作为单位，width 属性设置水平线的宽度，使用 px 或者百分比作为单位。具体代码如图 1-76 所示，效果如图 1-77 所示。

```
<hr width="300px">
<hr width="50%">
<hr size="5px">
```

图1-76　设置水平线宽度和高度的示例代码

图1-77　设置水平线宽度和高度的效果图

2. 设置水平线的颜色

使用 color 属性可以设置水平线的颜色，其中 color 属性作为样式表中的属性，对绝大多数的元素均起作用。具体代码如图 1-78 所示，效果如图 1-79 所示。

```
<hr width="300px" color="#FF0000">
<hr width="50%">
<hr size="5px" color="red">
```

图1-78　设置水平线颜色的示例代码

图1-79　设置水平线颜色的效果图

3. 设置水平线的对齐方式

使用 align 属性改变水平线的对齐方式。在 HTML 5 中，大部分的元素均废除了 align 属性，但 <hr> 标签中可以使用 align 属性变更水平线的对齐方式。具体代码如图 1-80 所示，效果如图 1-81 所示。

```
<hr width="300px" color="#FF0000" align="left">
<hr width="50%" align="center">
<hr size="5px" color="red" align="right">
```

图1-80　设置水平线对齐方式的示例代码

图1-81　设置水平线对齐方式的效果图

4. 去掉水平线的阴影

使用 noshade 属性规定水平线的颜色呈现为纯色，而不是有阴影的颜色。具体代码如图 1-82 所示，效果如图 1-83 所示。

```
<hr width="50%" align="center" noshade>
<hr width="50%" align="center">
```

图1-82　去掉水平线阴影的示例代码

图1-83　去掉水平线阴影的效果图

1.2.6　制作G-Team教育培训类网页(二)

在前面我们学习了如何添加段落及设置段落样式，效果如图 1-84 所示，并学习了如何通过 CSS 样式和 <hr> 标签来添加水平线。接下来我们通过制作相应的案例，进一步加深对于知识的理解。

图1-84　G-Team效果图

素材	素材\Cha01\2\index.html
场景	场景\Cha01\2\index.html
视频	视频教学\Cha01\1.2.6　制作G-Team教育培训类网页（二）.mp4

提示

因为个人电脑及代码编写习惯的原因，可能会出现行号不正确的情况，请每个读者根据截图中显示的代码寻找对应的代码行。如果出现行号不对的情况，我们建议读者打开我们提供的场景素材，比对代码的差异，并通过步骤文本的描述，完成代码的添加，这样有利于读者对于代码的理解。

01 双击打开 Dreamweaver 软件后，在菜单栏中选择【文件】|【打开】命令（见图1-85），弹出【打开】对话框。

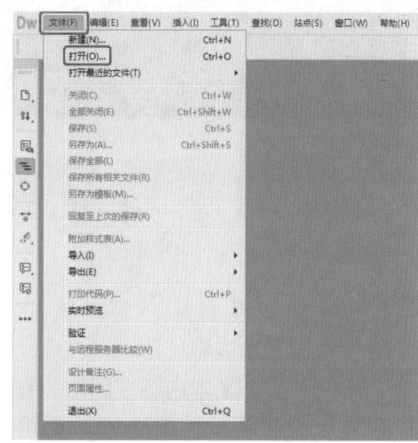

图1-85　选择命令

02 在【打开】对话框中选择素材\Cha01\2\index.html 素材文件，单击【打开】按钮，如图 1-86 所示。

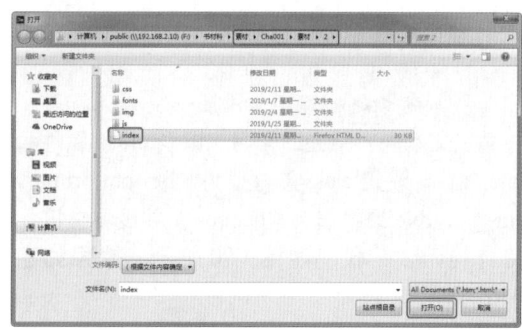

图1-86　打开素材

03 在打开的界面中选择【代码】视图界面，素材代码如图 1-87 所示。

图1-87　素材代码

04 按 F12 功能键开启【实时预览功能】，效果如图 1-88 所示。

图1-88　与素材代码对应的效果图

05 将光标切换到第55行，添加一个 <h1> 标签并添加文本内容"Bootstrap"，添加一个 <h2> 标签并添加文本内容"简洁、直观、强悍的前端开发框架，让 Web 开发更迅速、简单。"添加一个 <p> 标签，代码如图1-89 所示。

```
52 ▼    <div class="item active">
53 ▼        <div class="my_tabs_item1">
54 ▼            <div class="container" style="padding: 120px 160px">
55                  <h1>Bootstrap</h1>
56                  <h2>简洁、直观、强悍的前端开发框架，让web开发更迅速、简单。</h2>
57                  <p></p>
58              </div>
59          </div>
60      </div>
```

图1-89　第5步操作对应的代码

06 在 <p> 标签中，添加一个 <a> 标签，并添加文本内容"立即学习"以及 class 属性和 role 属性，设置 class 属性值为"btn btn-primary btn-lg"，role 属性值为"button"，并设置链接，使链接无效，代码如图1-90 所示，效果如图1-91 所示。

```
52 ▼    <div class="item active">
53 ▼        <div class="my_tabs_item1">
54 ▼            <div class="container" style="padding: 120px 160px">
55                  <h1>Bootstrap</h1>
56                  <h2>简洁、直观、强悍的前端开发框架，让web开发更迅速、简单。</h2>
57 ▼                <p>
58                      <a role="button" class="btn btn-primary btn-lg">立即学习</a>
59                  </p>
60              </div>
61          </div>
62      </div>
```

图1-90　第6步操作对应的代码

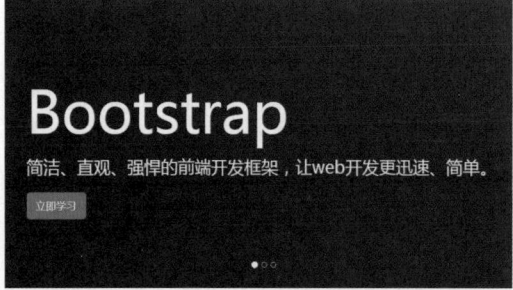

图1-91　第6步操作完成的效果图

07 将光标切换到第66行，添加一个 <h1> 标签和 <p> 标签，在 <p> 标签中添加文本内容"Browser automated testing done easy"，在 <h1> 标签中添加两个 <img> 标签和 <span> 标签，代码如图1-92 所示。

```
65 ▼            <div class="container">
66 ▼                <h1>
67                      <img>
68                      <span></span>
69                      <img>
70                  </h1>
71                  <p>Browser automated testing done easy.</p>
72              </div>
73          </div>
74      </div>
```

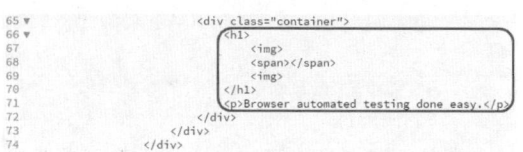

图1-92　第7步操作对应的代码

08 在第一个 <img> 标签中添加代码"src="./img/mch/banner2-logo.png" width="141"height="152" class="img-responsive"alt="Nightwatch.js""，在第二个 <img> 标签中添加代码"src="./img/mch/banner2-text.png" alt="Nightwatch.js" width="370" class="img-responsive""，在 <span> 标签中添加文本内容"Nightwatch"并添加 <em> 标签，在 <em> 标签中添加文本内容".js"，代码如图1-93 所示，效果如图1-94 所示。

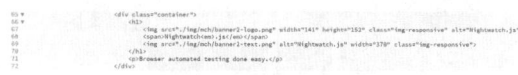

图1-93　第8步操作对应的代码

Browser automated testing done easy.

图1-94　第8步操作完成的效果图

09 将光标切换到第78行，添加 <h1> 标签和 <p> 标签，在 <h1> 标签中添加文本内容"React Js"，在 <p> 标签中添加文本内容"A JavaScript library for building user interfaces"，代码如图1-95 所示，效果如图1-96 所示。

```
75 ▼    <div class="item">
76 ▼        <div class="my_tabs_item3">
77 ▼            <div class="container">
78                  <h1>React Js</h1>
79                  <p>A JavaScript library for building user interfaces</p>
80              </div>
81          </div>
82      </div>
```

图1-95　第9步操作对应的代码

图1-96　第9步操作完成的效果图

10　将光标切换到第 201 行，添加两个 <p> 标签，在第一个标签中添加文本"一起学习 一起成长"，在第二个 <p> 标签中添加 <a> 标签和 <span> 标签，代码如图 1-97 所示。

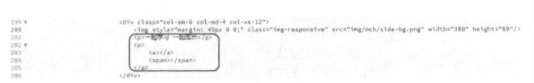

图1-97　第10步操作对应的代码

11　在第一个 <p> 标签中，设置内连样式为文字居中、字体大小为 22px、上外边距为 10px、颜色为白色，在第二个 <p> 标签中的 <a> 标签中添加文本内容"加入我们"，设置 class 属性值为 btn btn-success，设置链接无效，在 <span> 标签中添加文本内容"已有 15997 人在此发言讨论"，代码如图 1-98 所示，效果如图 1-99 所示。

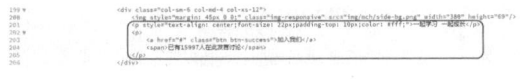

图1-98　第11步操作对应的代码

图1-99　第11步操作完成的效果图

12　将光标切换到第 212 行，分别添加一个 <h4>、<p>、<a> 标签，在 <h4> 标签中添加文本内容"Node.Js 中间件的开发"，在 <p> 标签中添加文本内容"Connect 被定义为 Node 平台的中间件框架，从定位上看 Connect 一定是出众的、广泛兼容的、稳定的、基础的平台性框架。如果攻克 Connect，会有助于我们更了解 Node 的世界。Express 就是基于 Connect 开发的。让我们开始探索 Connect 中间件"，在 <a>

标签中添加文本内容"加入讨论"，在 <a> 标签中设置 class 属性值为"btn btn-info btn-xs"并使链接无效，复制第 212~216 行的代码到第 221、230、239 行，代码如图 1-100 所示，效果如图 1-101 所示。

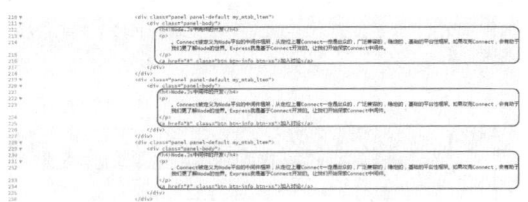

图1-100　第12步操作对应的代码

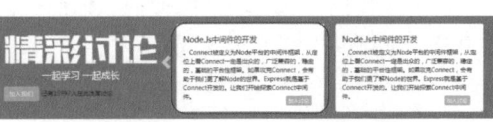

图1-101　第12步操作完成的效果图

13　在第 684 和 694 行添加 <hr> 标签，代码如图 1-102 所示，整体网页效果如图 1-103 所示。

图1-102　第13步操作对应的代码

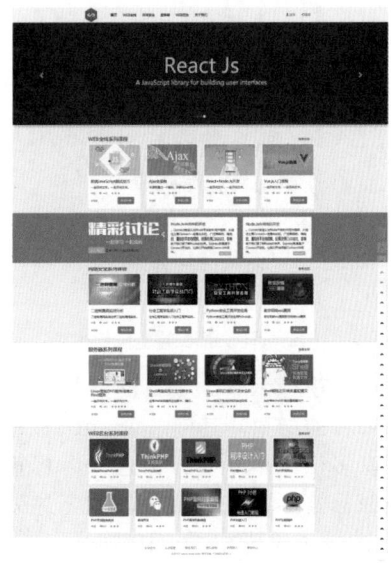

图1-103　整体的网页效果

👤 **疑难解答** class是什么意思？里面的值又是什么意思？

class在HTML中作为引用类来使用，在后面的章节中会详细介绍，其中里面的值是框架Bootstrap定义的，读者可以选择其中任何一个值之后按Ctrl+E组合键查看里面的具体内容，读者会发现里面定义的绝大多数都是CSS样式。编程中我们鼓励高内聚低耦合，框架可以帮我们轻松实现这一目的，并提高网页的显示效果。元素会被视为可以进行独立选择和移动的单独的图形元素。

1.3 网页文字列表设计

在网页中，我们有时需要Word中目录的样式，所以我们在本节中讲解如何添加类似的效果及学习网页文字列表的设置。

1.3.1 无序列表

无序列表相当于Word中的项目符号，无序列表的项目排序没有顺序，只以符号作为分项标识。表示无序列表的<ul>标签，是双标签，以<ul>开始，</ul>结束。其中的内容使用<li>标签，<li>标签也是双标签，其具体代码如图1-104所示，效果如图1-105所示。

```
<ul>
    <li>项目1</li>
    <li>项目2</li>
    <li>项目3</li>
    <li>项目4</li>
</ul>
```

图1-104　建立无序列表的示例代码

- 项目1
- 项目2
- 项目3
- 项目4

图1-105　建立无序列表的效果图

<li>标签标示一个项目的开始，</li>标示一个项目的结束，其中一个<ul>标签里面可以嵌套多个<li>标签，并且<li>标签可以省略结束标签</li>。下面将使用无序列表标签进行排版。代码如图1-106所示，效果如图1-107所示。

💬 **提 示**

在如图1-106所示的代码中，读者可以看出我们在一个<li>标签中，嵌套了一个<ul>标签，其中"系统分析"和"伪网页草图"均有下级列表。

```
<ul>
    <li>项目需求</li>
    <li>系统分析
    <ul>
        <li>网站的定位</li>
        <li>内容收集</li>
        <li>栏目规划</li>
        <li>网站目录结构设计</li>
        <li>网站标志设计</li>
        <li>网站风格设计</li>
        <li>网站导航系统设计</li>
    </ul>
    </li>
    <li>伪网页草图
    <ul>
        <li>制作网页草图</li>
        <li>将草图转换为网页</li>
    </ul>
    </li>
    <li>站点建设</li>
    <li>网页布局</li>
    <li>网站测试</li>
    <li>站点的发布与站点管理</li>
</ul>
```

图1-106　使用无序列表标签进行排版的示例代码

网站建设流程

- 项目需求
- 系统分析
  - 网站的定位
  - 内容收集
  - 栏目规划
  - 网站目录结构设计
  - 网站标志设计
  - 网站风格设计
  - 网站导航系统设计
- 伪网页草图
  - 制作网页草图
  - 将草图转换为网页
- 站点建设
- 网页布局
- 网站测试
- 站点的发布与站点管理

图1-107　使用无序列表标签进行排版的效果图

1.3.2 有序列表

有序列表类似于Word中的自动编号功能，有序列表的使用方法和无序列表的使用方法基本相同。有序列表的标签为<ol>，并且有序列表是双标签，需要使用</ol>作为标签结束符。在一对<ol>标签内，使用<li>标签添加项目，并且每个项目有先后之分，且会自动编号。具体代码如图1-108所示，效果如图1-109所示。

```
<ol>
    <li>项目1</li>
    <li>项目2</li>
    <li>项目3</li>
    <li>项目4</li>
</ol>
```

1. 项目1
2. 项目2
3. 项目3
4. 项目4

图1-108　建立有序　　图1-109　建立有
列表的示例代码　　　序列表的效果图

1.3.3　建立不同的无序列表

使用多个 <ul> 标签，可以建立多个无序列表，并使用 type 属性，修改分享标识，从而建立不同的无序列表。其中 type 属性可设置的属性值如下表所示，具体代码如图 1-110 所示，效果如图 1-111 所示。

属性值	描述
disc	默认值。实心圆
circle	空心圆
square	实心方块

标示1

```
<h4>标示1</h4>
<ul type="disc">
    <li>项目1</li>
    <li>项目2</li>
</ul>
<h4>标示2</h4>
<ul type="circle">
    <li>项目1</li>
    <li>项目2</li>
</ul>
<h4>标示3</h4>
<ul type="square">
    <li>项目1</li>
    <li>项目2</li>
</ul>
```

- 项目1
- 项目2

标示2

○ 项目1
○ 项目2

标示3

■ 项目1
■ 项目2

图1-110　建立不同类型　　图1-111　建立不同类
无序列表的示例代码　　　型无序列表的效果图

1.3.4　建立不同的有序列表

和无序列表类似，通过使用多个 <ol> 标签，建立多个有序列表，分别设置 type 属性，但设置不同的属性值，从而建立不同的有序列表。在有序列表中 type 属性所支持的属性值如右上表所示。具体代码如图 1-112 所示，效果如图 1-113 所示。

属性值	描述
1	默认值。数字有序列表。（1、2、3、4）
a	按字母顺序排列的有序列表，小写。（a、b、c、d）
A	按字母顺序排列的有序列表，大写。（A、B、C、D）
i	罗马字母，小写。（i、ii、iii、iv）
I	罗马字母，大写。（I、II、III、IV）

```
<ol type="A">
    <li>项目1</li>
    <li>项目2</li>
</ol>
<ol type="a">
    <li>项目1</li>
    <li>项目2</li>
</ol>
<ol type="i">
    <li>项目1</li>
    <li>项目2</li>
</ol>
<ol type="I">
    <li>项目1</li>
    <li>项目2</li>
</ol>
```

A. 项目1
B. 项目2

a. 项目1
b. 项目2

i. 项目1
ii. 项目2

I. 项目1
II. 项目2

图1-112　建立不同类型　　图1-113　建立不同类
有序列表的示例代码　　　型有序列表的效果图

1.3.5　嵌套列表

在无序列表中，我们示范了无序列表的嵌套，其中有序列表的嵌套和无序列表的基本类似。但不知读者有没有发现一个细节，在无序列表中示范的嵌套列表，我们没有设定任何 type 的属性值，但是无序列表的样式却发生了变化。下面我们会再做一次实验，代码如图 1-114 所示，效果如图 1-115 所示。

```
<h4>一个嵌套列表：</h4>
<ul>
    <li>咖啡</li>
    <li>茶
        <ul>
        <li>红茶</li>
        <li>绿茶
            <ul>
            <li>中国茶</li>
            <li>非洲茶
                <ul>
                    <li>中国茶</li>
                    <li>非洲茶</li>
                </ul>
            </li>
            </ul>
        </li>
        </ul>
    </li>
    <li>牛奶</li>
</ul>
```

图1-114　建立嵌套无序列表的示例代码

一个嵌套列表：

- 咖啡
- 茶
  - 红茶
  - 绿茶
    - 中国茶
    - 非洲茶
      - 中国茶
      - 非洲茶
- 牛奶

图1-115　建立嵌套无序列表的效果图

> 🏷️ **提示**
>
> 在无序列表（ul）中，type属性支持的属性值仅为3种，当我们嵌套的无序列表超过了3层之后，样式就不再发生变化了。如果想要改变样式，需要手动设置type的属性值。

1.3.6　自定义列表

在 HTML 5 中，我们可以使用自定义列表，其对应的标签是 <dl>。自定义列表标签也是双标签，并且在 <dl> 标签内，支持两个内容标签，一个是 <dt>，另外一个是 <dd>。其中 <dt> 标签类似于项目名称，<dd> 标签类似于项目内容。具体代码如图1-116所示，效果如图1-117所示。

```
<h2>一个定义列表：</h2>
<dl>
    <dt>电脑</dt>
    <dd>是一种能够按照程序运行的电子设备…….</dd>
    <dt>显示器</dt>
    <dd>以视觉方式显示信息的装置 … …</dd>
</dl>
```

图1-116　建立自定义列表的示例代码

一个定义列表：

电脑
　　是一种能够按照程序运行的电子设备……
显示器
　　以视觉方式显示信息的装置 … …

图1-117　建立自定义列表的效果图

1.3.7　制作G-Team教育培训类网页（三）

通过学习无序列表标签 <ul>、有序列表标签 <ol>、自定义列表标签 <dl>，接下来我们通过实训案例，进一步加深对于列表标签的理解和使用，效果如图1-118所示。

素材	素材\Cha01\3\index.html
场景	场景\Cha01\3\index.html
视频	视频教学\Cha01\1.3.7　制作G-Team教育培训类网页（三）.mp4·

图1-118　G-Team网页的效果图

01 双击打开 Dreamweaver 软件后，在菜单栏中选择【文件】|【打开】命令，弹出【打开】对话框，在【打开】对话框中选择素材\Cha01\3\index.html 素材文件，单击【打开】按钮，如图 1-119 所示。

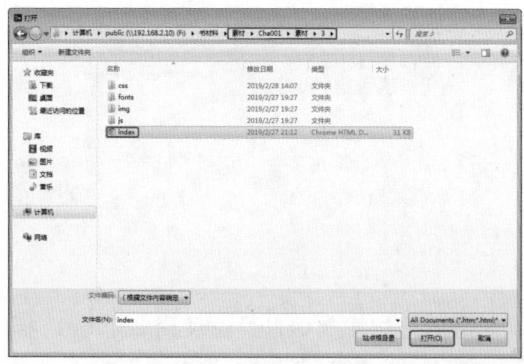

图1-119　打开素材

02 在【代码】视图中定位到第29行，添加两个 <ul> 标签，在第一个 <ul> 标签中添加六个 <li> 标签，在第二个 <ul> 中添加两个 <li> 标签，代码如图 1-120 所示。

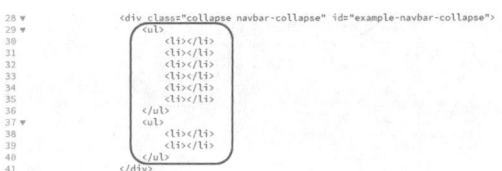

图1-120 第2步操作对应的代码

03 在第一个 `<ul>` 标签中，添加 class 属性和 id 属性，分别设置属性值为 nav navbar-nav、myNav，并在第一个 `<ul>` 标签中，把所有的 `<li>` 标签分别添加一个 `<a>` 标签，分别添加文本内容"首页""WEB 全栈""网络安全""服务器""WEB 后台""关于我们"，然后设置链接无效，代码如图 1-121 所示。

```
29 ▼          <ul class="nav navbar-nav" id="myNav">
30              <li><a href="#">首页</a></li>
31              <li><a href="#">WEB全栈</a></li>
32              <li><a href="#">网络安全</a></li>
33              <li><a href="#">服务器</a></li>
34              <li><a href="#">WEB后台</a></li>
35              <li><a href="#">关于我们</a></li>
36          </ul>
```

图1-121 第3步操作对应的代码

04 在第二个 `<ul>` 标签中，添加 class 属性并设置属性值为"nav navbar-nav navbar-right"，在第二个 `<li>` 标签中添加 `<span>`、`<a>` 标签，并分别添加文本内容"注册"、"登录"，在第二个 `<span>` 标签中添加 class 属性，第一个设置属性值为"glyphicon glyphicon-user"，第二个属性值为"glyphicon glyphicon-log-in"，代码如图 1-122 所示。

```
28 ▼      <div class="collapse navbar-collapse" id="example-navbar-collapse">
29 ▼          <ul class="nav navbar-nav" id="myNav">
30              <li><a href="#">首页</a></li>
31              <li><a href="#">WEB全栈</a></li>
32              <li><a href="#">网络安全</a></li>
33              <li><a href="#">服务器</a></li>
34              <li><a href="#">WEB后台</a></li>
35              <li><a href="#">关于我们</a></li>
36          </ul>
37 ▼          <ul class="nav navbar-nav navbar-right">
38              <li><a href="#"><span class="glyphicon glyphicon-user"></span>注册</a></li>
39              <li><a href="#"><span class="glyphicon glyphicon-log-in"></span>登录</a></li>
40          </ul>
41      </div>
42  </div>
```

图1-122 第4步操作对应的代码

05 将光标定位到第 46 行，添加一个 `<ol>` 标签，在 `<ol>` 标签中添加三个 `<li>` 标签，在 `<ol>` 标签中添加 class 属性，设置属性值为"carousel-indicators"，在第一个 `<li>` 标签中添加代码"data-target="#myCarousel" data-slide-to="0" class="active""，在第二个 `<li>` 标签中添加代码"data-target="#myCarousel" data-slide-to="1""，在第三个 `<li>` 标签中添加代码"data-target="#myCarousel" data-slide-to="1""，代码如

图 1-123 所示，效果如图 1-124 所示。

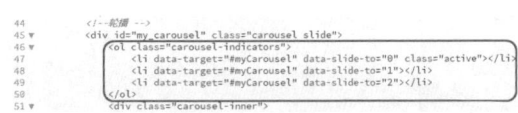

图1-123 第5步操作对应的代码

图1-124 第5步操作完成后的效果图

疑难解答 上面步骤中的代码是什么意思？

此步骤实际上是 Bootstrap 中轮播图的一部分，上面代码实现的是轮播图轮转时图片下方的点点，data-target 及 data-slide 均为 Bootstrap 官方示例代码中的一部分。

06 将光标定位到第 684 行，添加一个 `<div>` 标签，在第一个 `<div>` 标签内添加一个 `<h3>` 标签，并在 `<h3>` 标签中添加文本内容"合作机构"后，再添加一个 `<div>` 标签，在第二个 `<div>` 标签中嵌套一个 `<div>` 标签，在第三个 `<div>` 标签中添加一个 `<ul>` 标签，并在 `<ul>` 标签内添加六个 `<li>` 标签。

疑难解答 为什么嵌套这么多 `<div>` 标签？

因为实现不同的功能。Bootstrap 有栅格功能，就是将网页分为12个部分，第一个 div 功能是清空浮动，第二个 div 实现的是居中，第三个 div 是使用栅格功能，第四个 div 是告诉所有网页所有终端均显示所有部分。栅格的功能详细介绍可查阅官方文档。

07 在第一个 `<div>` 标签中添加 class 属性和属性值"container"，在 `<h3>` 标签中添加 class 属性和属性值"my_list_title"，在 `<h3>` 标签内添加一个 `<a>` 标签及文本内容"申请加入"，在 `<a>` 标签内，添加一个 `<i>` 标签并添加 class 属性及属性值"glyphicon glyphicon-circle-arrow-right"，在内部的第一个 `<div>` 标签内添加类 row，然后再在内部的 div 内添加类 col-md-12 col-sm-12 col-lg-12，在 `<ul>` 标签内添加类 clearfix my_team，代码如图 1-125 所示。

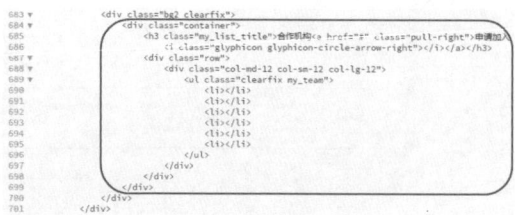

图1-125　第7步操作对应的代码

08 在第690~695行的<li>标签中添加<a>标签，并分别添加文本内容"FUN视觉摄影及后期课堂""百映学苑""考拉超级课堂""咔图摄影教育中心""思佳纳传媒""HRBar专业人力资源培训"，然后设置链接无效，代码如图1-126所示，效果如图1-127所示。

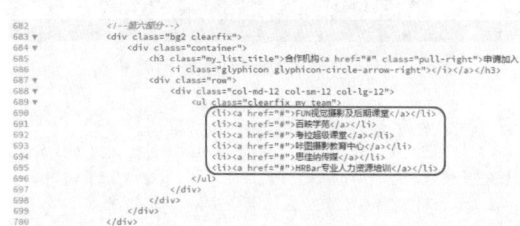

图1-126　第8步操作对应的代码

合作机构

FUN视觉摄影及后期课堂　图映学苑　考拉超级课堂　咔图摄影教育中心　思佳纳传媒　HRBar专业人力资源培训

图1-127　第8步操作完成的效果图

疑难解答 如何在不使用<hr>标签的情况下，实现水平线效果？

在前面的内容中，我们说过了使用box-shadow属性可以添加阴影，并且进行合理的设置之后，可以实现水平线的效果。这里我们就是用box-shadow属性实现的。

疑难解答 为什么有序列表中排列方式变成了横排？

在<li>标签内添加float属性及属性值left即可实现这个效果。其中float属性的意思是浮动。

1.4 上机练习——制作G-Team简介网页

通过前面基础知识及相应案例的学习，我们对于HTML 5的基础标签已经有了一个基本的认识和了解，接下来我们通过制作G-Team简介的网页（效果如图1-128所示），进一步加深对基础知识的理解。

素材	素材\Cha01\ 4\index.html
场景	场景\Cha01\ 4\index.html
视频	视频教学\Cha01\1.4　上机练习——制作G-Team简介网页.mp4

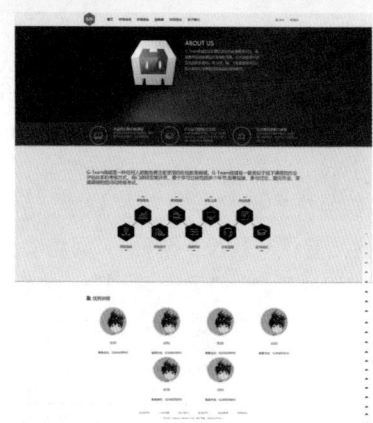

图1-128　G-Team简介网页

01 双击Dreamweaver软件，在弹出的软件界面中的菜单栏里，选择【文件】|【打开】命令，弹出【打开】对话框（见图1-129），选择素材文件"素材\Cha01\4\index.html"后，单击【打开】按钮。打开素材文件后的界面如图1-130所示。

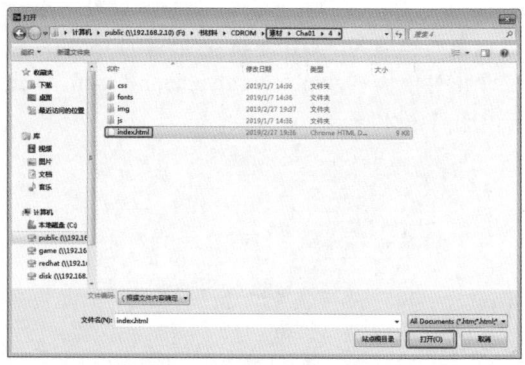

图1-129　【打开】对话框

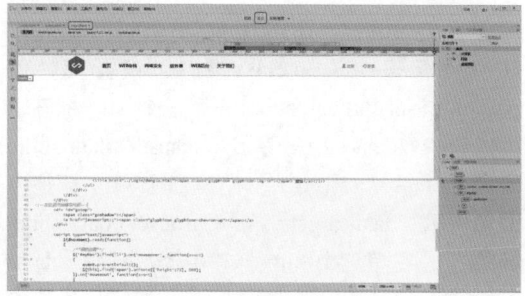

图1-130　打开的素材文件

02 在软件视图的下半部分代码视图中，将光标移动到第 49 行代码，代码如图 1-131 所示。

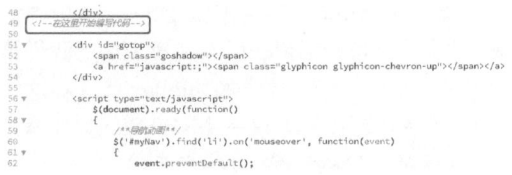

图1-131 第2步操作对应的代码

疑难解答 为什么第49行代码是灰色的？

第49行的代码是注释代码，在HTML 5中，代码的注释语法是：<!--内容-->。

03 删除第 49 行的注释代码，添加一个 <div> 标签，并且添加类 jumbotron banner，在刚添加的 div 中嵌套一个 <div> 标签，并添加类 row banner-info。代码如图 1-132 所示。

```
47              </div>
48
49  <div class="jumbotron banner">
50      <div class="row banner-info">
51
52      </div>
53  </div>
54
55 ▼          <script type="text/javascript">
```

图1-132 第3步操作对应的代码

04 在第 51 行的 <div> 标签中添加一个 <div> 标签，并添加类 col-md-5。代码如图 1-133 所示。

```
49 ▼ <div class="jumbotron banner">
50 ▼      <div class="row banner-info">
51 ▼          <div class="col-md-5">
52
53          </div>
54      </div>
55  </div>
```

图1-133 第4步操作对应的代码

05 在第 52 行的 <div> 标签中添加一个 <img> 标签，在标签中添加类 img-responsive 与图片文件 img/cordova_bot.png。代码如图 1-134 所示。

```
49 ▼ <div class="jumbotron banner">
50 ▼      <div class="row banner-info">
51 ▼          <div class="col-md-5">
52              <img class="img-responsive" src="img/cordova_bot.png" alt="">
53          </div>
54      </div>
55  </div>
```

图1-134 第5步操作对应的代码

06 在第 53 行添加 <div> 标签，并添加类 col-md-7。代码如图 1-135 所示。

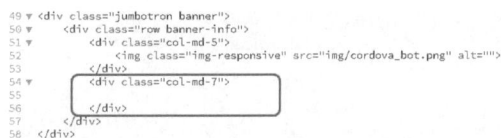

图1-135 第6步操作对应的代码

07 在第 55 行的 <div> 标签中添加一个 <h2> 标签，并添加内容"ABOUT US"。在第 56 行添加标签 <p>。在第 57 行添加标签 <small>，并添加内容"G-Team 商城是由高教社推出的在线教育平台，承接教育部国家精品开放课程任务，向大众提供中国知名高校的课程。在这里，每一个有意愿提升自己的人都可以免费获得更优质的高等教育"。最后在下面的一行添加一个 <p> 标签。代码如图 1-136 所示。效果如图 1-137 所示。

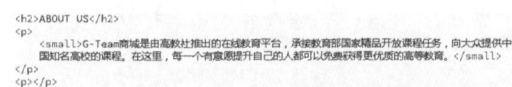

图1-136 第7步操作对应的代码

图1-137 第7步操作完成的效果图

08 在第 63 行添加 <div> 标签，并添加类 bottom-strip，在刚添加的 <div> 标签中嵌套一个 <div> 标签，并添加类 container，之后设置内部上边距为 15px。代码如图 1-138 所示。

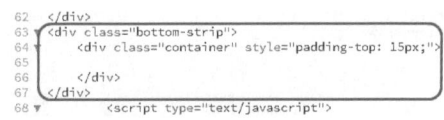

图1-138 第8步操作对应的代码

09 同样在第 65 行添加 <div> 标签，并添加类 col-lg-4，在刚添加的 <div> 标签中嵌套一个 <div> 标签，并添加类 row。代码如图 1-139 所示。

```
63    <div class="bottom-strip">
64 ▼     <div class="container" style="padding-top: 15px;">
65 ▼        <div class="col-lg-4">
66 ▼           <div class="row">
67
68
69              </diav>
70          </div>
71    </div>
```

图1-139　第9步操作对应的代码

10 在第 67 行添加 <div> 标签，并添加类 col-lg-4、col-md-3，在刚添加的 <div> 标签中添加一个 <img> 标签并在标签中添加类 img-responsive 与图片文件 img/book.png。然后在第 70 行添加 <div> 标签，并添加类 col-lg-8、col-md-9，在第 71 行添加 <h4> 标签，内容为"丰富的名师名校课程"，在第 72 行添加
 标签，最后在第 73 行添加标签 <small>，文字内容为"来自众多 985 高校的优质课程，更好更全的大学课程，与名师零距离。"。代码如图 1-140 所示，效果如图 1-141 所示。

```
67 ▼    <div class="col-lg-4 col-md-3">
68         <img class="img-responsive" src="img/book.png" alt="">
69
70 ▼    <div class="col-lg-8 col-md-9">
71 ▼       <h4>丰富的名师名校课程
72            <br>
73            <small>来自众多985高校的优质课程，更好更全的大学课程，与名师零距离。</small>
74         </h4>
75    </div>
```

图1-140　第10步操作对应的代码

图1-141　第10步操作完成的效果图

11 第 78~90 行与第 91~103 行的代码与第 65~77 行的代码基本相同，仅是改变了图片与文字的内容，在这里就不再一一列举了，具体代码如图 1-142 与图 1-143 所示。最终效果如图 1-144 所示。

```
78 ▼    <div class="col-lg-4">
79 ▼       <div class="row">
80 ▼          <div class="col-lg-4 col-md-3">
81               <img class="img-responsive" src="img/boshi.png" alt="">
82            </div>
83 ▼          <div class="col-lg-8 col-md-9">
84 ▼             <h4>打破时空学习
85                  <br>
86                  <small>随你想随时随地学习，可以随时更新增强验证。这就证书不仅仅是一种荣誉，更是你成长的里程碑。</small>
87               </h4>
88            </div>
89         </div>
90    </div>
```

图1-142　第11步操作对应的代码（1）

```
91 ▼    <div class="col-lg-4">
92 ▼       <div class="row">
93 ▼          <div class="col-lg-4 col-md-3">
94               <img class="img-responsive" src="img/zan.png" alt="">
95            </div>
96 ▼          <div class="col-lg-8 col-md-9">
97 ▼             <h4>令人瞩目的教学特色
98                  <br>
99                  <small>全新先趣的在线教学模式，定期开课，简短视频，提交作业，和同学老师交流。</small>
100              </h4>
101           </div>
102        </div>
103   </div>
```

图1-143　第11步操作对应的代码（2）

图1-144　第11步操作完成的效果图

12 在第 106 行，我们添加一个 <div> 标签，并添加 blue-divider 类。在第 107 行我们再创建一个 <div> 标签并添加 my-box 类，在这个 <div> 标签中我们再嵌套一个 <div> 标签并添加 container 类。代码如图 1-145 所示。

```
106    <div class="blue-divider"></div>
107 ▼  <div class="my-box">
108 ▼     <div class="container ">
109
110       </div>
111    </div>
```

图1-145　第12步操作对应的代码

13 在第 109 行添加 <h3> 标签，标签中的内容为"G-Team 商城是一种任何人都能免费注册使用的在线教育商城。G-Team 商城有一套类似于线下课程的作业评估体系和考核方式。每门课程定期开课，整个学习过程包括多个环节：观看视频、参与讨论、提交作业，穿插课程的提问和终极考试。"。然后在第 110 行添加 <div> 标签并添加 my-container-img 类。最后在第 111 行中的 <div> 标签中添加 <img> 标签，标签中添加 img-responsive 类与图片文件 img/total.png。代码如图 1-146 所示，效果如图 1-147 所示。

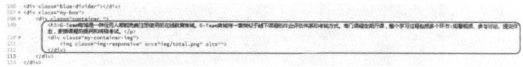

图1-146　第13步操作对应的代码

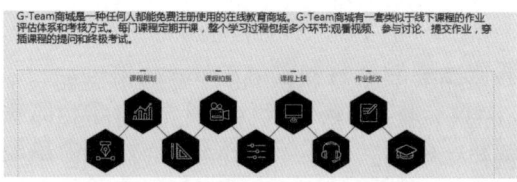

图1-147　第13步操作完成后的效果图

14 在第 115 行添加 <div> 标签并添加 blue-divider 类，在第 116 行再添加 <div> 标签以及 container we-info 类。在第 117 行添加 <h3> 标签，在第 118 行中的 <h3> 标签里面添加 <span> 标签并添加 glyphicon glyphicon-align-left 类以及 <h3> 标签的内容"优秀讲师"。代码如图 1-148 所示。

```
115  <div class="blue-divider"></div>
116 ▼ <div class="container we-info">
117 ▼         <h3>
118                 <span class="glyphicon glyphicon-align-left "></span>
119                 优秀讲师
120         </h3>
121  </div>
```
图1-148　第14步操作对应的代码

15 在第 121 行添加 <div> 标签并添加类 col-md-3、col-sm-6、col-lg-3，在第 122 行添加 <div> 标签并添加类 text-center，代码如图 1-149 所示。

```
121 ▼         <div class="col-md-3 col-sm-6 col-lg-3">
122 ▼             <div class="text-center">
123
124             </div>
125         </div>
```
图1-149　第15步操作对应的代码

16 在第 123 行添加 <div> 标签并添加类 img-boder，在第 124 行添加标签 <img>，并添加图片文件 img/x1.jpg。在第 126 行添加 <h3> 标签并添加类 text-center text-success 以及内容 "xxx"。最后在第 127 行添加 <p> 标签以及标签内容 "联系方式：12345678910"，代码如图 1-150 所示。

```
121 ▼         <div class="col-md-3 col-sm-6 col-lg-3">
122 ▼             <div class="text-center">
123 ▼                 <div class="img-boder">
124                         <img src="img/x1.jpg" >
125                     </div>
126                     <h3 class="text-center text-success">xxx</h3>
127                     <p>联系方式：12345678910</p>
128             </div>
129         </div>
```
图1-150　第16步操作对应的代码

17 第 130~175 行大部分是对第 14 步与第 15 步中内容的重复，改变内容仅是图片的名字与文字的内容，在此不再过多地重复。值得一提的是我们在第二图片左右均空出一个位置，即在第 157 行与 176 行设立标签 <div> 添加类 col-md-3、col-sm-6、col-lg-3。具体添加代码如图 1-151 所示。重复代码如图 1-152 所示，最终效果如图 1-153 所示。

```
     <div class="col-md-3 col-sm-6 col-lg-3">
         <div class="text-center">
             <div class="img-boder">
                 <img src="img/x6.jpg" >
             </div>
             <h3 class="text-center text-success">xxx</h3>
             <p>联系方式：12345678910</p>
         </div>
     </div>
     <div class="col-md-0 col-sm-0 col-lg-3"></div>
```
图1-151　第17步操作中添加的代码

18 在第 179 行开始书写页面的底部版权区域。在第 179 行添加 <div> 标签并添加 id 属性值为 "footer"，在第 180 行添加 <div> 标签

以及类 container。代码如图 1-154 所示。

```
     <div class="col-md-3 col-sm-6 col-lg-3">
         <div class="text-center">
             <div class="img-boder">
                 <img src="img/x6.jpg"  >
             </div>
             <h3 class="text-center text-success">xxx</h3>
             <p>联系方式：12345678910</p>
         </div>
     </div>
     <div class="col-md-0 col-sm-0 col-lg-3"></div>
```
图1-152　第17步操作中重复的代码

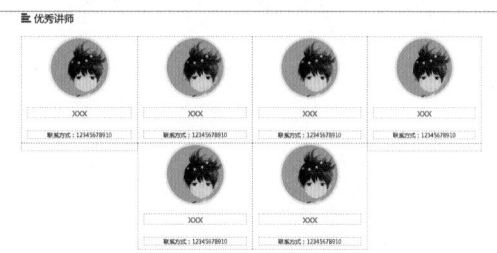
图1-153　第17步操作后完成的效果图

```
179 ▼ <div id="footer">
180 ▼     <div class="container">
181
182     </div>
183 </div>
```
图1-154　第18步操作对应的代码

19 在第 181 行添加 <p> 标签，在第 182~187 行，添加 <a> 标签，设置属性为 "href=" #""，文字内容分别为 "企业合作"、"人才招聘"、"加入我们"、"企业合作"、"社区服务" 以及 "联系我们"。在第 189 行添加 <p> 标签以及文字内容 "©2017 www.g-team.com 京 ICP 备 13046642 号 -2"。代码如图 1-155 所示。

```
179 ▼ <div id="footer">
180 ▼     <div class="container">
181 ▼         <p>
182             <a href="#">企业合作</a>
183             <a href="#">人才招聘</a>
184             <a href="#">加入我们</a>
185             <a href="#">企业合作</a>
186             <a href="#">社区服务</a>
187             <a href="#">联系我们</a>
188         </p>
189 ▼         <p>
190             &copy;2017 www.g-team.com  京ICP备 13046642号-2
191         </p>
192     </div>
193 </div>
```
图1-155　第19步操作对应的代码

20 最后，设置一个直接返回网页顶部的按钮，在第 194 行添加 <div> 标签并添加 id 属性值为 "gotop"，在第 195 行添加 <span> 标签以及类 goshadow，在第 196 行先添加一个 <a> 标签，href 属性为 "javascript"，在 <a> 标签里面再嵌套一个 <span> 标签，标签的类为 glyphicon 、glyphicon-chevron-up。代码如

图 1-156 所示，效果如图 1-157 所示。

```
194 ▼   <div id="gotop">
195        <span class="goshadow"></span>
196        <a href="javascript:;"><span class="glyphicon glyphicon-chevron-up"></span></a>
197     </div>
```

图1-156　第20步操作对应的代码

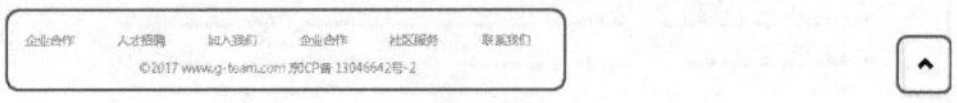

图1-157　第20步操作完成的底部效果

1.5　思考与练习

1. 怎么在网页中添加文字并设置样式？

2. 我们讲解了几种添加水平线的方法？除了添加 <hr> 标签外，另外一种方法实现的原理是什么？

3. 列表一共分为几种？

第 ② 章　企业门户类网页——HTML 5网页中的图像

相信大家浏览过各种类型的网站，是不是发现不论是教学网站还是线上商场，或者是视频网站，都能发现页面上有很多的图片，有人物的图片、动物的图片、宣传图片、轮播图等。

图片在网页中的使用非常频繁，是一个很重要的模块，在网页中加入图像元素，不仅可以使网页变得非常吸引访客眼球，而且还能使网站变得独具特色。

基础知识
- 图像基础
- \<img\> 标签简介
- 行内样式
- 内部样式
- \<img\> 标签适用范围

提高知识
- 路径问题

我们这一章将为大家详细讲解如何在网页中插入图像元素，并让大家学会图像标签 \<img\> 的用法以及展示各种插入图片的方式。

我们先从细节讲解，为我们插入图片要用到的标签——细讲，然后带着大家一块完成案例，综合案例，贯通知识体系。只要大家跟着教材完成本章的三个案例，相信学完此章以后，大家不仅可以学会使用 \<img\> 标签，还能实现自我创新，做出具有自己风格的网页。和学习其他知识一样，本章也会有不少难点，在本章节中会有相应的解答，只要大家认真去理解教材，自然就会攻破难点，突破自我。

2.1 在网页中插入图像

网页中很重要的元素就是文字和图片，这一章会为大家详细讲解如何在网页中加入图像，我们通过前面讲解知识点贯穿实训案例，强化知识水平。

2.1.1 图像基础

图像是计算机储存图片的格式。bmp、jpg、png、tif、gif、pcx、tga、exif、fpx、svg、psd、cdr、pcd、dxf、ufo、eps、ai、raw、wmf、webp 等为常见存储格式类型。其中在网上使用最常见的是 JPG、GIF 和 PNG 三种格式。

1. 图像基本数据结构

先说一下什么是像素。像素是指组成图像的一个个小方格，这些小方格都有一个明确的位置和被分配的色彩数值，这些小方格颜色和位置的组合就决定该图像所呈现出来的样子。

可以将像素视为整个图像中不可分割的单位或者是元素。不可分割的意思是它不能够再切割成更小单位抑或是元素，它是以一个单一颜色的小格存在。每一个点阵图像包含了一定量的像素，这些像素决定图像在屏幕上所呈现的大小，如图 2-1 所示。

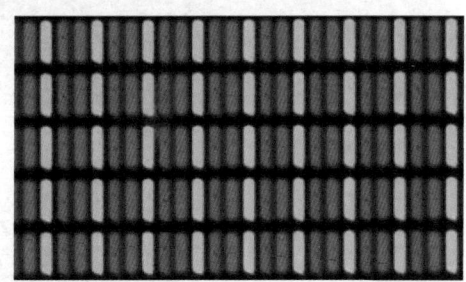

图2-1　像素

要讲图片格式还得先从图像的基本数据结构说起。在计算机中，图像是由一个个像素点组成，像素点就是颜色点，而颜色最简单的方式就是用 RGB 或 RGBA 表示。图像的数据结构如图 2-2 和图 2-3 所示。

RGB 每个分量一般是用一个字节（8 位）来表示，所以图 2-2 中每个像素大小就是 $3 \times 8 = 24$ 位图，而图 2-3 中每个像素大小是 $4 \times 8 = 32$ 位。

图2-2　图像数据结构1 　图2-3　图像数据结构2

2. 网上三种常见的图片格式

1）JPG 格式

JPG 格式是一种常见的图像格式，全名为 JPEG。JPG 格式是一种很灵活的格式，具有调节图像质量的功能，允许用不同的压缩比例对这种文件进行压缩。

JPG 格式也是目前网络上最流行的图像格式，是可以把文件压缩到最小的格式。JPG 图片是以 24 位颜色存储单个位图，而且 JPG 是与平台无关的格式。支持最高级别的压缩，不过，这种压缩是损耗式的。一般来说，压缩比例越高，图像损失质量越大，图像文件也越小。

2）GIF 格式

GIF 格式分为静态 GIF 和动画 GIF 两种。GIF 格式是一种压缩位图格式，其相较于 JPG 格式而言，支持透明背景图像。GIF 格式可适用于多种系统。其"体型小"，网上很多小动画都是 GIF 格式。

归根结底 GIF 格式仍然是一个图片文件格式，但是 GIF 只能显示 256 色。有利也有弊，GIF 格式颜色少，但此点适合于网络，数据量大大减少，传输速度也就提高了。

3）PNG 格式

PNG 格式是图像文件存储格式，其设计目的是试图替代 GIF 和 TIFF 文件格式，同时增加一些 GIF 文件格式所不具备的特性。PNG 的名称来源于"可移植网络图形格式（Portable Network Graphic Format，PNG）"，也有一个非官方解释"PNG's Not GIF"，是一种位图文件（bitmap file）存储格式，读作"ping"。PNG 用来存储灰度图像时，灰度图像的深度可多到 16 位，存储彩色图像时，彩色图像的深度可多到 48 位，并且还可存储多到 16 位的 α 通道数据。PNG 使用从 LZ77 派生的无损数据压缩算法,一般应用于 Java 程序、网页或 S60 程序中,原因是它压缩比高,生成文件体积小。

3. 几种图片格式的必要性

如果将图像原始格式直接存储到文件中将会非常大,比如一个大小为 5000×5000 像素的 24 位图,所占存储空间大小为 5000×5000×3 字节 =71.5MB,其大小非常可观。

如果用 zip 或 rar 之类的通用算法来压缩像素数据,得到的压缩比例通常不会太高,因为这些压缩算法没有针对图像数据结构进行特殊处理,如图 2-4 所示。

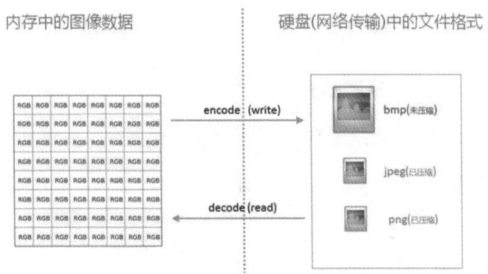

图2-4 图像数据传输示意图

所以可以总结:jpeg、png 文件和图像的关系,就相当于 zip、rar 格式和普通文件的关系(使用 zip、rar 格式对普通文件进行压缩,即产生了 zip、rar 文件)。

2.1.2 <img>标签简介

一个网页,给用户在视觉效果上是由文字和图片组成的,所以我们在做网页的时候,里面重要的元素图像是必不可少的。

在 HTML 文档里面如何插入图像呢?就是使用 HTML 中的 <img> 标签,<img> 标签有一个属性 src,它用来填写本地图片的地址,当然也可以引入网络上图片的网络位置,可以在 HTML 文档中引入网络的图像元素,从而使我们做的网页更加吸引浏览者的眼球。

下面我们演示如何引入网络位置的图片,并且使用 <img> 标签的属性给图片设置样式,使用 width 和 height 属性将图片的宽度设为 300,alt 设置为风景图。演示代码如图 2-5 所示,页面内的效果如图 2-6 所示。

```
<!doctype html>
<html>
<head>
<meta charset="utf-8">
<title></title>
</head>

<body>
    <img width="300" height="300" alt="风暴图"
        src="http://00.minipic.eastday.com/20170411/
            20170411212923_f3b93bece00e4178f3bc684240278d9a_5.jpeg">
</body>
</html>
```

图2-5 演示代码

图 2-6 效果图

📚 知识链接:<img>介绍

<img> 标签是一个单标签,一般这样使用 <img />,单标签的尖括号最后面要加上一个反斜杠 '/'。从技术上讲,<img> 标签并不会在网页中插入图像,而是从网页上链接图像。<img> 标签创建的是被引用图像的占位空间。

下面我们称 <img> 标签是图像标签。

图像标签中有很多调整图像格式的属性,下面的表格中就列出了图像标签的常用属性:

值	描述
width	定义图片的宽度
height	定义图片的高度
alt	当图片因为网络原因加载缓慢时,出现的文字提示
src	指定图片的地址,可以是网络地址和本地地址

下面我们将演示 <img> 标签的 width 和 height 属性对图片显示效果的影响,演示代码如图 2-7 所示,效果如图 2-8 所示。

```
<!doctype html>
<html>
<head>
<meta charset="utf-8">
<title></title>
</head>

<body>

    <img src="images/nav2.png" width="200" height="100">
    <br/><br/>
    <img src="images/nav2.png" width="50" height="50">
    <br/><br/>
    <img src="images/nav2.png" width="100" height="150">

</body>
</html>
```

图2-7 设置图像宽度和高度的演示代码

图2-8 设置图像宽度和高度的效果图

2.1.3 CSS引入方式

CSS样式引入的三种方式：第一种是行内样式，又叫内联式样式。行内样式是指，在标签里面使用style属性直接给予文档样式。在<style>标签中编写样式代码称为内部样式，又叫嵌入式样式，这是第二种引入方式。另外还有第三种外部样式。这三种样式我们会在下面的章节相继介绍，大家现在只需要知道这个概念即可，我们现在只简单地使用内联式样式，主要还是使用嵌入式样式。下面我们介绍一下CSS引入的三种方式。

1. 行内样式

使用style属性引入CSS样式。示例如下：

```
<h1 style="color：red;">style属性的应
用</h1>
<p   style="font-size：14px;color：
green;">直接在HTML标签中设置的样式</p>
```

实际在写页面时不提倡使用，在测试的时候可以使用。为了在书中更加直观，所以我们采用了内联式样式。

演示代码如图2-9所示，效果如图2-10所示。

```
<!DOCTYPE>
▼ <html>
▼ <head>
    <meta charset="utf-8" />
    <title>行内样式</title>
  </head>
▼ <body>
    <!--使用行内样式引入CSS-->
    <h1 style="color:red;">Leaping Above The Water</h1>
    <p style="color:red;font-size:30px;">我是p标签</p>
  </body>
</html>
```

图2-9 使用行内样式的演示代码

Leaping Above The Water

我是p标签

图2-10 使用行内样式的效果图

2. 内部样式表

在style标签中书写CSS代码。style标签写在head标签中。示例如下。

```
<head>
<style type="text/css">
h3{
        color: red;
 }
   </style>
</head>
```

演示代码如图2-11所示，效果如图2-12所示。

```
1  <!DOCTYPE>
2 ▼ <html>
3 ▼ <head>
4    <meta charset="utf-8" />
5    <title>内部样式表</title>
6    <!--使用内部样式表引入CSS-->
7    <style type="text/css">
8 ▼    div{
9            background: green;
0        }
1    </style>
2   </head>
3 ▼ <body>
4        <div>我是DIV</div>
5   </body>
6   </html>
```

图2-11 使用内部样式的演示代码

我是DIV

图2-12 使用内部样式的效果图

3. 外部样式表

CSS 代码保存在扩展名为 .css 的样式表中。

HTML 文件引用扩展名为 .css 的样式表，有两种方式：链接式、导入式。

语法如下：

（1）链接式

```
<link type="text/css" rel="styleSheet" href="CSS 文件路径" />
```

（2）导入式

```
<style type="text/css">
    @import url("css 文件路径");
</style>
```

演示代码如图 2-13 所示，效果如图 2-14 所示。

```
<!DOCTYPE>
<html>
<head>
<meta charset="utf-8" />
<title>外部样式表</title>
<!--链接式:推荐使用-->
<link rel="stylesheet" type="text/css" href="css/style.css" />
<!--导入式-->
<style type="text/css">
@import url("css/style.css");
</style>
</head>
<body>
    <ol>
        <li>1111</li>
        <li>2222</li>
    </ol>
</html>
```

图2-13　使用外部样式的演示代码

1. **1111**
2. **2222**

图2-14　使用外部样式的效果图

2.1.4　<img>标签的适用范围

在这里说明一下 <img> 标签的适用范围，下表中的浏览器都支持 <img> 标签：

IE	Firefox	Chrome	Safari	Opera

以上都是常用的浏览器，其实几乎所有的浏览器都支持 <img> 标签，所以我们在使用 <img> 标签时不用担心浏览器问题，以后遇到因浏览器不同会出现的问题会在本书中详细说明。

2.1.5　路径问题

在加入图片时，有两种路径问题需要注意。

1. 绝对路径

先说在本地计算机上，文件的绝对路径是指：文件在硬盘上真正存在的路径。

例如这个路径：D: /wamp/www/img/icon.jpg 告诉我们 icon.jpg 文件是在 D 盘的 wamp 目录下的 img 子目录中。我们不需要知道其他任何信息就可以根据绝对路径判断出文件的位置。

还有超链接文件位置，也属于绝对路径，例如 http://www.img.net/img/icon.jpg 。

2. 相对路径

相对路径，顾名思义就是自己相对于目标位置。

相对路径使用"/"字符作为目录的分隔字符，而绝对路径可以使用"\"或"/"字符作为目录的分隔字符。由于"img"目录是"www"目录下的子目录，因此在"img"前不用再加上"/"字符。

在相对路径里常使用"../"来表示上一级目录。如果有多个上一级目录，可以使用多个"../"。

相对路径的使用语法如下所示。

值	描述
./	代表文件所在的目录（可以省略不写）
../	代表文件所在的父级目录
../../	代表文件所在的父级目录的父级目录
/	代表文件所在的根目录

> 🏷 **提　示**
>
> 下面将大量使用 <img> 标签，我们在项目中使用的是相对路径，但是推荐在以后开发中使用绝对路径，如果使用相对路径，当我们移动文件的使用位置时，就会出现图片无法加载的情况，但如果使用绝对路径是不会因为移动文件位置而出现问题的。

2.1.6　制作房地产网页

在网页中插入大量的图像，就是使用上面介绍的图像标签来插入图片，通过图文结合强化文字效果，多张图片的有序排列也是难点，通过制作房地产网页来带大家突破难点。效果如图 2-15 所示。

素材	无
场景	场景\Cha02\1\index.html
视频	视频教学\Cha02\2.1.6　制作房地产网页.mp4

图2-15　房地产网页

01 开发准备。首先鼠标左键双击桌面上的 Dreamweaver 图标，打开 Dreamweaver 软件。

02 打开 Dreamweaver 软件以后，在菜单栏中选择【文件】|【新建】命令，会弹出新建文件对话框，这样就可以建立一个 html 文件，如图 2-16 和图 2-17 所示。

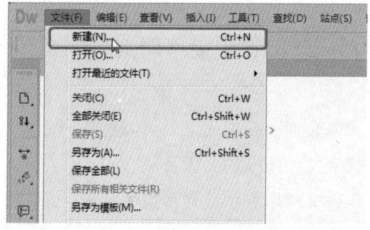

图2-16　选择命令新建文件

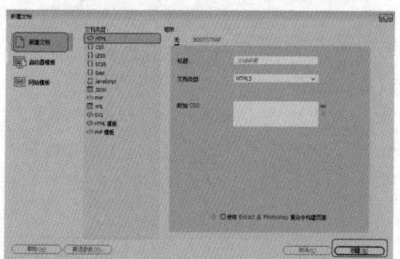

图2-17　建立HTML文档

知识链接：使用浏览器打开HTML文件

单击菜单栏下方的文件名区域，在弹出的下拉菜单中选择【在浏览器中打开】|Internet Explorer 命令，如图 2-18 所示。

除了上述方法外，还可以使用键盘最上排的 F12 功能键，可直接选择浏览器打开。

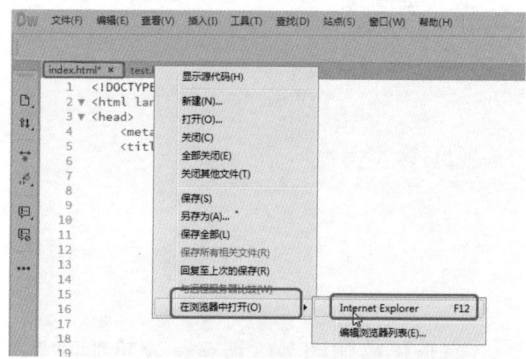

图2-18　在浏览器中打开HTML文档

提　示

我们提供素材文件，在目录"素材\Cha02\1\images"，里面存放这个网页所需要的所有图片；目录"素材\Cha02\1\css"里面存放了需要引入的 css 文件，下面的每一个案例的素材都是这样的目录结构。

03 先引入我们的 css 文件。在 <head> 标签的结束标签之前添加 <link> 标签，并为其添加值为"css/index.css"的 href 属性，继续添加值为"text/css"的 type 属性，值为"stylesheet"的 rel 属性。然后按 Ctrl+S 组合键把新建的 HTML 文档保存到"素材\Cha02\1"文件夹中，如图 2-19 所示。

```
1  <!DOCTYPE html>
2  <html lang="en">
3  <head>
4      <meta charset="UTF-8">
5      <title>Title</title>
6      <link href="css/index.css" type="text/css" rel="stylesheet">
7  </head>
```

图2-19　引入css文件

04 插入图像。在 <body> 标签的结束标签之前添加 <center> 标签，再在 <center> 标签内部添加 <img> 标签，为 <img> 标签添加 src 属性，其属性值为"images/header.png"，代码如图 2-20 所示，效果如图 2-21 所示。

```
<body>
    <center>
        <img src="images/header.png"/>
    </center>

</body>
```

图2-20 第4步操作对应的代码

图2-21 第4步操作完成的效果图

💡 提示

我们做网页不是直接插入图片的，为了让我们做的网页更加地漂亮，所以要先进行网页的布局，在布局的时候留出图片的空缺位置，或者是先随便用一张图片占位，最后再插入我们的素材图片。

05 继续在 <center> 的结束标签之前添加一个 <div> 标签，并为其添加类 nav，在这个 <div> 标签里面添加 <ul> 标签，<ul> 标签里面再嵌套六个 <li> 标签，再为每个 <li> 标签内部添加一个 <a> 标签和一个 <span> 标签，为每一个 <a> 标签添加属性 href，其值不需要填写，再在每一个 <a> 标签里面添加文字，文字信息分别为："公司首页"、"公司简介"、"公司新闻"、"公司项目"、"在线留言"、"联系我们"，并在每一个 <span> 标签里面添加竖线字符"|"。HTML 代码如图 2-22 所示，效果如图 2-23 所示。

```
<div class="nav">
    <ul>
        <li>
            <a href="">公司首页</a><span>|</span>
        </li>
        <li>
            <a href="">公司简介</a><span>|</span>
        </li>
        <li>
            <a href="">公司新闻</a><span>|</span>
        </li>
        <li>
            <a href="">公司项目</a><span>|</span>
        </li>
        <li>
            <a href="">在线留言</a><span>|</span>
        </li>
        <li>
            <a href="">联系我们</a><span>|</span>
        </li>
    </ul>
</div>
```

图2-22 第5步操作对应的HTML代码

图2-23 第5步操作完成的效果图

👤 疑难解答 margin属性是什么?

margin属性是用来定义外边距，即是指填充属性，定义元素边框与其他元素内容之间的空间，可指定四个方向，分别是margin-top、margin-bottom、margin-right、margin-left，上下右左四个方向可单独指定外边距。

06 接下来实现一个图文结合的效果。在 <center> 标签的结束标签之前添加 <div> 标签，为其设置类 center，再在这个 <div> 标签内部添加两个 <div> 标签，分别添加类 c_title 和类 c_cont，在类为 c_title 的 <div> 标签里面添加文字"公司简介"，在类为 c_cont 的 <div> 标签里面添加两个 <div> 标签，分别添加 ID 属性为"c_l_img"和"c_l_text"，在 ID 为"c_l_img"的 <div> 标签里面添加 <img> 标签，并为其添加 src 属性，为属性赋值"images/p.png"，在 ID 为"c_l_text"的 <div> 标签内部添加两个 <p> 标签，分别在 <p> 里面添加一些关于公司的文字描述。HTML 代码如图 2-24 所示，效果如图 2-25 所示。

```
<div class="center">
    <div class="c_title">公司简介</div>
    <div class="c_cont">
        <div id="c_l_img"><img src="images/p.png"></div>
        <div id="c_l_text">
            <p>山东中泰房地产有限公司（以下简称公司）是由一家房地产开发企业，具有房地产开发暂定资质。公司注册资金1500万元，现有在职员工57人，其中具有中级以上职称36人。公司按照现代企业制度的管理模式，遵循有限责任公司制度的运作方式，下设综合部、企划营销部、工程部、财务部，在总经理的领导下，通力合作，相互协调，初步形成了一个团结上进、勇于开拓的企业团队。</p>
            <p>公司始终坚持以"市场为导向、开发为重点，经营为龙头，质量为根本"的开发理念和经营方针，切实转变观念，解放思想，紧紧围绕市场狠抓经营，强化管理，树立责任感、认识危机感，不断智察和观察房地产市场行情，积极寻求探索与市场机制相适应的经营策略和经营方针，走品牌化之路。</p>
        </div>
    </div>
</div>
```

图2-24 第6步操作对应的HTML代码

图2-25 第6步操作完成的效果图

07 先大致地写出布局格式，继续在 <center> 标签的结束标签之前添加一个 <div> 标签，为其添加类 center，在这个 <div> 标签的内部添加两个 <div> 标签，分别赋予类 c_title 和类 c_cont，在类为 c_title 的 <div> 标签里面添加文字信息"效果展示"，在类为 c_cont 的 <div> 标签内部添加六个 <div> 标签，并且分别赋予类 c_r，如图 2-26 所示。

```html
<div class="center">
    <div class="c_title">效果展示</div>
    <div class="c_cont">
        <div class="c_r">

        </div>
        <div class="c_r">

        </div>
        <div class="c_r">

        </div>
        <div class="c_r">

        </div>
        <div class="c_r">

        </div>
        <div class="c_r">

        </div>
    </div>
</div>
```

图2-26　第7步操作对应的内容布局

08 然后在类为 c_r 的 <div> 标签里面分别添加两个 <div> 标签，并为第一个 <div> 标签添加类 c_r_img，为第二个 <div> 标签添加类 c_r_text，然后再为每一个类为 c_r_img 的 <div> 标签内部添加 <img> 标签，并为其添加属性 src，然后分别为每一个 <img> 标签的 src 属性添加值"images/img0X.png"（注意此处的 X 改成相应的数字序号 1、2、3、4、5、6），<img> 标签的 alt 属性不会影响我们的案例，可以不添加。在类为 c_r_text 的 <div> 标签里面添加四个字的文字信息。最终的 HTML 代码如图 2-27 所示，效果如图 2-28 所示。

> **疑难解答**　float属性是什么？
>
> float属性，它叫作浮动，可以使块标签浮动，块标签例如 <div> 标签，我们看到的网页其实是三维，xyz三维，浮动就相当于是往z轴正向（我们面朝的方向是负方向）移动。在以后章节中，会对浮动有更加详细的解释。

```html
<div class="center">
<div class="c_title">效果展示</div>
<div class="c_cont">
    <div class="c_r">
        <div class="c_r_img">
            <img src="images/img01.png"  alt="dd">
        </div>
        <div class="c_r_text">中建华府</div>
    </div>
    <div class="c_r">
        <div class="c_r_img">
            <img src="images/img02.png">
        </div>
        <div class="c_r_text">江城别苑</div>
    </div>
    <div class="c_r">
        <div class="c_r_img">
            <img src="images/img03.png">
        </div>
        <div class="c_r_text">时代大厦</div>
    </div>
    <div class="c_r">
        <div class="c_r_img">
            <img src="images/img04.png">
        </div>
        <div class="c_r_text">翠谷玉景</div>
    </div>
    <div class="c_r">
        <div class="c_r_img">
            <img src="images/img05.png">
        </div>
        <div class="c_r_text">景江大厦</div>
    </div>
    <div class="c_r">
        <div class="c_r_img">
            <img src="images/img06.png">
        </div>
        <div class="c_r_text">翠湖庄园</div>
    </div>
</div>
</div>
```

图2-27　最终的HTML代码

图2-28　效果图

09 在 <center> 标签的结束标签之前再添加一个 <div> 标签，并为其添加类 footer，在这个 <div> 标签的内部添加一些关于网站的文字信息："投诉建议 | 在线联系 | 企业邮箱 | 加入我们"，这里的" "在 HTML 中是一种转义字符，代表一个空格。HTML 代码如图 2-29 所示，网页的完整效果如图 2-30 所示。

图2-29　HTML代码

图2-30 完整效果图

10 到此为止,我们关于 <img> 标签的第一个小练习已经全部完成,以上代码只提供参考作用。由于浏览器不同,最后的效果图多少可能会有些差异。

2.2 将图片设置为网页背景

在制作网页时为网页添加背景不仅美观,还给人一种耳目一新的体验感,更加强了网页所传达的信息。本节将介绍如何将图片设置为网页背景。

2.2.1 <body>标签

<body> 标签用来管理整个页面的内容及样式,可以认为在网页中,所有呈现给我们的元素都包含在 <body> 标签中,所以对于整体网页的修改,我们可以在 <body> 标签中进行设置,这里我们演示一下,将图片设置为网页背景,只要使用background 属性添加图片为背景即可。代码如图 2-31 所示,效果如图 2-32 所示。

```
<!doctype html>
<html>
<head>
<meta charset="utf-8">
<title>图片设置为网页背景</title>
</head>

<body style="background: url(images/banner.png)">

</body>
</html>
```

图2-31 将图片设置为网页背景的演示代码

图2-32 将图片设置为网页背景的效果图

可以看出,图片是重复出现的,那么如何将一张图片不重复占领整个页面呢?

我们可以先将 <body> 标签占据网页的大小设置为整个浏览器页面,即把它的 height 属性和 width 属性设置为 100%,然后使用 <img> 标签占领整个 body,把 <img> 标签的 width 属性和 height 属性也设置为 100%,这样便可以实现一张图片不重复地作为网页背景。代码如图 2-33 所示,效果如图 2-34 所示。

```
<!doctype html>
<html>
<head>
<meta charset="utf-8">
<title>图片设置为网页背景</title>
    <style>
        html,body{
            width: 100%;
            height: 100%;
            margin: 0;
            padding: 0;
        }

    </style>
</head>

<body>
    <img src="images/banner.png" width="100%" height="100%"/>

</body>
</html>
```

图2-33 设置图片大小的演示代码

图2-34 效果图

2.2.2 制作装饰公司网页(一)

下面我们将编写一个装饰公司网页,效果如图 2-35 所示,主要也是利用 <img> 标签,这次我们将尝试将多张图片进行不同方向的排列和组合,使得我们开发的网页具有独特的亮点。

图2-35　装饰公司主页

素材	无
场景	场景\Cha02\2\index.html
视频	视频教学\Cha02\2.2.2　制作装饰公司网页（一）.mp4

01 开发准备。首先鼠标左键双击桌面上的 Dreamweaver 图标，打开 Dreamweaver 软件。

02 打开 Dreamweaver 软件以后，在菜单栏中选择【文件】|【新建】命令，会弹出新建文件的对话框，这样就可以建立一个 HTML 文件，如图 2-36 和图 2-37 所示。

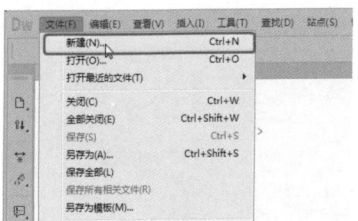

图2-36　选择命令新建文件

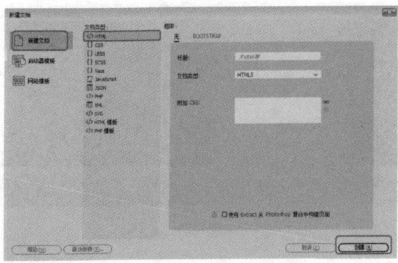

图2-37　建立HTML文档

03 先引入我们的 CSS 文件。在 <head> 标签的结束标签之前添加 <link> 标签，并为其添加值为"css/index.css"的 href 属性，继续添加值为"text/css"的 type 属性，值为"stylesheet"的 rel 属性。然后按 Ctrl+S 组合键把新建的 HTML 文档保存到"素材\Cha02\2"文件夹中，如图 2-38 所示。

```
1   <!DOCTYPE html>
2 ▼ <html lang="en">
3 ▼ <head>
4       <meta charset="UTF-8">
5       <title>Title</title>
6       <link href="css/index.css" type="text/css" rel="stylesheet">
7   </head>
```

图2-38　第3步操作引入的CSS文件

04 插入顶部图片。在 <body> 标签内部添加 <center> 标签，在 <center> 标签的内部添加 <div> 标签，然后在 <div> 标签内部添加一个 <img> 标签，并给 <img> 标签赋予值为"images/title.png"的 src 属性。HTML 代码如图 2-39 所示，效果如图 2-40 所示。

```
22 ▼ <body>
23 ▼     <center>
24 ▼         <div>
25               <img src="images/title.png">
26           </div>
27       </center>
28   </body>
```

图2-39　第4步操作对应的代码

图2-40　第4步操作完成的效果图

05 插入主题图。在 <center> 标签的结束标签之前再添加一个 <div> 标签，在这个 <div> 标签内部再添加一个 <img> 标签，并为这个 <img> 标签赋予值为"images/banner.png"的 src 属性。HTML 代码如图 2-41 所示，效果如图 2-42 所示。

```
23 ▼     <center>
24 ▼         <div>
25               <img src="images/title.png">
26           </div>
27 ▼         <div>
28               <img src="images/banner.png">
29           </div>
30       </center>
```

图2-41　第5步操作对应的代码

图2-42　第5步操作完成的效果图

06 排列图像。下面我们做一个图片的横向排列，我们准备了尺寸较小的九张图片，不使用浮动就可实现排列。先在 <center> 标签的结束标签之前添加一个 <div> 标签，然后在这个 <div> 标签内部添加九个 <img> 标签，并分别为这九个 <img> 标签赋值为"images/navX.png"的 src 属性。代码如图 2-43 所示，效果如图 2-44 所示。

提示

此处的"X"是代表数字编号1、2、3、4、5、6、7、8、9。

```
<div>
    <img src="images/nav1.png">
    <img src="images/nav2.png">
    <img src="images/nav3.png">
    <img src="images/nav4.png">
    <img src="images/nav5.png">
    <img src="images/nav6.png">
    <img src="images/nav7.png">
    <img src="images/nav8.png">
    <img src="images/nav9.png">
</div>
```

图2-43 第6步操作对应的代码

图2-44 第6步操作完成的效果图

07 最后做网页的尾部，也称为脚部。网页最下方是网站作者的联系方式，或者是关于网站的扩展链接和备案信息。在 <center> 标签的结束标签之前添加两个 <div> 标签，在第一个 <div> 标签内部添加一个 <img> 标签，并赋予值为"images/footer.png"的 src 属性，在第二个 <div> 标签上添加类 copyright，并在这个 <div> 标签的内部添加公司简介信息。HTML 代码如图 2-45 所示，完整页面的效果如图 2-46 所示。

```
<div>
    <img src="images/footer.png">
</div>
<div class="copyright">
    山东众品装饰股份有限公司版权所有©2010-2019
</div>
```

图2-45 第7步操作对应的代码

图2-46 完整效果图

2.3 上机练习——制作装饰公司网页（二）

商场网站中最主要的就是浏览商品的页面，但是商品种类复杂，不但要区分各种商品的种类，还要向用户展示数以百计的商品，这种网页做起来十分困难。下面我们做最后一个练习，做装饰公司网站的另外一个页面。如果说上一节做的是装饰公司网站的主页，那么我们这次做装饰公司的作品赏析页面，这里向网站游客展示了很多装饰设计的图片，将会加强我们在网页中插入图片的运用。效果如图 2-47 所示。

素材	无
场景	场景\Cha02\3\index.html
视频	视频教学\Cha02\2.3　上机练习——制作装饰公司网页（二）.mp4

图2-47 装饰公司浏览页

01 开发准备。首先双击桌面上的 Dreamweaver 图标，打开 Dreamweaver 软件。

02 打开 Dreamweaver 软件以后，在菜单栏中选择【文件】|【新建】命令，弹出新建文件对话框，这样就可以建立一个 HTML 文件，如图 2-48 和图 2-49 所示。

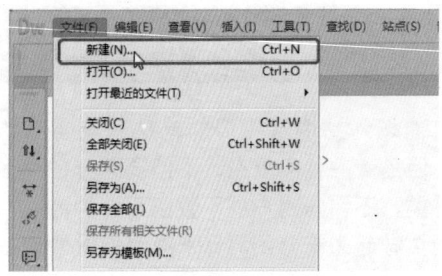

图2-48　选择命令新建文件

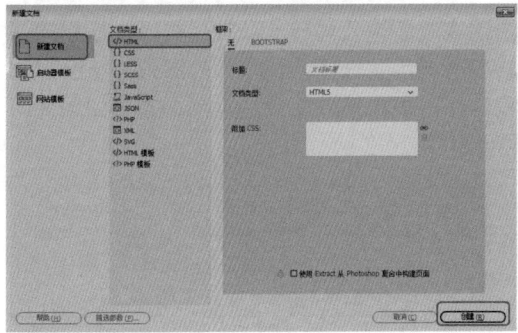

图2-49　建立HTML文档

03 先引入我们的 CSS 文件。在 <head> 标签的结束标签之前添加 <link> 标签，并为其添加值为 "css/index.css" 的 href 属性，继续添加值为 "text/css" 的 type 属性，值为 "stylesheet" 的 rel 属性。然后按 Ctrl+S 组合键把新建的 HTML 文档保存到 "素材 \Cha02\3" 文件夹中，如图 2-50 所示。

```
1   <!DOCTYPE html>
2 ▼ <html lang="en">
3 ▼ <head>
4       <meta charset="UTF-8">
5       <title>Title</title>
6       <link href="css/index.css" type="text/css" rel="stylesheet">
7   </head>
```

图2-50　引入CSS文件

04 插入顶部图片。在 <body> 标签内部添加 <center> 标签，在 <center> 标签的内部添加 <div> 标签，然后在 <div> 标签内部添加一个 <img> 标签，并给 <img> 标签赋予值为 "images/title.png" 的 src 属性。HTML 代码如图 2-51 所示，效果如图 2-52 所示。

```
22 ▼ <body>
23 ▼     <center>
24 ▼         <div>
25              <img src="images/title.png">
26          </div>
27      </center>
28  </body>
```

图2-51　第4步操作对应的代码

图2-52　第4步操作完成的效果图

疑难解答　图2-52中的横线如何出现的？

这里我们使用了 <hr> 标签，它是一个分隔线，其中图2-52上的横线就是 <hr> 标签。

05 我们把 <hr> 标签添加到 <div> 标签后面，这样预览效果就和图 2-52 所示的一样。添加 <hr> 标签的 HTML 代码如图 2-53 所示。

```
11 ▼         <div>
12              <img src="images/title.png">
13          </div>
14          <hr/>
```

图2-53　第5步操作对应的代码

06 排列图像，做图片的横向排列。先在 <center> 标签的结束标签之前添加一个 <div> 标签，然后在这个 <div> 标签内部添加九个 <img> 标签，并分别为这九个 <img> 标签赋予值为 "images/navX.png" 的 src 属性（注意：其中的 X 是代表数字编号1、2、3、4、5、6、7、8、9）。代码如图 2-54 所示，效果如图 2-55 所示。

```
<div>
    <img src="images/nav1.png">
    <img src="images/nav2.png">
    <img src="images/nav3.png">
    <img src="images/nav4.png">
    <img src="images/nav5.png">
    <img src="images/nav6.png">
    <img src="images/nav7.png">
    <img src="images/nav8.png">
    <img src="images/nav9.png">
</div>
```

图2-54　第6步操作对应的代码

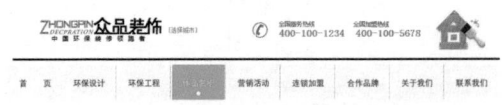

图2-55　第6步操作完成的效果图

07 继续在 <center> 标签的结束标签之前添加一个 <div> 标签，然后在这个 <div> 标签里面添加一个 <img> 标签，并赋予值为 "images/banner.png" 的 src 属性。HTML 代码如图 2-56 所示，效果如图 2-57 所示。

```
<div>
    <img src="images/banner.png">
</div>
```

图2-56 第7步操作对应的代码

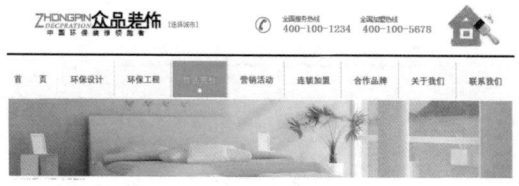

图2-57 第7步操作完成的效果图

08 在 `<center>` 标签的结束标签之前添加一个 `<div>` 标签，然后在这个 `<div>` 标签内部添加一个带有类 position 的 `<div>` 标签和一个 `<img>` 标签，给这个 `<img>` 标签添加上值为"images/search.png"的 src 属性，在带有类 position 的 `<div>` 标签里面添加文字"当前位置：首页>作品赏析"。HTML 代码如图2-58所示，效果如图2-59所示。

```
<div>
    <div class="position">
        当前位置：首页>作品赏析
    </div>
    <img src="images/search.png">
</div>
```

图2-58 第8步操作对应的代码

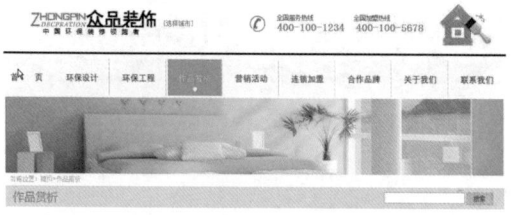

图2-59 第8步操作完成的效果图

09 分类页面设计。在 src 属性值为 "images/search.png"的 `<img>` 标签下面添加 `<div>` 标签，并为其添加类 fliters，然后在这个 `<div>` 标签里面添加三个 `<div>` 标签。HTML 布局代码如图2-60所示。

10 填充图片。下面我们填充刚才的 HTML 文档的布局。带有类 fliters 的 `<div>` 标签里面现在有三个 `<div>` 标签，在这三个 `<div>` 标签内部分别添加一个带有类 fliter 的 `<span>` 标签和一个带有类 selected 的 `<span>` 标签，然后再分别在每一个 `<span>` 标签内部添加文字描

述，继续在这三个 `<div>` 标签的结束标签之前添加一些文字描述信息。HTML 代码如图2-61所示，效果如图2-62所示。

```
<div class="fliters">
    <div>

    </div>
    <div>

    </div>
    <div>

    </div>
</div>
```

图2-60 第9步操作对应的HTML布局

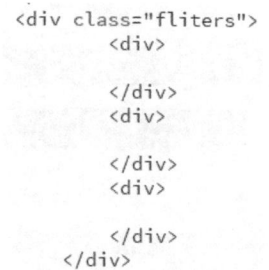

图2-61 第10步操作对应的HTML代码

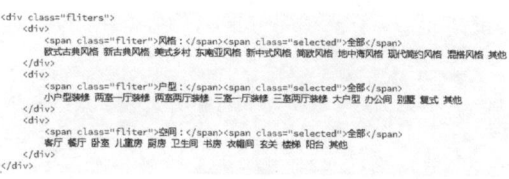

图2-62 第10步操作完成的效果图

11 作品展览。在 `<center>` 标签的结束标签之前添加一个 `<div>` 标签，然后在 `<div>` 标签内部添加 15 个 `<img>` 标签，并给这个 `<img>` 标签添加值为"images/img0X.png"的 src 属性。HTML 布局如图2-63所示，输入代码后的效果如图2-64所示。

```
<div>
    <img src="images/img01.png">
    <img src="images/img02.png">
    <img src="images/img03.png">
    <img src="images/img04.png">
    <img src="images/img05.png">
    <img src="images/img06.png">
    <img src="images/img07.png">
    <img src="images/img08.png">
    <img src="images/img09.png">
    <img src="images/img10.png">
    <img src="images/img11.png">
    <img src="images/img12.png">
    <img src="images/img13.png">
    <img src="images/img14.png">
    <img src="images/img15.png">
</div>
```

图2-63 第11步操作对应的HTML代码

签之前添加一些文字信息，在 <span> 标签后添加一个
 标签，继续给第二个 <div> 标签添加类 copyright，并在其内部添加文字信息。HTML 代码如图 2-68 所示，最终效果如图 2-69 所示。

提 示

这里的 X 是指数字标号 1、2、3、4、5、6、7、8、9、10、11、12、13、14、15。

图2-64 第11步操作完成的效果图

疑难解答 在图2-64中，为什么图片乱序显示？

从图2-64中可以看出来，貌似和我们想的并不一样，这里涉及的知识很多。

第一点，这就是<img>标签的特点，它默认在父元素内部横向排列。

第二点，继承原理：

要想了解CSS样式表的继承，我们先从文档树（HTML DOM）开始，如图2-65所示。文档树由HTML元素组成。

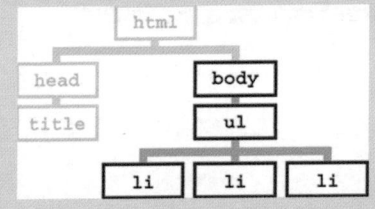

图2-65 文档树

文档树和家族树类似，也有祖先（称为祖先元素）、后代（称为后代元素）、父亲（称为父元素）、孩子（称为子元素）和兄弟（称为兄弟元素），在后代没有定义某样式时，祖先元素的样式，被其后代元素所展现，这就称为后代元素继承了祖先元素。关于继承的定义大同小异，大家以自我理解为准。

<img>标签的父元素，就是外部的<div>标签没有写高度和宽度，那就默认和<div>的父元素相同大小，而<div>的最后父元素是<body>标签，<body>标签的宽度是100%，等于占据整个页面大小，于是就出现了这种情况。那么如何解决呢？其实很简单，只需要将<img>标签的父元素加长一个合适的宽度即可。

12 解决图片乱序。下面我们将 <div> 标签加上一个合适的宽度，在 15 个 <img> 标签的父元素 <div> 上添加值为 "width: 1040px;" 的 style 属性。代码如图 2-66 所示，输入代码后的效果如图 2-67 所示。

13 添加网站信息。我们为了网站的统一协调，使此页面的底部加上同主页一样的文字信息，在 <center> 标签的结束标签之前添加两个 <div> 标签，给第一个 <div> 标签添加类 footer，并在内部添加一个 <span> 标签，然后在 <span> 标签内部和这个 <div> 标签的技术标

```
<div style="width: 1040px;">
    <img src="images/img01.png">
    <img src="images/img02.png">
    <img src="images/img03.png">
    <img src="images/img04.png">
    <img src="images/img05.png">
    <img src="images/img06.png">
    <img src="images/img07.png">
    <img src="images/img08.png">
    <img src="images/img09.png">
    <img src="images/img10.png">
    <img src="images/img11.png">
    <img src="images/img12.png">
    <img src="images/img13.png">
    <img src="images/img14.png">
    <img src="images/img15.png">
</div>
```

图2-66 第12步操作对应的代码

图2-67 第12步操作完成的效果图

```
<div class="footer">
    <span>咨询热线：400-100-1234</span><br/>
    山东众品装饰股份有限公司版权所有©2010-2019
</div>
<div class="copyright">
    投诉建议 ｜ 在线联系 ｜ 企业邮箱 ｜ 加入我们
</div>
</center>
```

图2-68 第13步操作对应的HTML代码

知识链接：填充属性padding

padding（填充）属性定义元素边框与元素内容之间的空间。

padding 属性用于在一个标签中设置所有的内边距。设置所有当前或者指定元素内边距属性。该属性可以有 1 到 4 个值。

当元素的padding（填充）（内边距）属性被清除时，所"释放"的区域将会受到元素背景颜色的填充。

单独使用填充属性是在一个声明中设置元素的所有内边距属性。缩写填充属性也可以使用，一旦改变一个数值，则 padding 对应的距离都会改变。

图2-69 第13步操作完成的效果图

▶ **2.4** 思考与练习

1. 引入图片一共有几种方法？
2. 通过几种方式使用 CSS 样式？

第 3 章 孕婴类网页——使用HTML 5创建超链接

超链接是网页中最基本也是最重要的一个功能，它使得各个网页之间可以相互关联和跳转。浮动框架主要用于对网页进行布局，使网页可以按不同分类构建不同的布局结构，使网页更加美观。

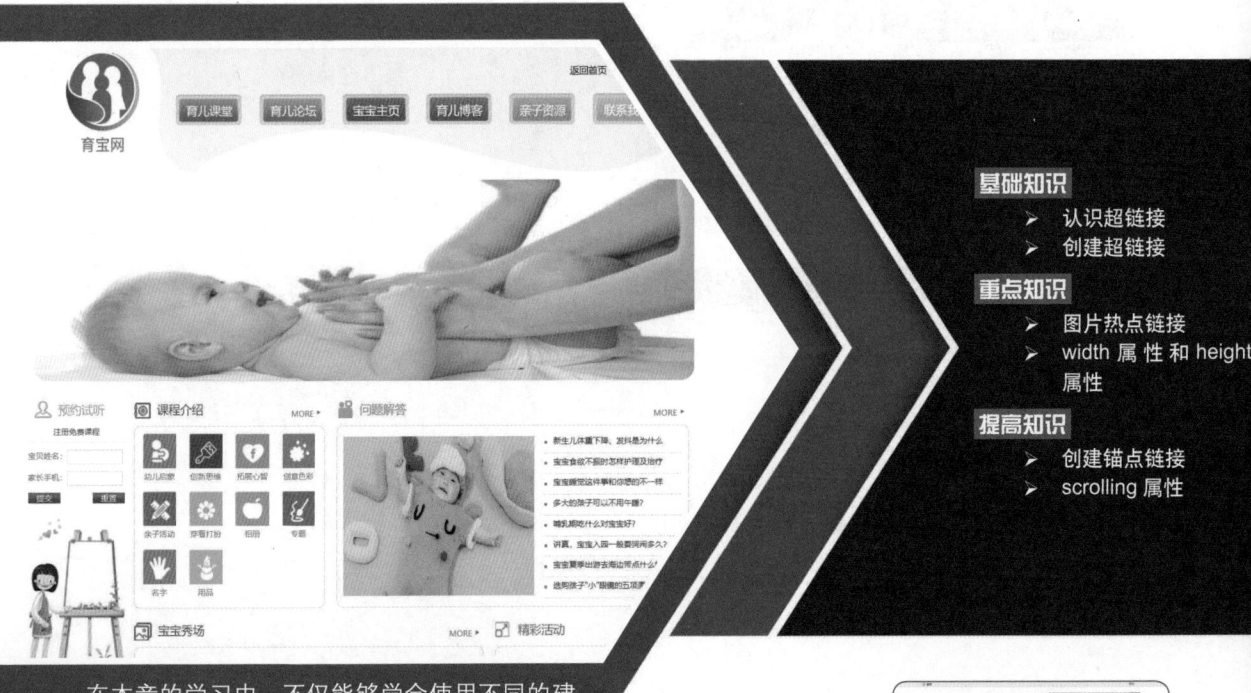

基础知识
> 认识超链接
> 创建超链接

重点知识
> 图片热点链接
> width 属性和 height 属性

提高知识
> 创建锚点链接
> scrolling 属性

在本章的学习中，不仅能够学会使用不同的建立超链接的形式，还可以了解超链接标签中的各个属性及其作用，还有浮动框架的创建，以及它的各个属性及其用法。

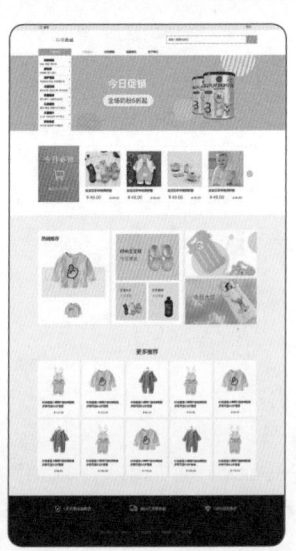

3.1 建立网页超链接

HTML 超链接（HyperLink）是指一个 Web 站点和另一个 Web 站点的链接，它是 HTML 中最强大也是最有价值的一个功能。本节介绍建立超链接的几种方式，还有超链接的标签的各个属性的含义及特点。

3.1.1 认识超链接

超链接在本质上属于一个网页的一部分，它是一种允许我们同其他网页或站点之间进行链接的元素。各个网页链接在一起后，才能真正构成一个网站。所谓的超链接是指从一个网页指向一个目标的链接关系，这个目标可以是另一个网页，也可以是相同网页上的不同位置，还可以是一个图片、一个电子邮件地址、一个文件，甚至是一个应用程序。而在一个网页中用来超链接的对象，可以是一段文本或者是一个图片。当浏览者单击已经链接的文字或图片后，链接目标将显示在浏览器上，并且根据目标的类型来打开或运行。

3.1.2 创建超链接

HTML 中创建超链接的标签是 <a>，其基本语法及其主要属性如下：

```
<a href="URL">超链接的文字 </a>
```

属性	值	描述
href	URL	规定链接指向的页面的URL
rel	text	规定当前文档与被链接文档之间的关系
target	_blank _parent _self _top framename	规定在何处打开链接文档

其中 href 属性是必需的，它告诉浏览器这个链接要链接到哪里，"超链接的文字"是在网页中显示的链接文字。下面我们看一下 <a> 标签的实际用法，代码如图 3-1 所示，效果如图 3-2 所示。

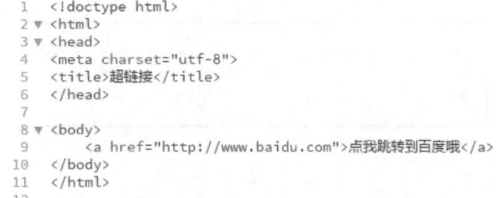

```
1  <!doctype html>
2  <html>
3  <head>
4  <meta charset="utf-8">
5  <title>超链接</title>
6  </head>
7
8  <body>
9      <a href="http://www.baidu.com">点我跳转到百度哦</a>
10  </body>
11  </html>
12
```

图3-1　创建超链接的示例代码

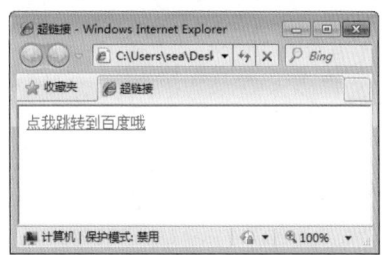

图3-2　创建超链接的效果图

可以看到在网页中 <a> 标签中所显示的文本和其他文本不一样，浏览器默认显示的 <a> 标签文本颜色是蓝色的，并且会有下画线，这是因为浏览器为了着重强调这是一个可以单击的超链接，当单击时会跳转到 href 属性中的地址。

> **提 示**
>
> <a> 标签默认是一个内联元素，也就是说它不会独自占一行显示，也不能设置它的垂直方向上的 margin 和 padding，写在它后面的标签会跟它在一行中显示。

在 href 属性中我们需要填入一个URL。URL 是 Uniform Resource Locator 的缩写，通常翻译为"统一资源定位符"，也就是人们常说的"网址"，它用于指定 Internet 上的资源位置。

网络中的计算机之间是通过 IP 地址区分的，如果希望访问网络中某台计算机中的资源，要先定位到这台计算机。IP 地址是由 32 位二进制数（即 32 个 0/1 代码）组成的。由于数字之间没有意义，不方便记忆，因此计算机一般采用域名的方式来寻址，即在网络中使用一组有意义的字符组成的地址来代替 IP 地址来访问网络资源。

URL 由四部分组成，即"协议""主机名""文件夹名""文件名"，如图 3-3 所示。

图3-3　URL的组成

互联网中有各种各样的应用，如 Web 服务、FTP 服务等。每种服务应用都对应的有相关的协议，通常通过浏览器浏览网页的协议是HTTP，即"超文本传输协议"，因此网页的地址都是以"http://"开头。

www.baidu.com 为主机名，表示文件存在于哪台服务器，主机名可以通过 IP 地址或域名来表示。

确定主机后，还需要说明文件存在于这台服务器的哪个文件夹中。这里文件夹可以分为多个层级。

3.1.3　创建图片链接

图片链接也是一种超链接，它扩展了超链接的形式，让链接不局限于文本，用户可以单击一张图片实现站点的跳转。前面我们介绍过了图像标签 <img>，那么我们现在就来结合 <img> 标签和 <a> 标签来实现图片的超链接。代码如图 3-4 所示，效果如图 3-5 所示。

```
1  <!doctype html>
2  <html>
3  <head>
4  <meta charset="utf-8">
5  <title>图片链接</title>
6  </head>
7
8  <body>
9      <a href="http://www.baidu.com">
10         <img src="./img/baidu.png" alt="百度">
11     </a>
12 </body>
13 </html>
14
```

图3-4　创建图片链接的示例代码

图3-5　创建图片链接的效果图

》 知识链接：添加超链接图片的默认样式

对于添加超链接的图片浏览器默认会在图片的周围出现一圈蓝色的边框，这也是为了突出这个图片是一个可以单击的超链接。但是我们会发现这样会很难看，那么我们可以使用 <img> 标签中的 border 属性来设置边框，例如：<a href="http://www.baidu.com"><img src="./img/baidu.png" border="0" alt="百度"></a>。

3.1.4　图片热点链接

除了给整张图片添加超链接，我们还可以给一张图片中的不同部分添加不同的链接地址，这就是图片的热点链接，也称为热区链接。

对图片设置热点链接需要在图像中映射图像名，在 <img> 标签中使用 usemap 属性标记添加图像要引用的映射图像名称。它的基本语法如下：

```
<img  src="图像地址"  usemap="映射图像名称">
```

然后需要定义热点图像以及热点的链接属性。

```
<map name="映射图像名">
<area shape="热区形状" coords="热区坐标" href="链接地址"></area>
</map>
```

说明：在该语法中要先定义映射图像的名称，然后再引用这个映射图像。在 <area> 标签中定义了热区的位置和链接，其中，shape 属性用来定义热区的形状，可以取值为 rect（矩形区域）、circle（圆形区域）以及 poly（多边形区域）；coords 属性用来设置区域坐标，对于不同的形状来说，coords 属性设置的方式也不同。

对于矩形区域（rect）来说，coords 属性包括四个参数值，分别为 left、right、top、bottom，也可以将四个参数看作矩形两个对角的点坐标；对于圆形区域（circle）来说，coords属性包括三个参数，分别为 center-x、center-y、tadius，也可以看作圆形的圆心坐标（x，y）与半径的值；对于多边形区域（poly）设置坐标参数比较复杂，跟多边形的形状息息相关。coords 属性值需要按照顺序（可以是逆时针，也可以是顺时针）取各个点的 x，y 坐标值。

由于定义坐标比较复杂而且难以控制，一般情况下都使用可视化软件进行这种参数的设置。下面我们使用 Dreamweaver CC 2018 来完成图片热点链接的设置。

01 我们使用 <img> 标签将图片引入，代码如图 3-6 所示。

```
1   <!doctype html>
2 ▼ <html>
3 ▼ <head>
4     <meta charset="utf-8">
5     <title>热点链接</title>
6   </head>
7
8 ▼ <body>
9     <img src="./img/cat.jpg" alt="cat">
10  </body>
11  </html>
12
```

图3-6　图片引入的示例代码

02 在 Dreamweaver 的菜单栏中选择设计视图，如图 3-7 所示。

图3-7　选择设计视图

选择设计视图之后可以看到我们用 <img> 标签引入的图片出现在主界面中，效果如图 3-8 所示。

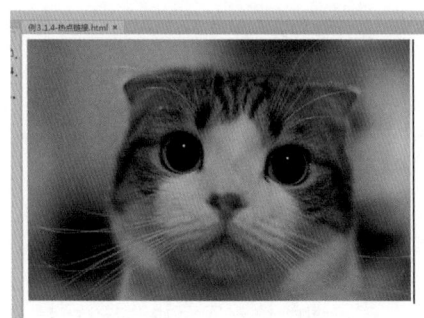

图3-8　效果图

03 我们用鼠标左键单击这张图片，可以看到在下方【属性】面板中出现这张图片的相应信息和设置。效果如图 3-9 所示。

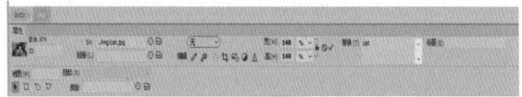

图3-9　属性面板

知识链接：打开属性面板

若单击图片没有在下方出现【属性】面板，我们可以在菜单栏中找到【窗口】，然后选择【属性】选项，即可打开【属性】面板。效果如图 3-10 所示。

图3-10　打开【属性】面板

04 在【属性】面板中我们可以看到设置热点链接所需要的工具，如图 3-11 所示。

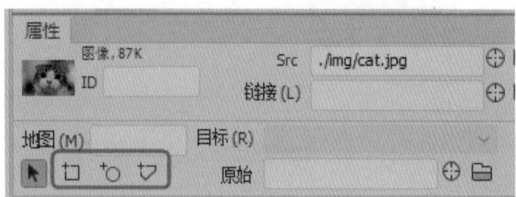

图3-11　热点链接工具

这三个工具分别为绘制矩形区域的【矩形热区工具】、绘制圆形区域的【圆形热区工具】和绘制多边形区域的【多边形热区工具】。

05 我们选择【圆形热区工具】在示例图片中猫咪的眼睛上按住鼠标左键拖动，绘制一个圆形的区域，效果如图 3-12 所示。

图3-12　绘制圆形热区

绘制完成之后在【属性】面板的【链接】

输入框中输入"眼睛.html",这样当我们单击猫咪的眼睛的时候就会跳转到"眼睛.html"这个页面中去。其效果如图3-13、图3-14所示。

> **提示**
>
> 文件中的图片要和当前网页文件在同一个目录下面,链接的网页没有加 http://,默认为当前网页所在的目录。

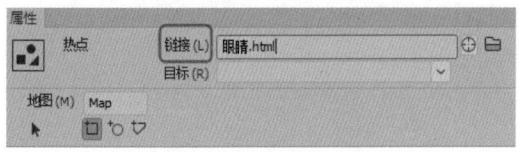

图3-13　设置热点的链接地址

图3-14　单击热点并跳转链接

再次切换到【代码】视图中可以看到使用热点工具为我们添加了一些代码,如图 3-15所示。

```
1  <!doctype html>
2  <html>
3  <head>
4  <meta charset="utf-8">
5  <title>热点链接</title>
6  </head>
7
8  <body>
9  <img src="./img/cat.jpg" alt="cat" width="592" height="393" usemap="#Map">
10 <map name="Map">
11   <area shape="circle" coords="240,173,46" href="#">
12   <area shape="circle" coords="405,191,49" href="眼睛.html" target="new">
13 </map>
14 </body>
15 </html>
16
```

图3-15　示例代码(1)

3.1.5　创建下载链接

超链接 <a> 标签的 href 属性是指向链接的目标。目标可以是各种类型的文件,如图片文件、声音文件、视频文件、Word 文件等。如果是浏览器能够识别的类型,会直接在浏览器中显示;如果是浏览器不能识别的类型,在 IE 浏览器中会弹出下载文件的对话框提示下载。代码及其效果如图 3-16～图 3-18所示。

```
1  <!doctype html>
2  <html>
3  <head>
4  <meta charset="utf-8">
5  <title>下载链接</title>
6  </head>
7
8  <body>
9  <a href="./doc/document.doc">下载文档</a>
10 </body>
11 </html>
12
```

图3-16　示例代码(2)

图3-17　链接Word文档

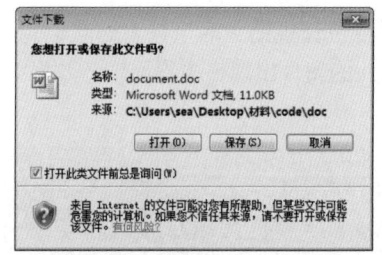

图3-18　IE浏览器中的【文件下载】对话框

3.1.6　创建锚点链接

超链接除了可以链接到特定的文件和网站之外,还可以链接到网页中特定内容。我们可以使用 <a> 标签的 name 或 id 属性,创建一个文档内部的书签,也就是说,可以创建指向文档片段的链接,这样就可以通过锚点链接帮助用户方便快捷地到达当前页面的其他地方。

设置锚点链接的基本语法结构如下:

```
<a name="锚点名称">锚点的链接文字</a>
```

通过锚点链接名称可以标注相应的锚点,该属性是设置锚点所必需的。锚点的链接文字则有助于帮助用户区分不同的锚点,在实际应用中可以不设置链接文字。这是因为设置的锚点仅仅是为链接提供一个位置,浏览页面时并不会在页面中出现锚点的标记。下面我们通过实例来介绍如何设定页面中的锚点。

代码及其浏览器浏览效果如图 3-19、图 3-20 所示。

图3-19　设置锚点链接的示例代码

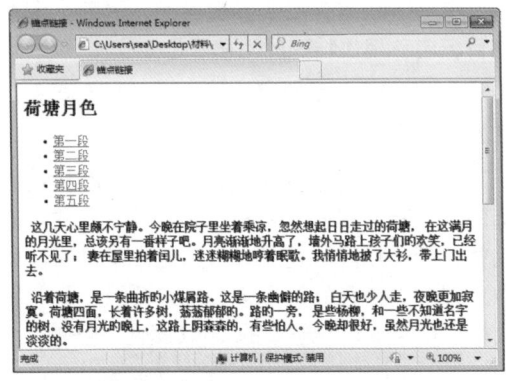

图3-20　设置锚点链接的效果图

当我们单击【第一段】时会看到浏览器中的滚动条会直接定位到文章第一段所在的位置,效果如图 3-21 所示。

当我们单击【第三段】时就会定位到文章第三段所在的位置,如图 3-22 所示。

锚点链接除了能链接到本页面中的不同位置,也可以链接到不同网页中的不同位置。代码如图 3-23 所示。

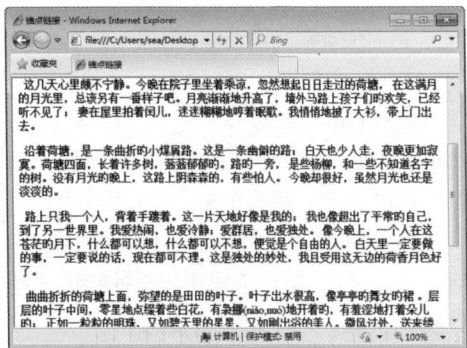

图3-21　定位到第一段的效果

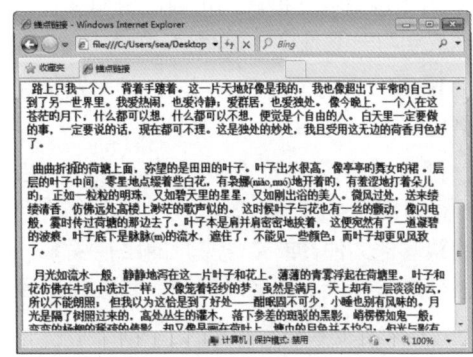

图3-22　定位到第三段的效果

```
1  <!doctype html>
2  <html>
3  <head>
4    <meta charset="utf-8">
5    <title>锚点链接</title>
6  </head>
7
8  <body>
9    <h3>计算机类课程简介</h3>
10   <ul>
11     <li>
12       <a href="./计算机.html#c语言" target="new">c语言</a>
13       <a href="./计算机.html#数据结构" target="new">数据结构</a>
14       <a href="./计算机.html#操作系统" target="new">操作系统</a>
15     </li>
16   </ul>
17  </body>
18  </html>
19
```

图3-23　锚点链接示例代码(可链接到其他网页)

当我们在网页中单击【数据结构】链接时就会跳转到【计算机 .html】页面的【数据结构】锚点处。效果如图 3-24 所示。

图3-24　链接其他页面的锚点效果

3.1.7 相对路径和绝对路径

HTML 初学者会经常遇到这样一个问题，如何正确引用一个文件。比如，怎样在一个 HTML 网页中引用另外一个 HTML 网页作为超链接？怎样在一个网页中插入一张图片？

如果你在引用文件时(如加入超链接，或者插入图片等)，使用了错误的文件路径，就会导致引用失效(无法浏览链接文件，或无法显示插入的图片等)。

为了避免这些错误，正确地引用文件，我们需要学习一下 HTML 路径。

HTML 有两种路径的写法：相对路径和绝对路径。

那么什么是相对路径，什么是绝对路径呢？相对路径就是指由这个文件所在的路径引起的跟其他文件（或文件夹）的路径关系。绝对路径是指目录下的绝对位置，直接到达目标位置，通常是从盘符开始的路径。

我们之前用过的 <a> 标签，它有一个 href 属性，在这个 href 属性里我们就可以写要链接文件的相对路径或绝对路径。下面我们就来使用一下这两种路径，代码如图 3-25 所示，效果如图 3-26 所示。

```
<!doctype html>
<html>
<head>
<meta charset="utf-8">
<title>相对路径和绝对路径</title>
</head>

<body>
    点击<a href="http://www.webDesign.com/index.html">绝对路径</a>链接到webDesign网站首页<br>
    点击<a href="02.html">相对路径</a>链接到和本网页在相同文件夹下的第二个页面<br>
    点击<a href="../code/03.html">相对路径</a>链接到不和本网页在相同文件夹下的第三个页面
</body>
</html>
```

图3-25 相对路径和绝对路径的示例代码

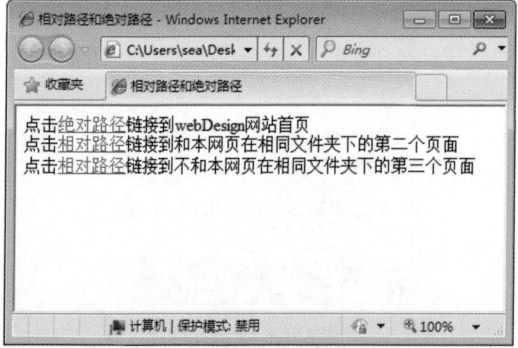

图3-26 相对路径和绝对路径的效果图

第一个链接使用绝对路径；第二个链接使用相对路径，也就是链接到跟源网页在同一个目录下的“02.html”文件；第三个链接使用相对路径，链接到源网页的上一层目录下的“03.html”文件。

知识链接：文件路径表示方式

“.”——代表目前所在的目录，如果引用的文件和源文件在同一目录下，那么我们可以写成“./要引用的文件名”。

“../”表示源文件所在目录的上一级目录，“../../”表示源文件所在目录的上上级目录，以此类推。

3.1.8 设置以新窗口显示超链接页面

在默认情况下，当单击超链接时，目标网页会在当前窗口中显示，替换当前页面的内容，如果要在单击某个链接以后，打开一个新的浏览器窗口在这个新窗口中显示目标网页，就需要使用 <a> 标签中的 target 属性了。

其基本语法格式如下：

```
<a target="value"></a>
```

其中 value 有四个参数可用，这四个保留的目标名称用作特殊的文档重定向操作。

“_blank”：浏览器总在一个新打开，未命名的窗口载入目标文档。

“_self”：这个目标的值对所有没有指定目标的 <a> 标签是默认目标，它使得目标文档载入并显示在相同的框架或者浏览器窗口中作为源文档。这个目标是多余且不必要的，除非和文档标题 <base> 标签中的 target 属性一起使用。

“_parent”：这个目标使得文档载入父窗口或者包含在超链接引用的框架的框架集。如果这个引用是在窗口或者顶级框架中，那么它与目标“_self”等效。

“_top”：这个目标使得文档载入包含这个超链接的窗口，用“_top”目标将会清除所有被包含的框架并将文档载入整个浏览器窗口。

接在当前窗口中打开链接,如图 3-30 所示。

图3-30 在当前窗口中打开链接网页

提 示

这些 target 的所有四个值都以下划线开始。任何其他用一个下划线作为开头的窗口或者目标都会被浏览器忽略,因此,不要将下画线作为文档中定义的任何框架 name 或 id 的第一个字符。

下面我们就来设置一下让我们单击超链接时网页能在新的窗口中打开,代码如图 3-27 所示。

```
1   <!doctype html>
2 ▼ <html>
3 ▼ <head>
4   <meta charset="utf-8">
5   <title>设置在新的窗口中打开网页</title>
6   </head>
7
8 ▼ <body>
9       <a href="http://www.baidu.com" target="_blank">百度</a>
10  </body>
11  </html>
12
```

图3-27 设置网页在新的窗口中打开的示例代码

网页显示的效果如图 3-28 所示。

图3-28 制作网页链接的效果图

当我们单击【百度】时,目标网页就会在新的窗口中打开,效果如图 3-29 所示。

图3-29 在新窗口中打开链接网页

如果我们将 "_blank" 换成 "_self",即修改代码为 "<a href="http://www.baidu.com" target="_self"> 百度 </a>",单击链接后,则直

3.1.9 设置电子邮件链接

在一些网页中,当访问者单击某个链接以后,会自动打开电子邮件客户端软件,如 Outlook 或 Foxmail 等,向某个特定的 E-mail 地址发送邮件,这个链接就是电子邮件链接。电子邮件链接的基本语法结构如下:

```
<a href="mailto:电子邮件地址 " ></a>
```

下面我们就来设置一下电子邮件链接,其代码如图 3-31 所示。

```
1   <!doctype html>
2 ▼ <html>
3 ▼ <head>
4   <meta charset="utf-8">
5   <title>电子邮件链接</title>
6   </head>
7
8 ▼ <body>
9       <a href="mailto:abcdefg@163.com">发送邮件</a>
10  </body>
11  </html>
12
```

图3-31 设置电子邮件链接的示例代码

在浏览器中打开网页,效果如图 3-32 所示。

当我们单击【发送邮件】链接后,会自动弹出 Outlook 窗口,要求编写电子邮件,如图 3-33 所示。

提 示

若电脑中没有安装电子邮件客户端则不会弹出编写电子邮件的窗口,需要先安装客户端后才能打开。

April 2024

图3-32 设置链接到电子邮件的效果图

图3-33 打开Outlook

3.1.10 制作母婴商城网页（一）

母婴商城网页主要在于向浏览者展示各类商品分类、简介及商品图片，最重要的是单击商品后跳转至商品的详情页面。本实例主要通过使用 <a> 标签和 <img> 标签创建商品的链接及图片展示。完成后的效果如图 3-34 所示。

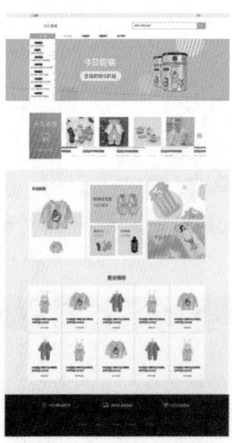

图3-34 母婴商城

素材	素材\Cha03\1\index.html
场景	场景\Cha03\1\index.html
视频	视频教学\Cha03\3.1.10 制作母婴商城网页（一）.mp4

01 双击打开 Dreamweaver 软件后，在菜单栏中选择【文件】|【打开】命令，弹出【打开】对话框。在【打开】对话框中根据图 3-35 所示，选择素材文件并单击【打开】按钮。打开网页如图 3-36 所示。

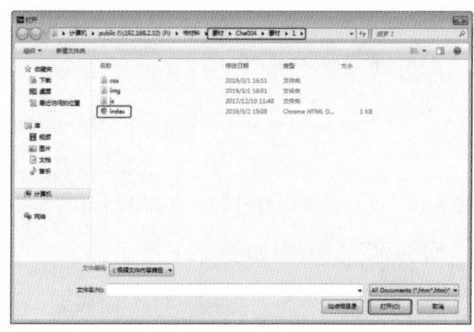

图3-35 打开素材

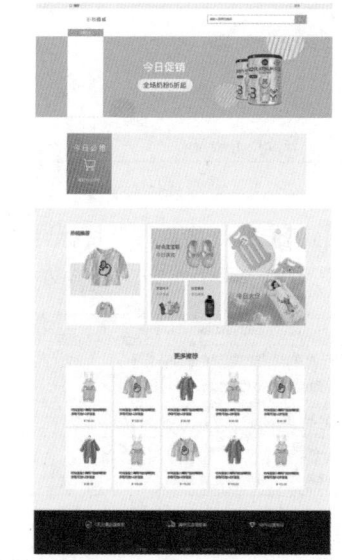

图3-36 素材效果

02 将光标定位到第 51 行，添加四个 <a> 标签并将 href 属性设置为 "#" 空链接，依次在每个 <a> 标签中输入显示的文本内容 "所有商品" "今日团购" "母婴资讯" "关于我们"，并在第一个 <a> 标签中将 class 属性设置为 "active"。代码如图 3-37 所示，效果如图 3-38 所示。

```
46 ▼   <div class="content">
47 ▼     <div class="main-nav">
48 ▼       <div class="inner-cont0">
49 ▼         <div class="inner-cont1 w1200">
50 ▼           <div class="inner-cont2">
51             <a href="#" class="active">所有商品</a>
52             <a href="#">今日团购</a>
53             <a href="#">母婴资讯</a>
54             <a href="#">关于我们</a>
55           </div>
56         </div>
57       </div>
58     </div>
```

图3-37　第2步操作设置的超链接代码

图3-38　第2步操作完成的设置超链接的效果图

疑难解答　为什么要将<a>标签的class属性设置为"active"？

class属性是为标签应用CSS样式的，而设置为"active"是因为我们在CSS样式表中写了这么一个样式，它的名称叫作"active"，可以在效果图中看到，在我们添加了class属性的<a>标签中它的文本显示的颜色和其他三个<a>标签所显示的文本不同。

提 示

因为个人电脑及代码编写习惯的原因，可能会出现行号不正确的情况，请每个读者根据截图中显示的代码寻找对应的代码行。如果出现行号不对的情况，我们建议读者打开我们提供的场景素材，比对代码的差异，并通过步骤文本的描述，完成代码的添加，这样有利于读者对于代码的理解。

03 接下来我们将光标定位到代码的第67行并添加八个无序列表<li>标签，并为每个<li>标签设置class属性为"nav-item"，接着在最后一个<li>标签中追加class属性值为"nobor"。代码如图3-39所示。

```
67              <li class="nav-item">
68              </li>
69              <li class="nav-item">
70              </li>
71              <li class="nav-item">
72              </li>
73              <li class="nav-item">
74              </li>
75              <li class="nav-item">
76              </li>
77              <li class="nav-item">
78              </li>
79              <li class="nav-item">
80              </li>
81              <li class="nav-item nobor">
82              </li>
83
```

图3-39　第3步操作设置的无序列表代码

提 示

若在标签中class属性值有多个，则每个值之间要用空格隔开，例如：<a class="btn btn-success active"></a>。

04 下面我们来为每个无序列表的项目添加不同的内容，首先在第一个<li>标签中依次输入一个<div>标签、一个<p>标签、一个<i>标签，接着定位到<div>标签中输入文字"奶粉辅食"并设置<div>标签的class属性值为"title"，再定位到<p>标签中创建三个<a>标签，设置<a>标签的href属性值为"#"，接着依次在每个<a>标签中添加文本"奶粉""辅食""营养品"，接下来定位到<i>标签中，设置<i>标签的class属性值为"layui-icon layui-icon-right"。

05 接下来的每个<li>标签都重复上述步骤，并修改每个标签中的文本内容。具体代码如图3-40所示。

```
<li class="nav-item">
  <div class="title">奶粉辅食</div>
  <p><a href="#">奶粉</a><a href="#">辅食</a><a href="#">营养品</a></p>
  <i class="layui-icon layui-icon-right"></i>
</li>
<li class="nav-item">
  <div class="title">纸尿裤</div>
  <p><a href="#">纸尿裤</a><a href="#">婴儿湿巾</a></p>
  <i class="layui-icon layui-icon-right"></i>
</li>
<li class="nav-item">
  <div class="title">洗护用品</div>
  <p><a href="#">母婴洗护用品</a><a href="#">孕婴童用品</a></p>
  <i class="layui-icon layui-icon-right"></i>
</li>
<li class="nav-item">
  <div class="title">儿童玩具</div>
  <p><a href="#">婴幼玩具</a><a href="#">遥控玩具</a><a href="#">积木拼插</a></p>
  <i class="layui-icon layui-icon-right"></i>
</li>
<li class="nav-item">
  <div class="title">车童座椅</div>
  <p><a href="#">婴儿推车</a><a href="#">儿童安全座椅</a></p>
  <i class="layui-icon layui-icon-right"></i>
</li>
<li class="nav-item">
  <div class="title">儿童服饰</div>
  <p><a href="#">童装</a><a href="#">童鞋</a><a href="#">婴童内衣及配饰</a></p>
  <i class="layui-icon layui-icon-right"></i>
</li>
<li class="nav-item">
  <div class="title">儿童教育</div>
  <p><a href="#">0-2岁</a><a href="#">早教启蒙</a><a href="#">孕产育儿</a></p>
  <i class="layui-icon layui-icon-right"></i>
</li>
<li class="nav-item nobor">
  <div class="title">孕妈专区</div>
  <p><a href="#">孕妇装</a><a href="#">营养用</a><a href="#">母婴服务</a></p>
  <i class="layui-icon layui-icon-right"></i>
</li>
```

图3-40　第5步操作设置的无序列表具体代码

06 输入以上代码后在浏览器中打开可以看到效果如图3-41所示。

图3-41　第6步操作完成后的无序列表效果图

07 接下来我们来实现商品列表的轮播图效果。首先我们将光标定位到第 128 行，添加一个 <div> 标签并设置其 class 属性值为"item-box"。接着将光标定位到该 <div> 标签中，添加一个 <div> 标签并将该 <div> 标签的 class 属性值设为"item"。然后在该 <div> 标签中依次添加一个 <a> 标签、两个 <div> 标签，作为它的子元素，将 <a> 标签的 href 属性值设为"javascript:;"，再在该 <a> 标签中添加一个 <img> 标签，将 <img> 标签的 src 属性值设为"./img/s_img2.jpg"。接着将光标定位到第一个 div 子元素中，设置其 class 属性值为"title"并输入文本"宝宝棉质五彩袜"。完成之后再将光标定位到第二个 div 子元素上，设置 class 属性值为"price"。然后再在此 <div> 标签中添加两个子元素，一个 <span> 标签，一个 <del> 标签，在 <span> 标签中输入文字"¥49.00"，在 <del> 标签中输入文字"¥99.00"。此时我们就完成了第一个轮播图片子项目的布局，其代码如图 3-42 所示。

```
128 ▼        <div class="item-box">
129 ▼            <div class="item">
130                <a href="javascript:;"><img src="./img/s_img2.jpg"></a>
131                <div class="title">宝宝棉质五彩袜</div>
132 ▼            <div class="price">
133                    <span>¥49.00</span>
134                    <del>¥99.00</del>
135                </div>
136            </div>
137        </div>
```
图3-42　第7步操作对应的代码

08 接下来我们用光标选中 class 属性值为"item"的 <div> 标签及其子元素，右击鼠标，在弹出的快捷菜单中选择【拷贝】命令。接着将光标定位到 <div> 标签的结束位置，右击鼠标，在弹出的快捷菜单中选择【粘贴】命令，然后依次修改里面的文本内容。具体代码如图 3-43 所示。

```
128 ▼        <div class="item-box">
129 ▼            <div class="item">
130                <a href="javascript:;"><img src="./img/s_img2.jpg"></a>
131                <div class="title">宝宝棉质五彩袜</div>
132 ▼            <div class="price">
133                    <span>¥49.00</span>
134                    <del>¥99.00</del>
135                </div>
136            </div>
137 ▼            <div class="item">
138                <a href="javascript:;"><img src="./img/s_img3.jpg"></a>
139                <div class="title">宝宝兔子造型棉衣</div>
140 ▼            <div class="price">
141                    <span>¥69.00</span>
142                    <del>¥109.00</del>
143                </div>
144            </div>
145 ▼            <div class="item">
146                <a href="javascript:;"><img src="./img/s_img4.jpg"></a>
147                <div class="title">咪极雷电饭煲</div>
148 ▼            <div class="price">
149                    <span>¥569.00</span>
150                    <del>¥899.00</del>
151                </div>
152            </div>
153 ▼            <div class="item">
154                <a href="javascript:;"><img src="./img/s_img5.jpg"></a>
155                <div class="title">宝宝宽松袜</div>
156 ▼            <div class="price">
157                    <span>¥49.00</span>
158                    <del>¥89.00</del>
159                </div>
```
图3-43　第8步操作对应的代码

09 此时在浏览器中浏览网页，其效果如图 3-44 所示。

图3-44　第9步操作完成后的网页效果图

10 可以看到此时并没有轮播图的效果，这是因为我们添加的项目太少了，还没达到轮播的地步。接下来我们再添加一个轮播图项目。首先我们要选中 class 属性值为"item-box"的这个 <div> 及其子元素，然后右击鼠标，在弹出的快捷菜单中选择【拷贝】命令，接着将光标定位到 <div> 标签的结束位置，右击鼠标，在弹出的快捷菜单中选择【粘贴】命令。此时代码如图 3-45 所示。

```
128 ▼        <div class="item-box">
129 ▼            <div class="item">
130                <a href="javascript:;"><img src="./img/s_img2.jpg"></a>
131                <div class="title">宝宝五棉质彩袜</div>
132 ▼            <div class="price">
133                    <span>¥49.00</span>
134                    <del>¥99.00</del>
135                </div>
136            </div>
137 ▼            <div class="item">
138                <a href="javascript:;"><img src="./img/s_img3.jpg"></a>
139                <div class="title">宝宝兔子造型棉衣</div>
140 ▼            <div class="price">
141                    <span>¥69.00</span>
142                    <del>¥109.00</del>
143                </div>
144            </div>
145 ▼            <div class="item">
146                <a href="javascript:;"><img src="./img/s_img4.jpg"></a>
147                <div class="title">咪极雷电饭煲</div>
148 ▼            <div class="price">
149                    <span>¥569.00</span>
150                    <del>¥899.00</del>
151                </div>
152            </div>
153 ▼            <div class="item">
154                <a href="javascript:;"><img src="./img/s_img5.jpg"></a>
155                <div class="title">宝宝宽松袜</div>
156 ▼            <div class="price">
157                    <span>¥49.00</span>
158                    <del>¥89.00</del>
159                </div>
160            </div>
161        </div>
162 ▼        <div class="item-box">
163 ▼            <div class="item">
164                <a href="javascript:;"><img src="./img/s_img2.jpg"></a>
165                <div class="title">宝宝五棉质彩袜</div>
166 ▼            <div class="price">
167                    <span>¥49.00</span>
168                    <del>¥99.00</del>
169                </div>
170            </div>
171 ▼            <div class="item">
172                <a href="javascript:;"><img src="./img/s_img3.jpg"></a>
173                <div class="title">宝宝兔子造型棉衣</div>
174 ▼            <div class="price">
175                    <span>¥69.00</span>
```
图3-45　第10步操作对应的代码

11 可以看到代码中有两个 class 属性值为"item-box"的 <div> 标签及其子元素，将代码改造成这样后我们再在浏览器中打开网页会发现轮播图的效果就出现了。其效果如图 3-46 所示。

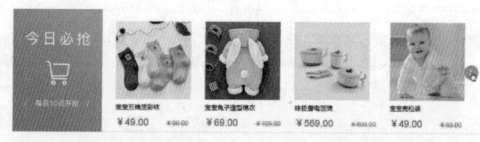
图3-46　轮播图效果图

12 可以看到在图片的右边出现了一个箭头的标志，当我们将鼠标指针移到上面时会变成小手的形状，单击时就会出现图片轮播的效果了。

→ 3.2 浮动框架iframe

浮动框架主要用于对网页进行布局，它可以按模块划分各个部分。本节主要介绍浮动框架的使用方法及它的各个属性的用法及含义。

3.2.1 浮动框架iframe的使用

使用 HTML 中的框架可以在多个视图中展示网页，视图可以是独立窗口或子窗口。多视图模式可以实现保持某一个视图始终显示，而其他的视图可以滚动或者切换。

框架的实现使用 <iframe> 标签，它可以充当浏览器窗口中的一个区域或者一个容器，可以用于在一个页面中插入和显示另一个页面。

> 🏷 **提 示**
> 框架不是一个 HTML 文件，而是存放一个单独 HTML 文件的容器。

使用 <iframe> 标签中的 src 属性可以定义框架所指向的文档资源，用于引用 URL 地址。下面就是 <iframe> 标签的基本语法结构：

```
<iframe src="URL"></iframe>
```

> 🏷 **提 示**
> src 属性定义的内容是框架显示的初始内容，它可以是一个 HTML 网页，也可以是一张图片。

<iframe> 标签中的各个属性如下所示：

属性	值	描述
align	left right top middle bottom	不赞成使用。请使用样式代替规定如何根据周围的元素来对齐此框架
frameborder	1 0	规定是否显示框架周围的边框
height	pixels %	规定 iframe 的高度

续表

属性	值	描述
longdesc	URL	规定一个页面，该页面包含了有关 iframe 的较长描述
marginheight	pixels	定义 iframe 的顶部和底部的边距
marginwidth	pixels	定义 iframe 的左侧和右侧的边距
name	frame_name	规定 iframe 的名称
sandbox	"" allow-forms allow-same-origin allow-scripts allow-top-navigation	启用一系列对 <iframe> 中内容的额外限制
scrolling	yes no auto	规定是否在 iframe 中显示滚动条
seamless	seamless	规定 <iframe> 看上去像是包含文档的一部分
src	URL	规定在 iframe 中显示的文档的 URL
srcdoc	HTML_code	规定在 <iframe> 中显示的页面的 HTML 内容
width	pixels %	定义 iframe 的宽度

下面我们就来使用 <iframe> 标签创建一个网页，代码如图 3-47 所示。在浏览器中打开可以看到效果如图 3-48 所示。

```
1  <!doctype html>
2 ▼ <html>
3 ▼ <head>
4  <meta charset="utf-8">
5  <title>iframe</title>
6  </head>
7
8 ▼ <body>
9      <iframe src="img/pic.jpg"></iframe>
10  </body>
11  </html>
12
13
```

图3-47 创建浮动框架的示例代码

图3-48 使用浮动框架引入图片的效果图

使用 <iframe> 标签不仅可以在网页中引入图片，还可以引入其他的网页文件，其代码如图 3-49 所示。在浏览器中打开网页，其效果如图 3-50 所示。

```
1  <!doctype html>
2  <html>
3  <head>
4  <meta charset="utf-8">
5  <title>iframe</title>
6  </head>
7
8  <body>
9      <iframe src="./1.html"></iframe>
10  </body>
11  </html>
12
13
```

图3-49 使用浮动框架引入网页的示例代码

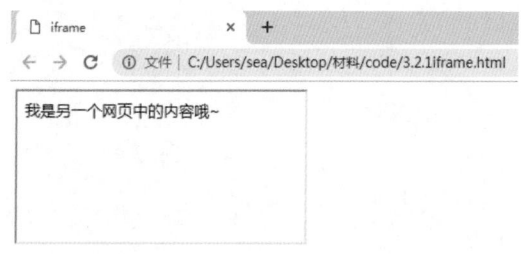

图3-50 使用浮动框架引入网页的效果图

3.2.2 width属性和height属性

在上面例子中可以看到我们使用 <iframe> 标签在网页中引入了一张图片，但是它并没有适应我们插入图片的大小，而是出现了调整大小的滑块，那么我们怎么给框架设置它的宽度和高度呢？

我们可以使用 <iframe> 标签中的 width 属性和 height 属性来设置框架的宽度和高度。

改造后的代码如图 3-51 所示。

```
1  <!doctype html>
2  <html>
3  <head>
4  <meta charset="utf-8">
5  <title>iframe</title>
6  </head>
7
8  <body>
9      <iframe src="img/pic.jpg" width="600" height="400"></iframe>
10  </body>
11  </html>
12
13
```

图3-51 设置浮动框架宽度和高度的示例代码

在浏览器中打开其效果如图 3-52 所示。

图3-52 设置浮动框架宽度和高度的效果图

3.2.3 align属性

<iframe> 标签的 align 属性用于设置框架的对齐方式，其基本语法格式如下：

```
<iframe align="left"></iframe>
```

框架在网页中的默认位置为左对齐，通过 align 属性可以设置框架在网页中的位置，使用方式如图 3-53 所示。

```
1  <!doctype html>
2  <html>
3  <head>
4  <meta charset="utf-8">
5  <title>iframe</title>
6  </head>
7
8  <body>
9      <iframe src="img/pic.jpg" width="600" height="400" align="right"></iframe>
10  </body>
11  </html>
12
13
```

图3-53 设置浮动框架的对齐方式的示例代码

在浏览器中的显示效果如图 3-54 所示。

图3-54 设置浮动框架的对齐方式的效果图

可以看到设置 align 属性为"right"之后框架的位置发生了改变，它定位了浏览器的右边缘的位置。

需要注意的是 <iframe> 标签的 align 属性还会影响到它周围元素的排列。下面我们在 <iframe> 标签前加上一段文字，然后再去设置它的 align 属性，看它会出现什么效果，其代码如图 3-55 所示。

```
1  <!doctype html>
2  <html>
3  <head>
4  <meta charset="utf-8">
5  <title>iframe</title>
6  </head>
7
8  <body>
9  桃树，杏树，梨树，你不让我，我不让你，都开满了花赶趟儿。红的像火，粉的像霞，白的像雪。
10 花里带着甜味儿；闭了眼，树上仿佛
11 已经满是桃儿、杏儿、梨儿。花下成千成百的蜜蜂嗡嗡的闹着，大小的蝴蝶飞来飞去。野花遍地是：杂样儿，有名字的，没名字的，
12 散在草丛里像眼睛像星星，还眨呀眨的。<iframe src="img/pic.jpg" width="600" height="400" align="top"></iframe>
13 </body>
14 </html>
15
16
```

图3-55　设置浮动框架的对齐方式的示例代码（2）

在浏览器中打开其效果如图 3-56 所示。

图3-56　设置浮动框架的对齐方式的效果图（1）

可以看到文字的最后一段是跟框架的顶部对齐的。接下来我们分别将 align 属性设为"bottom""middle"，其效果如图 3-57、图 3-58所示。

图3-57　设置浮动框架的对齐方式的效果图（2）

当我们将 align 属性设置为"bottom"时，文字的最后一段就会和框架的底端对齐，设置

为"middle"时文字会和框架的中间位置对齐。

图3-58　设置浮动框架的对齐方式的效果图（3）

3.2.4　frameborder属性

我们在使用 <iframe> 标签创建框架时会发现默认会在框架的周围出现一圈边框，但如果我们不想要这个边框该怎么设置呢？

可以使用 <iframe> 标签的 frameborder 属性来设置框架的边框的宽度，其取值为 0 或 1，取值为 0 时说明不会显示框架的边框，取值为 1 时显示框架的边框，其默认值为 1。该属性的基本语法结构如下：

```
<iframe frameborder="0"></iframe>
```

具体设置方法如图 3-59 中的代码所示。

```
1  <!doctype html>
2  <html>
3  <head>
4  <meta charset="utf-8">
5  <title>iframe</title>
6  </head>
7
8  <body>
9      <iframe src="./1.html" frameborder="0"></iframe>
10 </body>
11 </html>
12
13
```

图3-59　设置浮动框架的边框的示例代码

效果如图 3-60 所示。

图3-60　设置浮动框架的边框的效果图

当我们设置 frameborder 属性值为 0 时可以看到，框架周围默认的那一圈边框没有了。

> **提 示**
>
> 为了让框架中的网页很好地融入原网页中，一般都要将 frameborder 属性值设为 0。

3.2.5 name属性

<iframe> 标签中的 name 属性用于标识网页中的各个框架，用于其他框架文档通过 name 属性和 target 属性将其作为目标指向。

其基本语法结构如下：

```
<iframe name="iframe1"></iframe>
```

在 HTML 5 中，可以通过超链接的 target 属性链接框架页面。

3.2.6 scrolling属性

scrolling 属性用于设置当框架中的内容大于框架宽度或者高度时是否显示滚动条，该属性的取值范围有：① yes，显示滚动条；② no，不显示滚动条；③ auto，当需要时才显示滚动条，默认当内容大于框架时会出现滚动条。

其基本语法结构如下：

```
<iframe scrolling="yes"></iframe>
```

下面我们来具体使用一下这个属性，代码如图 3-61 所示，效果如图 3-62 所示。

```
1  <!doctype html>
2 ▼ <html>
3 ▼ <head>
4   <meta charset="utf-8">
5   <title>iframe</title>
6   </head>
7
8 ▼ <body>
9     <iframe src="./img/pic.jpg" scrolling="no"></iframe>
10  </body>
11  </html>
12
13
```

图3-61 设置浮动框架的scroll属性的示例代码

可以看到若将 scrolling 属性值设为 no，即使框架中的内容超出了框架宽度和高度也不会产生滚动条。

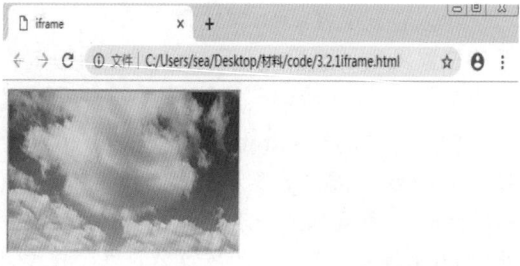

图3-62 设置浮动框架的scroll属性的效果图

3.2.7 marginwidth和marginheight属性

marginwidth 属性用来指定框架内的内容与框架左右边距之间的距离，marginheight 属性用来指定框架内的内容与框架上下边距之间的距离，基本语法格式如下：

```
<iframe marginwidth="20" marginheight="20"></iframe>
```

> **提 示**
>
> marginwidth 和 marginheight 属性的取值都是数字，分别代表左右和上下边距所占的像素点。

当我们没有设置 marginwidth 和 marginheight 属性时其效果如图 3-63 所示。

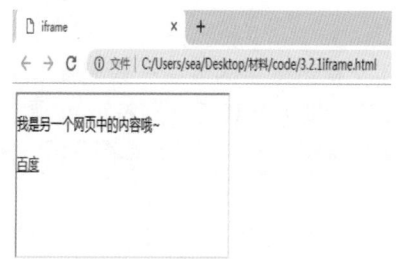

图3-63 设置浮动框架的边距属性效果图

当我们设置 marginwidth 和 marginheight 属性，代码如图 3-64 所示时，其显示效果如图 3-65 所示。

```
1  <!doctype html>
2 ▼ <html>
3 ▼ <head>
4   <meta charset="utf-8">
5   <title>iframe</title>
6   </head>
7
8 ▼ <body>
9     <iframe src="./1.html" marginwidth="50" marginheight="35"></iframe>
10  </body>
11  </html>
12
13
```

图3-64 设置浮动框架的边距属性的示例代码

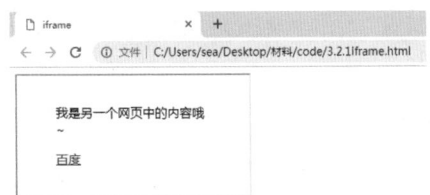

图3-65 设置浮动框架的边距属性的效果图

3.2.8 制作母婴商城网页（二）

本节实例我们继续来制作母婴商城网页的列表页部分，其主要通过使用 <div> 标签完成网页的布局，使用 <a> 标签创建商品的链接。完成后的效果如图 3-66 所示。

素材	素材\Cha03\2\index.html
场景	场景\Cha03\2\index.html
视频	视频教学\Cha03\3.2.8 制作母婴商城网页（二）.mp4

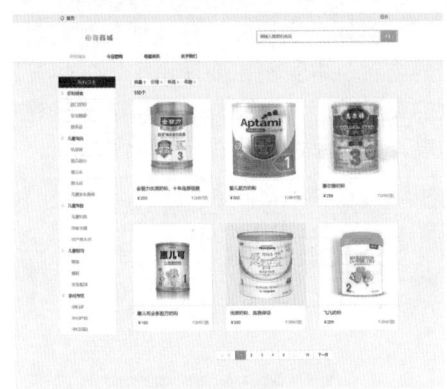

图3-66 母婴商城网页（二）

01 左键双击打开 Dreamweaver 软件后，在菜单栏中选择【文件】|【打开】命令，弹出【打开】对话框，在【打开】对话框中根据图 3-67 所示，选择素材文件并单击【打开】按钮，打开网页如图 3-68 所示。

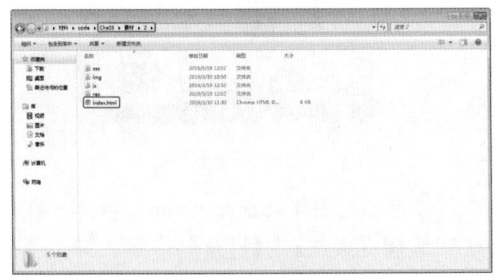

图3-67 打开素材

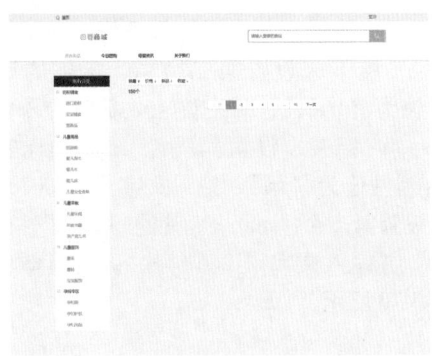

图3-68 素材效果

02 将光标定位到第 111 行，添加一个 <div> 标签并设置它的 class 属性值为"item"，接着在该 <div> 标签内再添加两个 <div> 标签，并设置第一个 <div> 标签的 class 属性值为"img"，第二个 <div> 标签的 class 属性值为"text"。将光标定位到 class 属性值为"img"的 <div> 标签内，添加一个 <a> 标签，设置 <a> 标签的 href 属性值为"javascript:;"，接着在 <a> 标签中添加一个 <img> 标签，并设置其 src 属性值为"./img/product1.jpg"。其具体代码如图 3-69 所示。

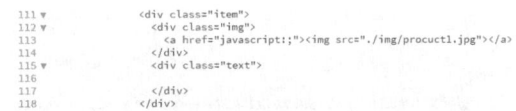

图3-69 第2步操作对应的代码

> **疑难解答** 为什么要将<a>标签的href属性设置为"javascript:；"？
>
> <a>标签是一个超链接标签，当我们设置它的href属性，单击标签后默认会进行跳转页面，而"javascript:"是一个伪协议，表示url的内容通过JavaScript执行，设置它的值为"javascript:;"是让我们在单击<a>标签后执行这一段空JavaScript代码，不让页面进行跳转。

> **提 示**
>
> 因为个人电脑及代码编写习惯的原因，可能会出现行号不正确的情况，请每个读者根据截图中显示的代码寻找对应的代码行。如果出现行号不对的情况，我们建议读者打开我们提供的场景素材，比对代码的差异，并通过步骤文本的描述，完成代码的添加，这样有利于读者对于代码的理解。

03 将光标定位到 class 属性值为"text"的 <div> 标签内，在其内部添加两个 <p> 标签，将第一个 <p> 标签的 class 属性值设置为"title"并输入文字"优质奶粉，十年品质信赖"，接下来设置第二个 <p> 标签的 class 属性值为"price"，并在该 <p> 标签中添加两个 <span> 标签，设置第一个 <span> 标签的 class 属性值为"pri"，输入文字"￥200"，接下来设置第二个 <span> 标签的 class 属性值为"nub"并输入文字"1266付款"。其具体代码如图 3-70 所示。

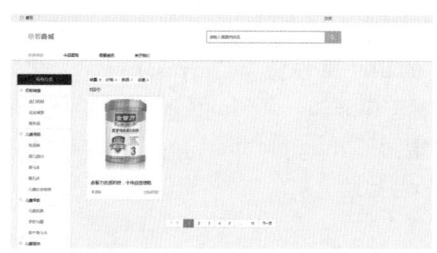

图3-70　第3步操作对应的代码

04 在浏览器中打开网页，其效果如图 3-71 所示。

图3-71　第4步操作完成后的网页效果图

05 将光标定位到代码的第 111 行，然后复制代码第 111~122 行，分别粘贴到第 123、135、147、159 和 171 行，粘贴完之后修改每个不同的部分。其代码如图 3-72 所示。

图3-72　第5步操作对应的代码

06 在浏览器中打开网页，其效果如图 3-73 所示。

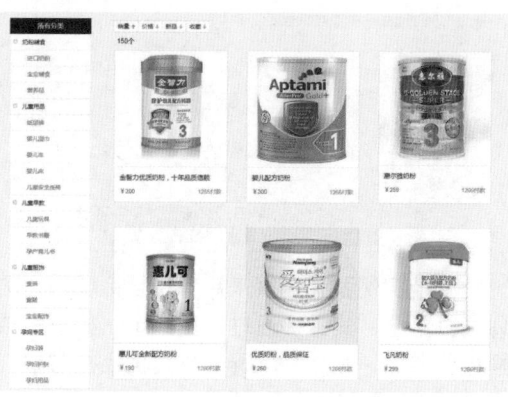

图3-73　第6步操作完成后的网页效果图

3.3　上机练习——制作育儿类网页

育儿类网页主要在于分模块向浏览者展示不同的内容，本实例主要使用 <div> 标签进行网页的布局设计，使用 <ul>、<li> 标签建立导航列表，完成后的效果如图 3-74 所示。

素材	素材\Cha03\3\index.html
场景	场景\Cha03\3\index.html
视频	视频教学\Cha03\3.3　上机练习——制作育儿类网页.mp4

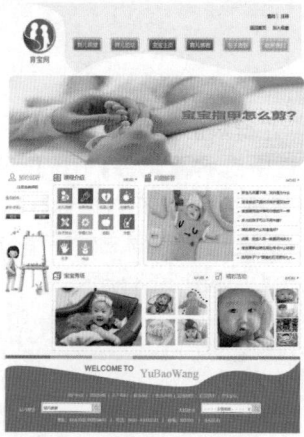

图3-74　育宝网页

01 双击打开 Dreamweaver 软件后，在菜单栏中选择【文件】|【打开】命令，弹出【打开】对话框，在【打开】对话框中根据图 3-75

所示，选择素材文件并单击【打开】按钮，打开网页如图 3-76 所示。

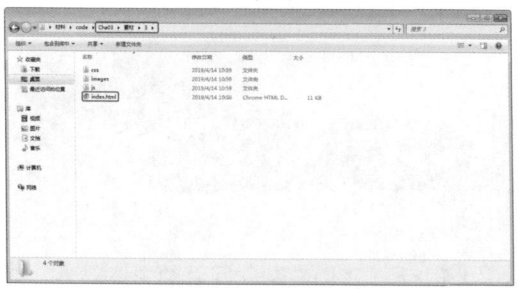

图3-75　打开素材

图3-76　素材效果

02 首先我们制作网页头部的导航部分。将光标定位到第 32 行，添加六个 <li> 标签，并设置 <li> 标签的 class 属性值，第一个 <li> 标签的 class 属性为 "navLi　navLi01"，第二个 <li> 标签的 class 属性为 "navLi　navLi02"，依次类推，设置每个 <li> 标签的 class 属性，接下来在每个 <li> 标签里面添加一个 <a> 标签，设置每个 <a> 标签的 class 属性值为 "atem"、href 属性值为 "#"，并在每个 <a> 标签中依次输入文本 "育儿课堂""育儿论坛""宝宝主页""育儿博客""亲子资源""联系我们"。具体代码如图 3-77 所示。

```
31 ▼          <ul class="headNavUl clear aElem font-yahei">
32              <li class="navLi navLi01"><a href="#" class="atem">育儿课堂</a></li>
33              <li class="navLi navLi02"><a href="#" class="atem">育儿论坛</a></li>
34              <li class="navLi navLi03"><a href="#" class="atem">宝宝主页</a></li>
35              <li class="navLi navLi04"><a href="#" class="atem">育儿博客</a></li>
36              <li class="navLi navLi05"><a href="#" class="atem">亲子资源</a></li>
37              <li class="navLi navLi06"><a href="#" class="atem">联系我们</a></li>
38          </ul>
```

图3-77　制作网页导航的具体代码

🏷 **提 示**

class 属性的值是区分大小写的，如 "navLi" 和 "navli" 是不一样的。

03 此时在浏览器中浏览网页，其效果如图 3-78 所示。

图3-78　制作网页导航的效果图

💬 **疑难解答** 当class属性值有多个的时候我们应该怎么来写呢？

元素会被视为可以进行独立选择和移动的单独的图形元素。

04 接下来我们制作网页中的子导航。将光标定位到第 40 行，添加三个 <li> 标签，并设置第一个跟第三个 <li> 标签的 class 属性值为 "popCom　aDisplay-block　spanDisplay-block"，第二个 <li> 标签的 class 属性值为 "popCom"，接着在第一个 <li> 标签中添加一个 <a> 标签，设置其 class 属性值为 "aTxt"，href 属性值为 "#"，并在 <a> 标签中输入文本内容 "问题答疑"，然后在 <a> 标签的后面添加一个 <span> 标签，设置 class 属性值为 "spanLine"，并在 <span> 标签中输入文本 "|"。接下来，重复上述步骤再次添加一个 <a> 标签跟 <span> 标签，设置 <a> 标签的文本内容为 "教育心得"，接下来再次添加一个 <a> 标签并设置文本内容为 "课程介绍"。其代码如图 3-79 所示。

```
40 ▼              <li class="popCom aDisplay-block spanDisplay-block">
41                  <a href="#" class="aTxt">问题答疑</a>
42                  <span class="spanLine">|</span>
43                  <a href="#" class="aTxt">教育心得</a>
44                  <span class="spanLine">|</span>
45                  <a href="#" class="aTxt">课程介绍</a>
46              </li>
```

图3-79　制作网页子导航的代码

05 接下来复制代码第 41~45 行，将其粘贴到第三个 <li> 标签中并修改每个 <a> 标签中的文本内容为 "宝宝秀场""精彩活动""宝宝之星"。到这里网页的子导航就制作完成了，其具体代码如图 3-80 所示。

```
40 ▼        <li class="popCom aDisplay-block spanDisplay-block">
41             <a href="#" class="aTxt">问题答疑</a>
42             <span class="spanLine">|</span>
43             <a href="#" class="aTxt">教育心得</a>
44             <span class="spanLine">|</span>
45             <a href="#" class="aTxt">课程介绍</a>
46         </li>
47         <li class="popCom"></li>
48         <li class="popCom aDisplay-block spanDisplay-block">
49             <a href="#" class="aTxt popAprv">宝宝秀场</a>
50             <span class="spanLine">|</span>
51             <a href="#" class="aTxt">精彩活动</a>
52             <span class="spanLine">|</span>
53             <a href="#" class="aTxt popAnext">宝宝之星</a>
54         </li>
```

图3-80　制作网页子导航的具体代码

06 在浏览器中打开网页，将鼠标指针移动到导航中就会出现子导航，其效果如图3-81所示。

图3-81　网页子导航的效果图

07 接下来我们来制作网页的轮播图部分。将光标定位到第64行，添加一个 <ul> 标签，设置 class 属性值为 "ggBox"，然后在 <ul> 标签中添加三个 <li> 标签，在每个 <li> 标签中添加一个 <a> 标签，并在 <a> 标签中添加一个 <img> 标签，首先设置 <img> 标签的 width 属性值为 1024，height 属性值为 300，src 属性值依次为 "./images/banner1.jpg"、"./images/banner2.jpg"、"./images/banner3.jpg"，然后设置 <a> 标签的 href 属性为 "#"，最后设置第一个 <li> 标签的 style 属性值为 "z-index:3; opacity: 4"，将光标定位到第72行，添加一个 <div> 标签，设置 class 属性值为 "leftRightPage" 并添加两个 <a> 标签，设置第一个 <a> 标签的 class 属性值为 "leftBtn"、href 属性值为 "#"，设置第二个 <a> 标签的 class 属性值为 "rightBtn"、href 属性值为 "#"。其具体代码如图 3-82 所示。

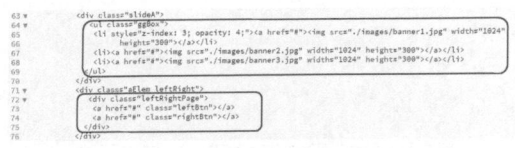

图3-82　轮播图部分的代码

08 在浏览器中打开，其效果如图 3-83 所示。

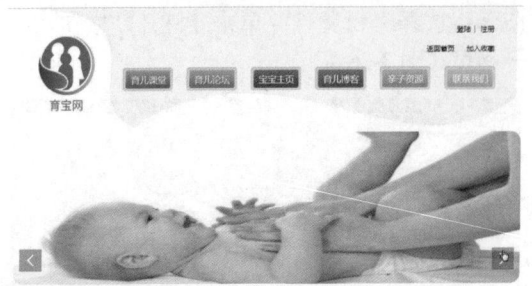

图3-83　轮播图的效果图

09 下面我们来制作网页的主体部分。首先将光标定位到第81行，添加一个 <div> 标签，设置 class 属性值为 "indLeftNav iElem"，在此 <div> 中添加一个 <i> 标签，然后在 <i> 标签的后面添加文字 "预约试听"，接下来再添加一个 <div> 标签，设置 class 属性值为 "indRegTit text-center padding-top-10" 并添加文本内容 "注册免费课程"，再次添加一个 <div> 标签，设置 class 属性为 "indRegCom padding-top-10"，在此 <div> 标签中依次添加一个 <span> 标签、一个 <input> 标签，在 <span> 标签中输入文字 "宝贝姓名："，然后设置 <input> 标签的 class 属性值为 "indInput"，type 属性值为 "text"，然后再次添加一个 <div> 标签，其属性内容跟上一个 <div> 标签一样，修改 <div> 标签里 <span> 标签的内容为 "家长手机："，然后再次添加一个 <div> 标签，设置 class 属性值为 "indRegBtn aElem padding-top-10"，并在此 <div> 标签中添加两个 <a> 标签，设置第一个 <a> 标签的 class 属性值为 "L"，href 属性值为 "#"，文本内容为 "提交"，第二个 <a> 标签 class 属性为 "R"，href 属性值为 "#"，文本内容为 "重置"，最后再次添加一个 <div> 标签，设置其 class 属性值为 "indDr text-center"，在其内部添加一个 <a> 标签，并在 <a> 标签中添加一个 <img> 标签，设置 <img> 标签的 src 属性值为 "images/slice/ind01.png"，width 属性值为 149，height 属性值为 233，设置 <a> 标签的 href 属性值为 "#"。其具体代码如图 3-84 所示。

```
01  <div class="indLeftNav iElem"><i></i>预约试听</div>
02  <div class="indRegTit text-center padding-top-10">注册免费课程</div>
03  <div class="indRegCon padding-top-10">
04      <span>宝贝姓名：</span><input class="indInput" type="text" />
05
06  <div class="indRegCon padding-top-10">
07      <span>家长手机：</span><input class="indInput" type="text" />
08
09  <div class="indRegBtn aElem padding-top-10"><a href="#" class="L">提交</a><a href="#" class="R">重置</a></div>
10  <div class="indOr text-center"><a href="#"><img src="images/slice/ind01.png" width="149" height="233" /></a></div>
11  </div>
```

图3-84　第9步操作对应的代码

10 设置完成后的网页效果如图 3-85 所示。

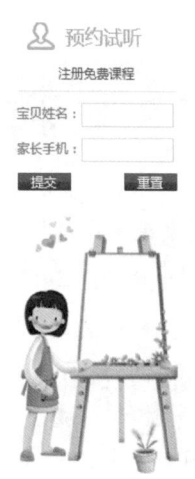

图3-85　第10步操作完成后的网页效果图

11 下面我们将光标定位到第 96 行，添加一个 <div> 标签，设置 class 属性值为 "indTit indTit1 clea r iElem font-yahei"，在其内部添加一个 <span> 标签和一个 <a> 标签，在 <span> 标签中添加一个 <i> 标签并输入文字 "课程介绍"，设置 <a> 标签的 href 属性值为 "#" 并在内部输入文本 "MORE" 并添加一个 <i> 标签。接下来再添加一个 <div> 标签，设置 class 属性值为 "indCon indCon1 margin-top-10"，然后在该 <div> 标签内部添加一个子 <div> 标签，设置 class 属性值为 "indItem Com iElem text-center clear"，接着在此 <div> 里面添加十个 <a> 标签设置其 class 属性值为 indItem1，并在 <a> 标签的内部添加一个 <i> 标签和一个 <span> 标签，最后分别在每个 <span> 标签中输入文字 "幼儿启蒙" "创新思维" "拓展心智" "创意色彩" "亲子活动" "穿着打扮" "相册" "专题" "名字" "用品"。具体代码如图 3-86 所示，网页效果如图 3-87 所示。

```
96   <div class="indTit indTit1 clear iElem font-yahei"><span><i></i>课程介绍</span><a href="#">MORE<i></i></a></div>
97   <div class="indCon indCon1 margin-top-10">
98       <div class="indItem Com iElem text-center clear">
99          <a href="#" class="indItem1"><i></i><span>幼儿启蒙</span></a>
100         <a href="#" class="indItem2"><i></i><span>创新思维</span></a>
101         <a href="#" class="indItem3"><i></i><span>拓展心智</span></a>
102         <a href="#" class="indItem4"><i></i><span>创意色彩</span></a>
103         <a href="#" class="indItem5"><i></i><span>亲子活动</span></a>
104         <a href="#" class="indItem6"><i></i><span>穿着打扮</span></a>
105         <a href="#" class="indItem7"><i></i><span>相册</span></a>
106         <a href="#" class="indItem8"><i></i><span>专题</span></a>
107         <a href="#" class="indItem9"><i></i><span>名字</span></a>
108         <a href="#" class="indItem10"><i></i><span>用品</span></a>
109      </div>
110  </div>
```

图3-86　第11步操作对应的代码

图3-87　第11步操作完成后的网页效果图

12 将光标定位到第 113 行，添加一个 <div> 标签，设置 class 属性值为 "indTit indTit2 clea r iElem font-yahei"，在其内部添加一个 <span> 标签和一个 <a> 标签，在 <span> 标签中添加一个 <i> 标签并输入文字 "问题解答"，设置 <a> 标签的 href 属性值为 "#"，在内部输入文本 "MORE" 并添加一个 <i> 标签。接下来再添加一个 <div> 标签，设置 class 属性为 "indCon indCon2 margin-top-10 clear"，然后在里面再添加两个 <div> 标签，将第一个 <div> 标签的 class 属性设为 "viodBox L"。将第二个 <div> 标签的 class 属性设为 "viodCom R"，接着在第一个 <div> 标签中添加一个 <img> 标签并设置 src 属性值为 "images/slice/vio.jpg"，width 属性值为 298，heigh 属性值为 238，再在第二个 <div> 标签中添加一个 <div> 标签，设置 class 属性值为 "viodTxt"，在 <div> 标签中依次添加 <span> 标签跟 <a> 标签，设置 <a> 标签的 href 属性值为 "#"，文本内容为 "新生儿体重下降、发抖是为什么"，然后复制该 <div> 标签，并粘贴七次，依次修改 <a> 标签中的文本内容为 "宝宝食欲不振时怎样护理及治疗" "宝宝睡觉这件事和你想的不一样" "多大的孩子可以不用午睡？" "哺乳期吃什么对宝宝好?""讲真,宝宝入园一般要哭闹多久?""宝宝夏季出游去海边带点什么好呢?""选购孩子'小'眼镜的五项原则七大 ..."。其代码如图3-88所示,效果如图3-89所示。

slice/baby3.jpg""images/slice/baby4.jpg"。其具体代码如图3-90所示,网页效果如图3-91所示。

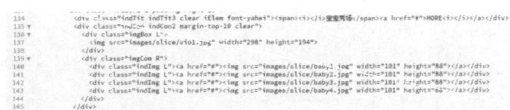

图3-90　第13步操作对应的代码

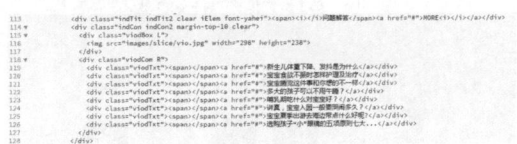

图3-88　第12步操作对应的代码

图3-89　第12步操作完成后的网页效果图

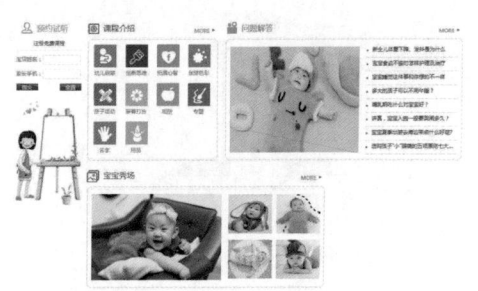

图3-91　第13步操作完成后的网页效果图

13 将光标定位到第134行,添加一个 <div> 标签,设置 class 属性值为"indTit indTit3 clear iElem　font-yahei",在其内部添加一个 <span> 标签和一个 <a> 标签,在 <span> 标签中添加一个 <i> 标签并输入文字"宝宝秀场",设置 <a> 标签的 href 属性值为"#"并在内部输入文本"MORE"并添加一个 <i> 标签。接下来再添加一个 <div> 标签,设置 class 属性为"indCon　indCon2 margin-top-10　clear",然后在里面再添加两个 <div> 标签,将第一个 <div> 标签的 class 属性设为"imgBox　L"。第二个 <div> 标签的 class 属性设为"imgCom R",接着在第一个 <div> 标签中添加一个 <img> 标签并设置 src 属性值为"images/slice/vio1.jpg",width 属性值为298,heigh 属性值为194,再在第二个 <div> 标签中添加一个 <div> 标签,设置 class 属性值为"indImg L",再添加一个 <a> 标签,并在内部添加一个 <img> 标签,设置 <img> 标签的 src 属性值为"images/slice/baby1.jpg",width 属性值为101,height 属性值为88,接着设置 <a> 标签的 href 属性值为"#",然后复制整个 class 名为"indImg L"的 <div> 标签并粘贴三次,依次修改该 <div> 标签内部的 <img> 标签的 src 属性值为"images/slice/baby2.jpg""images/

14 最后将光标定位到第148行,添加一个 <div> 标签,设置 class 属性值为"indTit indTit4 clear iElem　font-yahei",在其内部添加一个 <span> 标签和一个 <a> 标签,在 <span> 标签中添加一个 <i> 标签并输入文字"精彩活动",设置 <a> 标签的 href 属性值为"#"并在内部输入文本"MORE"并添加一个 <i> 标签。接下来再添加一个 <div> 标签,设置 class 属性为"indCon　indCon1 margin-top-10",然后在该 <div> 里面添加一个 <div> 标签,设置其 class 属性值为"imgCom2",接着在 class 值为"imgCom2"的 <div> 标签中添加一个 <div> 标签、一个 <ul> 标签,然后设置 <div> 标签的 class 属性值为"indImg2　L",接着在该 <div> 标签中添加一个 <a> 标签,并设置 href 属性值为"#",再在 <a> 标签中添加一个 <img> 标签,设置其 src 属性值为"images/slice/con1.jpg",width 属性值为195,height 属性值为197,接着设置 <ul> 标签的 class 属性值为"indImgItem　R",然后在其内部添加 <li> 标签,设置 class 属性值为"text-right",并在其内部添加 <a> 标签,在 <a> 标签内部添加 <img> 标签,设置 <img> 标签的 src 属性为"images/slice/con1.jpg",width 属性值为74,height 属性值为46。复制 class 值为"text-right"的 <li> 标签,并粘贴三次,依次修改 <li> 标签

中 `<img>` 标签的 src 属性为 "images/slice/con2.jpg" "images/slice/con3.jpg" "images/slice/con4.jpg"，最后在第一个 `<li>` 标签的 `<a>` 标签中设置 class 属性为 "active"。其具体代码如图 3-92 所示，网页效果如图 3-93 所示。

图 3-92　第 14 步操作对应的代码

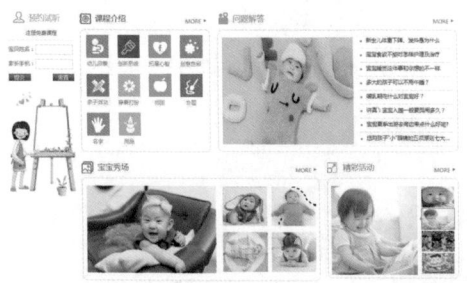

图 3-93　第 14 步操作完成后的网页效果图

15　最后我们来完成网页的底部，首先将光标定位到第 185 行，分别添加三个 `<div>` 标签，依次设置其 class 属性值为 "footNav font-yahei text-center" "seachLink font-yahei clear" "footTxt"。接下来在第一个 `<div>` 标签的内部添加一个 `<a>` 标签，设置 href 属性为 "#"，并输入文本 "用户协议"，在 `<a>` 标签的后面输入文字 "|"，复制该 `<a>` 标签，粘贴七次并依次修改 `<a>` 标签中的文本内容为 "意见反馈" "关于我们" "联系我们" "免责声明" "招商加盟" "招纳贤士" "育宝论坛"，然后删除最后一个 `<a>` 标签后面的 "|" 文本。其代码如图 3-94 所示。

```
185 ▼        <div class="footNav font-yahei text-center">
186            <a href="#">用户协议</a> |
187            <a href="#">意见反馈 </a> |
188            <a href="#">关于我们 </a> |
189            <a href="#">联系我们</a> |
190            <a href="#">免责声明 </a> |
191            <a href="#">招商加盟 </a> |
192            <a href="#">招纳贤士 </a> |
193            <a href="#">育宝论坛</a>
194        </div>
```

图 3-94　第 15 步操作对应的代码

16　接着将光标定位到 class 属性值为 "seachLink font-yahei clear" 的 `<div>` 标签内，分别添加两个 `<div>` 标签，设置第一个 `<div>` 标签的 class 属性值为 "seachLinkBox L"，第二个 `<div>` 标签的 class 属性值为 "seachLinkBox R"，然后在 class 属性值为 "seachLinkBox L" 的 `<div>` 标签内添加一个 `<div>` 标签，设置 class 属性值为 "seachTxt L" 并添加文本 "站内搜索"，然后再次添加一个 `<div>` 标签，设置 class 属性值为 "seachInput aElem L"，在该 `<div>` 标签中依次添加一个 `<input>` 标签和一个 `<a>` 标签，设置 `<input>` 标签的 type 属性值为 "text"、placeholder 属性值为 "站内搜索"、class 属性值为 "seachInputText promptTxt display-block L"，设置 `<a>` 标签的 href 属性值为 "#"、class 属性值为 "seachBtn R"，接着将光标定位到 class 属性值为 "seachLinkBox R" 的 `<div>` 标签内，添加一个 `<div>` 标签，设置 class 属性值为 "seachTxt L" 并添加文本 "友情链接"，然后再次添加一个 `<div>` 标签，设置 class 属性值为 "seachInput aElem L"，在该 `<div>` 标签中依次添加一个 `<select>` 标签、一个 `<i>` 标签和一个 `<a>` 标签，首先设置 `<select>` 标签的 class 属性值为 "seachInputText L display-block seachInputSelect"，在其内部添加一个 `<option>` 标签，设置文本为 "－－－－友情链接－－－－"，接着设置 `<i>` 标签的 class 属性值为 "seachIco"，最后设置 `<a>` 标签的 href 属性值为 "#"、class 属性值为 "seachBtn R"。其代码如图 3-95 所示。

```
195 ▼   <div class="seachLink font-yahei clear">
196 ▼     <div class="seachLinkBox L">
197           <div class="seachTxt L">站内搜索</div>
198 ▼         <div class="seachInput aElem L">
199               <input type="text" placeholder="站内搜索" class="seachInputText promptTxt display-block L">
200               <a href="#" class="seachBtn R"></a>
201           </div>
202       </div>
203 ▼     <div class="seachLinkBox R">
204           <div class="seachTxt L">友情链接</div>
205 ▼         <div class="seachInput iElem L">
206               <select class="seachInputText L display-block seachInputSelect">
207                   <option>－－－－友情链接－－－－</option>
208               </select>
209               <i class="seachIco"></i>
210               <a href="#" class="seachBtn R"></a>
211           </div>
212       </div>
213   </div>
```

图 3-95　第 16 步操作对应的代码

17　接下来将光标定位到 class 属性值为 "footTxt" 的 `<div>` 标签内部，添加四个 `<span>` 标签，在 `<span>` 标签中分别输入文字 "地址：××市××区××路 566 号" "电话：0633-

63333333""邮编：××××××""版权所有"，在除最后一个 <span> 标签的每个 <span> 标签后面添加文本"|"。其具体代码如图 3-96 所示。

```
214 ▾            <div class="footTxt">
215                <span>地址：XX市XX区XX路566号</span>|
216                <span>电话：0633-63333333</span>|
217                <span>邮编：XXXXXX</span>|
218                <span>版权所有</span>
219            </div>
```

图3-96　第17步操作对应的代码

18 最后网页底部的具体代码如图 3-97 所示，其效果如图 3-98 所示。

```
184 ▾  <div class=" footCom">
185 ▾    <div class="footNav font-yahei text-center">
186        <a href="#"> 用户协议</a> |
187        <a href="#"> 意见投诉 </a> |
188        <a href="#"> 关于我们 </a> |
189        <a href="#"> 联系我们</a> |
190        <a href="#"> 免责声明</a> |
191        <a href="#"> 招商加盟</a> |
192        <a href="#"> 投递骑士</a> |
193        <a href="#"> 商家论坛</a>
194      </div>
195 ▾    <div class="seachLink font-yahei clear">
196 ▾      <div class="seachLinkBox L">
197          <div class="seachTxt L">站内搜索</div>
198 ▾        <div class="seachInput aElem L">
199            <input type="text" placeholder="站内搜索" class="seachInputText promptTxt display-block L">
200            <a href="#" class="seachBtn R"></a>
201          </div>
202        </div>
203 ▾      <div class="seachLinkBox R">
204          <div class="seachTxt L">友情链接</div>
205 ▾        <div class="seachInput aElem iElem L">
206 ▾          <select class="seachInputText L display-block seachInputSelect">
207              <option>·····友情链接·····</option>
208            </select>
209            <i class="seachIco"></i>
210            <a href="#" class="seachBtn R"></a>
211          </div>
212        </div>
213      </div>
214 ▾    <div class="footTxt">
215        <span>地址：XX市XX区XX路566号</span>|
216        <span>电话：0633-63333333</span>|
217        <span>邮编：XXXXXX</span>|
218        <span>版权所有</span>
219      </div>
220    </div>
```

图3-97　第18步操作对应的代码

图3-98　网页底部的效果图

3.4　思考与练习

1. <a> 标签的 target 属性有几种取值？

2. 怎样在网页中创建一个浮动框架并设置它的宽度和高度？

第 4 章 旅游交通类网页——使用 HTML 5创建表单与表格

表单是网页中的常用组件，用户可以通过表单向服务器提交数据。表单中可以包括标签（静态文本）、单行文本框、滚动文本框、单选按钮、复选框、下拉菜单等控件。

表格由 <table> 标签来定义。每个表格均有若干行（由 <tr> 标签定义），每行被分割为若干单元格（由 <td> 标签定义）。字母 td 指表格数据（table data），即数据单元格可以包含文本、图片、列表、段落、表单、水平线、表格等。

基础知识
- ➤ 定义表单
- ➤ 文本框

重点知识
- ➤ 单选按钮
- ➤ 创建表格

提高知识
- ➤ 定义表格边框类型
- ➤ 定义表格的背景

在本章的学习中，不仅介绍了如何使用表单和表格，还讲解了如何正确地运用合适的标签，做出更加美观的布局和效果。通过标签的选择和属性的设置，达到预期的功能和效果，让用户有更好的用户体验。

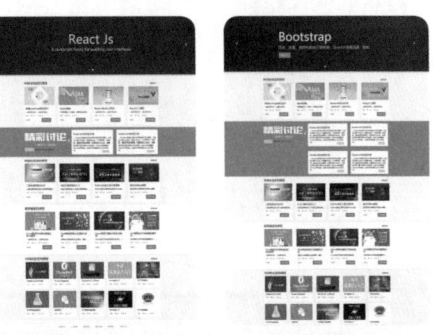

4.1 表单的使用

表单是网页中的常用组件，在开发中通常使用表单实现提交数据的功能。表单又分文本框、单选按钮等多种样式。

4.1.1 定义表单

表单是网页中的常用组件，用户可以通过表单向服务器提交数据。表单中可以包括标签（静态文本）、单行文本框、滚动文本框、单选按钮、复选框、下拉菜单等控件。可以使用 <form>…</form> 标签定义表单，常用的属性如下表所示。

属性	具体描述
id	表单ID，用来标记一个表单
name	表单名
action	指定处理表单提交数据的脚本文件。脚本文件可以是ASP文件、ASP.net文件或PHP文件，它部署在Web服务器上，用于接收和处理用户提交表单的数据
method	指定表单信息传递到服务器的方式，有效值为GET或POST。如果设置为GET，则当单击【提交】按钮时，浏览器会立即传送表单数据；如果设置为POST，则浏览器会等待服务器来读取数据。使用GET方法的效率较高，但传递信息仅为2KB，而POST方法没有此限制，所以通常使用POST方法

添加 <form> 标签并添加 id 属性及属性值"form1"，提交数据的方式为 POST，此表单提交数据的脚本文件为 LoginServlet。代码如图4-1 所示。

```
<form id="form1" name="form1" method="post" action="LoginServlet">
    ......
</form>
```

图4-1　定义表单的示例代码

知识链接：action的路径

在action属性中指定处理脚本文件时可以指定文件路径。可以使用绝对路径和相对路径两种方式来指定脚本文件的位置。

4.1.2 文本框

在上面的叙述中，我们只定义了一个空表单，表单中不包含任何控件，因此不能用于输入数据。下面将介绍如何定义和使用表单控件。

<input> 标签是一种让访问者自己输入内容的表单对象，通常被用来填写单个字或者简短的回答，例如用户姓名和地址等。代码格式如图 4-2 所示。

```
<form id="form1" name="form1" method="post" action="">
    <input type="text" name="User" size="16" maxlength="25" value=""></input>
</form>
```

图4-2　代码格式

文本框的常用属性如下表。

属性	具体描述
accept	规定通过文件上传来提交的文件的类型。（只针对type="file"）
alt	定义图像输入的替代文本。（只针对type="image"）
autocomplete	规定 <input> 元素输入字段是否应该启用自动完成功能
autofocus	规定当页面加载时 <input> 元素应该自动获得焦点
checked	规定在页面加载时应该被预先选定的 <input> 元素。（只针对 type="checkbox" 或者 type="radio"）
disabled	规定应该禁用的 <input> 元素
form	规定 <input> 元素所属的一个或多个表单
formaction	规定当表单提交时处理输入控件的文件的 URL。（只针对type="submit"和type="image"）
formenctype	规定当表单数据提交到服务器时如何编码(只适合 type="submit"和type="image")
formmethod	定义发送表单数据到 action URL 的 HTTP 方法。（只适合 type="submit" 和 type="image"）
formnovalidate	formnovalidate 属性覆盖 <form> 元素的 novalidate 属性
formtarget	规定表示提交表单后在哪里显示接收到响应的名称或关键词。（只适合type="submit"和type="image"）
height	规定 <input>元素的高度。（只针对type="image"）
list	引用 <datalist> 元素，其中包含 <input> 元素的预定义选项

续表

属性	具体描述
max	规定 <input> 元素的最大值
maxlength	规定 <input> 元素中允许的最大字符数
min	规定 <input>元素的最小值
multiple	规定允许用户输入到 <input> 元素的多个值
name	规定 <input> 元素的名称
pattern	规定用于验证 <input> 元素的值的正则表达式
readonly	规定输入字段是只读的
required	规定必须在提交表单之前填写输入字段
size	规定以字符数计的 <input> 元素的可见宽度
src	规定显示为提交按钮的图像的 URL。（只针对type="image"）
value	指定 <input> 元素 value 的值
width	规定 <input> 元素的宽度。（只针对type="image"）

💬 **提 示**

使用 <input…> 标签不仅可以定义文本框，通过设置 type 属性，还可以定义文本区域、复选框、列表框和按钮等控件。具体情况后面内容中介绍。

4.1.3 文本区域

文本区域是用于多行文本的表单控件，可以使用 <textarea> 标签定义文本区域，如下表所示。

属性	具体描述
autofocus	规定当页面加载时，文本区域是否自动获得焦点
cols	规定文本区域内可见的列数
disabled	规定禁用文本区域
form	定义文本区域所属的一个或多个表单
maxlength	规定文本区域允许的最大字符数
name	规定文本区域的名称
placeholder	规定一个简短的提示，描述文本区域期望的输入值
readonly	规定文本区域是否只读
required	规定文本区域是否必需的/必填的
rows	规定文本区域内可见的行数

续表

属性	具体描述
wrap	规定当提交表单时，文本区域中的文本应该怎样换行

添加 <form> 标签并添加 id 属性及属性值 "form1"，其中包含一个用于 5 行 15 列的文本区域，代码如图 4-3 所示。

```
<form id="form1" name="form1" method="post" action="">
    <textarea name="details" cols="45" rows="5">文本区域</textarea>
</form>
```

图4-3 定义文本区域的示例代码

浏览此网页的结果如图 4-4 所示。

图4-4 设置文本区域的效果图

💬 **提 示**

文本区域中可容纳无限数量的文本，其中的默认字体是等宽字体（通常是 Courier）。可以通过 cols 和 rows 属性来规定 textarea 的尺寸，不过更好的办法是用 css 的 height 和 width 属性。

4.1.4 单选按钮

单选按钮是用于从多个网页中选择一个项目的表单控件。在 <input> 标签中将 type 属性设置为 "radio" 即可定义单选按钮。

属性	具体描述
name	名称，用来标记一个单选按钮
value	设置单选按钮的初始值
checked	初始状态，如果用checked，则单选按钮的状态为已选，否则为未选

设置单选按钮，实现用户对性别的选择。代码如图 4-5 所示，浏览此网页的结果如图 4-6 所示。

```
<form id="form1" name="form1" method="post" action="">
    <input name="Sex1" type="radio" id="Sex1" checked>男</input>
    <input name="Sex2" type="radio" id="Sex2">女</input>
</form>
```

图4-5　定义单选按钮的示例代码

图4-6　设置单选按钮的效果图

4.1.5　复选框

复选框是让网页浏览者在一组选项里可以同时选择多个选项，每个复选框都是独立的元素，都必须有一个唯一的名称。在 <input> 标签中将 type 属性设置为 "checkbox" 即可定义复选框。

属性	具体描述
name	名称，用来标记一个复选框
checked	初始状态，如果用 checked，则复选框的初始状态为已选，否则为未选

设置一个用于选择兴趣爱好的复选框，代码如图4-7所示，浏览此网页的结果如图4-8所示。

```
<form id="form1" name="form1" method="post" action="">
    <input name="C1" type="checkbox" id="C1" checked>体育</input>
    <input name="C2" type="checkbox" id="C2">敲代码</input>
    <input name="C3" type="checkbox" id="C3">看美剧</input>
    <input name="C4" type="checkbox" id="C4" checked>音乐</input>
</form>
```

图4-7　定义复选框的示例代码

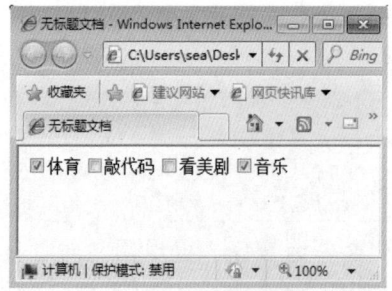

图4-8　设置复选框的效果图

4.1.6　下拉列表框

下拉列表框也称为组合框、列表/菜单，适用于从多个选项中选择某个项目的表单控件。主要用于在有限的空间里设置多个选项。可以使用 <select> 标签定义。

属性	具体描述
autofocus	规定在页面加载时下拉列表是否自动获得焦点
disabled	当该属性为 true 时，会禁用下拉列表
form	定义 select 字段所属的一个或多个表单
multiple	当该属性为 true 时，可选择多个选项
name	定义下拉列表的名称
required	规定用户在提交表单前必须选择一个下拉列表中的选项
size	规定下拉列表中可见选项的数目

添加 <form> 标签并添加 id 属性及属性值 "form1"，用来选择所在城市的组合框，默认为 "北京"。代码如图 4-9 所示，浏览此网页的结果如图 4-10 所示。

```
<form id="form1" name="form1" method="post" action="">
<select name="city" id="city">
    <option value="北京" selected>北京</option>
    <option value="济南" >济南</option>
    <option value="上海" >上海</option>
    <option value="天津" >天津</option>
</select>
</form>
```

图4-9　定义下拉列表框的示例代码

图4-10　设置下拉列表框的效果图

4.1.7　按钮

HTML 5 支持 3 种类型的按钮，即提交按钮（submit）、重置按钮（reset）和普通按钮（button）。鼠标左键单击提交按钮，浏览器会将表单中的数据提交到 Web 服务器，由服务器的脚本语言（ASP、PHP、Java 等）处理提交的表单数据。单击重置按钮，浏览器会将表单中所有控件的值设为初始值。单击普通按钮的动作则由用户指定。

可以使用 <input> 标签定义按钮，通过 type 属性定义按钮的类型，type="submit" 表示定义提交按钮，type="reset" 表示定义重置按钮，type="button" 表示定义普通按钮。常用属性如下表所示。

属性	具体描述
name	用来标记一个按钮
value	定义按钮显示字符串
type	定义按钮类型

添加 <form> 标签并添加 id 属性及属性值 "form1"，其中包含三个按钮，一个提交按钮、一个重置按钮、一个普通按钮 hello。代码如图 4-11 所示。

```
<form id="form1" name="form1" method="post" action="">
    <input types="submit" name="submit" id="submit" value="提交"/>
    <input types="reset" name="reset" id="reset" value="重置"/>
    <input type="button" name="hello" onClick="alert('hello')" value="hello" />
</form>
```

图4-11　定义按钮的示例代码（1）

浏览此网页的结果如图 4-12 所示。单击 hello 按钮结果如图 4-13 所示。

图4-12　设置按钮的效果图

图4-13　单击hello按钮后的效果

也可以使用 <button> 标签定义按钮，<button> 标签的常用属性如下表所示。

属性	具体描述
autofocus	规定在页面加载时下拉列表是否自动获得焦点
disabled	禁用按钮
name	指定按钮的名字
value	定义按钮显示的字符串
type	定义按钮类型

本小节上述按钮也可以用如图 4-14 所示的代码实现。

```
<form id="form1" name="form1" method="post" action="">
    <button type="submit" name="submit" id="submit">提交</button>
    <button type="reset" name="reset" id="reset">重置</button>
    <button type="button" name="button" onClick="alert('hello')">hello</button>
</form>
```

图4-14　定义按钮的示例代码（2）

知识链接：submit和button的关系

submit（提交按钮）是 button（普通按钮）的一个特例，也是 button 的一种，它把提交这个动作自动集成了。如果表单在单击提交按钮后需要用 JS 进行处理（包括输入验证）后再提交的话，通常必须把 submit 改成 button，即取消其自动提交的行为，否则将造成提交两次的效果，对动态网页来说，也就是对数据库操作两次。或者在使用 submit 时验证时加 return true 或 false。

submit 和 button，二者都以按钮的形式展现，看起来都是按钮，所不同的是 type 属性和触发响应的事件上。submit 会自动提交表单，button 不会自动提交表单。

两者的主要区别在于：

submit 默认 form 提交，可以提交表单（form）。

button 则响应用户自定义的事件，如果不指定 onclick 等事件处理函数，它是不做任何事情，当然，button 也可以完成表单的提交工作。

4.1.8　新的input类型

前文已经介绍了 <input> 标签基本的类型，为了更加轻量级的开发，本节介绍 HTML 5 新增的 input 类型。

1. email 类型

email 类型用于应该包含 E-mail 地址的输入域。在提交表单时，会自动验证 email 域的值。

添加 <form> 标签并添加 id 属性及属性值

"form1",其中包含一个用于输入 E-mail 的文本框。代码如图 4-15 所示。

```
<form id="form1" name="form1" method="post" action="">
    E-mail:<input type="email" name="user_email"/>
    <button type="submit" name="submit" id="submit">提交</button>
    <button type="reset" name="reset" id="reset">重置</button>
</form>
```

图4-15　定义用于输入电子邮件的文本框的示例代码

当用户输入的数据不符合 E-mail 的格式,则在提交表单时,会因格式错误而无法完成提交,并提示原因,如图 4-16 所示。

图4-16　输入数据格式不对时的效果图

> **提　示**
> 在 HTML 5 里面的 email 类型出现之前,通常用正则表达式来验证邮箱格式的正确与否。
> 正则表达式:又称规则表达式,是计算机科学的一个概念。正则表达式通常被用来检索、替换那些符合某个模式的文本。

2. url 类型

url 类型用于应该包含 URL 地址的输入域。在提交表单时,会自动验证 URL 域的值。

添加 <form> 标签并添加 id 属性及属性值"form1",其中包含一个用于输入 URL 的文本框,代码如图 4-17 所示。

```
<form id="form1" name="form1" method="post" action="">
    您的个人主页:<input type="url" name="user_url"/>
    <button type="submit" name="submit" id="submit">提交</button>
    <button type="reset" name="reset" id="reset">重置</button>
</form>
```

图4-17　定义地址文本框的示例代码

如果用户输入的数据不符合网址的要求,则在提交表单时,会提示"请输入网址",如图 4-18 所示。

图4-18　设置地址输入域的效果图

3. number 类型

number 类型用于应该包含数值的输入域。可以通过下表所示的属性对数值进行限定。

属性	具体描述
max	允许的最大值
min	允许的最小值
step	规定合法的数字间隔(如果step="3",则合法数字是-3,0,6等)
value	默认值

添加 <form> 标签并添加 id 属性及属性值"form1",其中包含一个用于输入数值的文本框,并规定取值范围为 1~100,默认值为 20。代码如图 4-19 所示。

```
<form id="form1" name="form1" method="post" action="">
    您的年龄:<input type="number" name="points" min="1" max="100" value="20"/>
    <button type="submit" name="submit" id="submit">提交</button>
    <button type="reset" name="reset" id="reset">重置</button>
</form>
```

图4-19　定义数值文本框的示例代码

浏览此网页界面如图 4-20 所示。

图4-20　设置数值文本框的效果图

4. date 类型

date 类型用于应该包含日期的输入域,可以通过一个下拉日历来选择年/月/日。

添加 <form> 标签并添加 id 属性及属性值"form1",实现下拉日历输入入学日期。代码如图 4-21 所示。

```
<form id="form1" name="form1" method="post" action="">
    您的入学日期:<input type="date" name="date" />
    <button type="submit" name="submit" id="submit">提交</button>
    <button type="reset" name="reset" id="reset">重置</button>
</form>
```

图4-21　定义日期输入框的示例代码

浏览此网页的界面如图 4-22 所示。

5. 其他日期时间类型

HTML 5 还新增了如下的用于输入日期时间的 input 类型。

● month:用于选择年和月。

- week：用于选择周和年。
- time：用于选取时间（小时和分钟）。
- datetime：用于选取时间、日、月、年（UTC 时间）。
- datetime-local：用于选取时间、日、月、年（本地时间）。

图4-22　设置日期输入框的效果图

6. search 类型

search 类型用于搜索域，比如站点搜索或谷歌搜索。search 域显示为常规的文本域。

7. color 类型

color 类型用于选择颜色。

添加 <form> 标签并添加 id 属性及属性值 "form1"，其中包含一个 color 类型的文本框，用于选择颜色。代码如图 4-23 所示。

```
<form id="form1" name="form1" method="post" action="">
  选择颜色：<input type="color" name="color" />
  <button type="submit" name="submit" id="submit">提交</button>
  <button type="reset" name="reset" id="reset">重置</button>
</form>
```

图4-23　定义颜色选择器的示例代码

用浏览器打开，显示界面如图 4-24 所示，单击 color 类型的输入域，会弹出如图 4-25 所示的选择颜色的对话框。

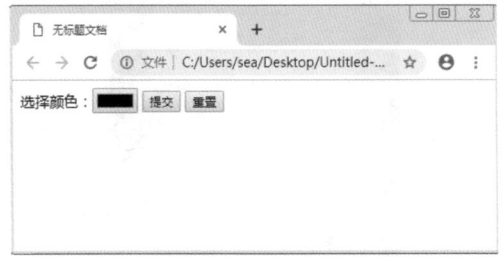

图4-24　设置颜色选择器的效果图（1）

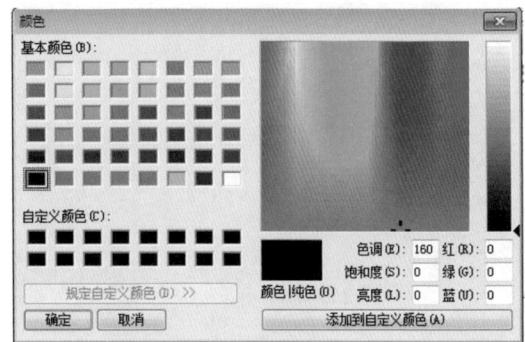

图4-25　设置颜色选择器的效果图（2）

4.1.9　旅游网站登录界面

通过学习表单的基础知识后，我们使用其中一部分内容，制作下面的旅游网站登录界面，效果如图 4-26 所示，以把基础知识和案例相结合，了解在网页中如何使用相应的标签及样式。

素材	素材\Cha04\1\index.html
场景	场景\Cha04\1\index.html
视频	视频教学\Cha04\4.1.9　旅游网站登录界面.mp4

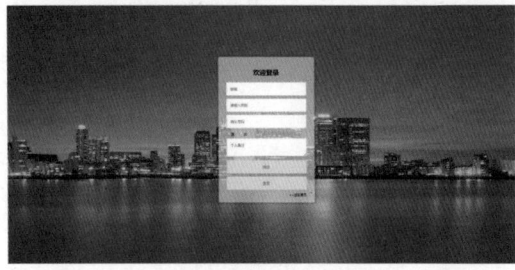

图4-26　旅游网站登录界面

> **提　示**
>
> 因为个人电脑及代码编写习惯的原因，可能会出现行号不正确的情况，请每个读者根据截图中显示的代码寻找对应的代码行。如果出现行号不对的情况，我们建议读者打开我们提供的场景素材，比对代码的差异，并通过步骤文本的描述，完成代码的添加，这样有利于读者对于代码的理解。

01 双击打开 Dreamweaver 软件后，在菜单栏中选择【文件】|【打开】命令，弹出【打开】对话框，在【打开】对话框中选择如图 4-27 所示的内容，选择素材文件并左键单击【打开】按钮，打开网页如图 4-28 所示。

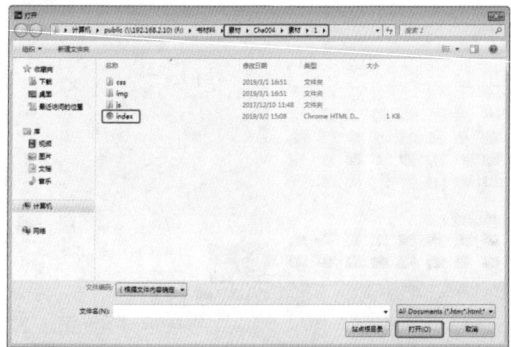

图4-27　打开素材

图4-28　素材效果

02 将光标定位到第 10 行，添加 <form> 标签并添加 class 属性和属性值"mid"，在 <form> 标签中添加 <fieldset> 标签，在 <fieldset> 标签中添加 <h2> 标签并添加文本内容"欢迎登录"，在 <h2> 标签后面添加三个 <input> 标签，在最后一个 <input> 标签后添加一个 <div> 标签，在 <div> 标签内添加两个 <input> 标签，在 <div> 标签后添加 <textarea> 标签和两个 <input> 标签及一个 <span> 标签，在 <span> 标签中添加 <a> 标签。代码如图 4-29 所示，效果如图 4-30 所示。

```
<div>
    <form class="mid">
        <fieldset>
            <h2>欢迎登录</h2>
            <input>
            <input>
            <input>
            <div>
                <input>
                <input>
            </div>
            <textarea></textarea>
            <input>
            <input>
            <span><a></a></span>
        </fieldset>
    </form>
</div>
```

图4-29　第2步操作对应的代码

图4-30　第2步操作完成后的效果图

03 在第一个 <input> 标签中，添加 type 属性并设置属性值为"email"、name 属性及属性值"tabindex"、placeholder 属性及属性值"邮箱"、required 属性及属性值"required"。代码如图 4-31 所示，效果如图 4-32 所示。

```
<div>
    <form class="mid">
        <fieldset>
            <h2>欢迎登录</h2>
            <input type="email" name="tabindex" placeholder="邮箱" required="required">
            <input>
            <input>
            <div>
                <input>
            </div>
            <textarea></textarea>
            <input>
            <input>
            <span><a></a></span>
        </fieldset>
    </form>
</div>
```

图4-31　第3步操作对应的代码

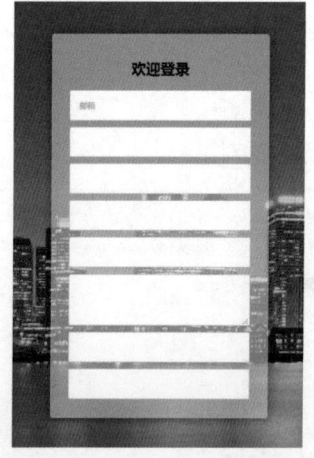

图4-32　第3步操作完成后的效果图

请读者先删除文本框内的文本内容，单击案例下方的【登录】按钮，此时网页的第一个没有文本内容的文本框会弹出提示"填写此栏"，required属性的作用就是验证提交的数据。

运行成品中的案例代码，可以看到，在文本框未填写的时候，会出现字体较小、颜色较浅的文字，placeholder属性的作用就是提醒访问者在此应输入什么。

当完成整个案例或者查看成品中此案例的代码，请先在文本框中随便输入字符或者文字，然后左键单击【登录】按钮后，在地址栏中会看到网页后面会有一长串新的字符，其中是以name="字符或文字"的形式存在，name属性的作用就是告诉网站后台应提交的数据名称。

04 在第二、三个 <input> 标签中，添加 type 属性及属性值"password"。

05 在第二个 <input> 标签中，添加 name 属性及属性值"pass"、placeholder 属性及属性值"请输入密码"、required 属性及属性值"required"。

06 在第三个 <input> 标签中，添加 name 属性及属性值"cpass"、placeholder 属性及属性值"确认密码"、required 属性及属性值"required"。代码如图 4-33 所示，效果如图 4-34 所示。

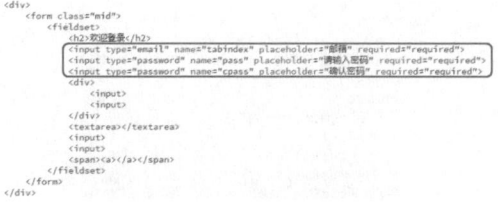

图4-33　第4~6步操作对应的代码

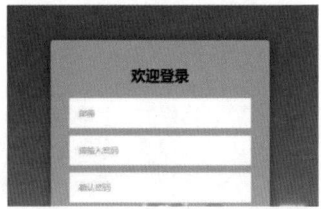

图4-34　第6步操作完成后的效果图

07 在 <div> 标签中添加 style 属性及属性值"float: left;font-size:12px"。

08 在 <div> 标签中的第一个 <input> 标签

内添加 type 属性及属性值"radio"、name 属性及属性值"sex"、value 属性及属性值"man"、style 属性及属性值"width: 10px"，在 <input> 标签后面添加文本内容"男"及" "。

09 在第二个 <input> 标签中添加 type 属性及属性值"radio"、name 属性及属性值"sex"、value 属性及属性值"woman"、style 属性及属性值"width: 10px;margin-left: 20px"，在 <input> 标签后面添加文本内容"女"。代码如图 4-35 所示，效果如图 4-36 所示。

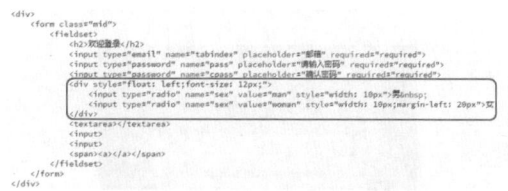

图4-35　第7~9步操作对应的代码

图4-36　第9步操作完成后的效果图

10 在 <textarea> 标签中添加 name 属性及属性值"textarea"、placeholder 属性及属性值"个人备注"、role 属性及属性值"5"。

11 在 <textarea> 标签后的第一个 <input> 标签中添加 type 属性及属性值"reset"、name 属性及属性值"reset"、value 属性及属性值"清空"。

12 在第二个 <input> 标签中添加 type 属性及属性值"submit"、name 属性及属性值"next"、value 属性及属性值"登录"。代码如图 4-37 所示。

```
20    <textarea name="txtarea" placeholder="个人备注" role="5"></textarea>
21    <input type="reset" name="reset" value="清空">
22    <input type="submit" name="next" value="登录">
23    <span><a></a></span>
```

图4-37　第10~12步操作对应的代码

13 在 <span> 标签中的 <a> 标签内添加文本内容"<< 返回首页"并设置链接无效。代码如图 4-38 所示，效果如图 4-39 所示。

```
<div>
    <form class="mid">
        <fieldset>
            <h2>欢迎登录</h2>
            <input type="email" name="tabindex" placeholder="邮箱" required="required">
            <input type="password" name="pass" placeholder="请输入密码" required="required">
            <input type="password" name="cpass" placeholder="确认密码" required="required">
            <div style="float: left;font-size: 12px;">
                <input type="radio" name="sex" value="man" style="width: 10px">男 
                <input type="radio" name="sex" value="woman" style="width: 10px;margin-left: 20px">女
            </div>
            <textarea name="txtarea" placeholder="个人备注" role="5"></textarea>
            <input type="reset" name="reset" value="清空">
            <input type="submit" name="next" value="登录">
            <span><a href="#">返回首页</a></span>
        </fieldset>
    </form>
</div>
```

图4-38　第13步操作对应的代码

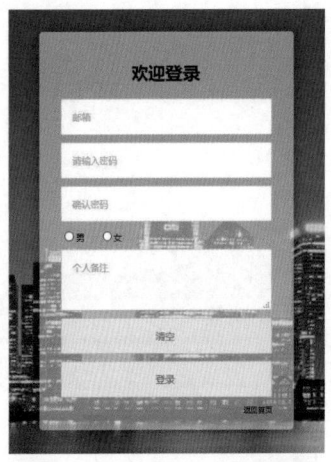

图4-39　第13步操作完成后的效果图

4.2 创建表格

表格由 <table> 标签来定义。每个表格均有若干行（由 <tr> 标签定义），每行被分割为若干单元格（由 <td> 标签定义）。字母 td 指表格数据（table data），即数据单元格可以包含文本、图片、列表、段落、表单、水平线、表格等。

4.2.1 定义表格

表格的属性及描述如下表所示。

属性	描述
align	不赞成使用。请使用样式代替 规定表格相对周围元素的对齐方式
bgcolor	不赞成使用。请使用样式代替。 规定表格的背景颜色

属性	描述
border	规定表格边框的宽度
cellpadding	规定单元格边沿与其内容之间的空白
cellspacing	规定单元格之间的空白
frame	规定外侧边框的哪个部分是可见的
rules	规定内侧边框的哪个部分是可见的
summary	规定表格的摘要
width	规定表格的宽度

<table> 标签：用于表示一个对象的开始。</table> 标签标识一个表格对象的结束。一个表格中，只允许出现一对 <table> 标签。

<tr> 标签：用于标识表格一行的开始。</tr> 标签用于标识一行的结束。表格内有多少 <tr> </td> 标签，就表示表格有多少行。

<td> 标签：用于标识某行中的一个单元格开始。</td> 标签用于标识某行单元格中的一个单元格结束。<td> </td> 标签书写在 <tr> </tr> 标签内，一对 <tr> </tr> 标签内有多少对 <td> </td> 标签，就表示该行有多少个单元格。在 HTML 5 中它仅有 colspan 和 rowspan 两个属性。

定义一个三列四行的表格。代码如图 4-40 所示。在谷歌浏览器中预览网页效果，如图 4-41 所示。

```
<!doctype html>
<html>
<head>
<meta charset="utf-8">
<title>表格基本结构</title>
</head>
    <body>
    <table border="1">
        <tr>
        <td>A1</td>
        <td>B1</td>
        <td>C1</td>
        </tr>
        <tr>
        <td>A2</td>
        <td>B2</td>
        <td>C2</td>
        </tr>
        <tr>
        <td>A3</td>
        <td>B3</td>
        <td>C3</td>
        </tr>
        <tr>
        <td>A4</td>
        <td>B4</td>
        <td>C4</td>
        </tr>
    </table>
    </body>
</html>
```

图4-40　定义表格的示例代码

图4-41　设置表格的效果图

> 🏷 **提 示**
>
> 可以使用 cellpadding 属性来创建单元格内容与其边框之间的空白，从而调整表格的行高与列宽，从而使表格更实用美观。border-collaspe 方法可以设置表格的边框合并，如果设置了边框合并，则 border-spacing 方法自动失效。

4.2.2　带有标题的表格

通过使用 <caption> 标签来对网页中的表格设置标题。可选属性值及描述如下表所示。

属性	值	描述
align	left right top bottom	规定标题的对齐方式

<caption> 标签必须紧随 <table> 标签之后。只能对每个表格定义一个标题。通常这个标题会被居中于表格之上。

caption 属性中的 align 属性在实际应用中不赞成使用，建议使用样式取而代之。

创建一个带有标题的表格。代码如图4-42所示。在谷歌浏览器浏览网页效果如图4-43所示。

```
<!doctype html>
<html>
<head>
<meta charset="utf-8">
<title>表格基本结构</title>
</head>
    <body>
        <h4>带有标题的表格</h4>
        <table border="3">
        <caption>数据统计表</caption>
        <tr>
        <td>100</td>
        <td>200</td>
        <td>300</td>
        </tr>
        <tr>
        <td>400</td>
        <td>500</td>
        <td>600</td>
        </tr>
        </table>
    </body>
</html>
```

图4-42　定义带有标题的表格的示例代码

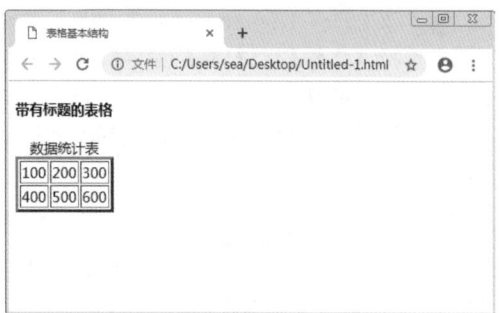

图4-43　设置带有标题表格的效果图

4.2.3　制作旅游网页（一）

通过学习 <table> 标签，我们知道了表格标签如何使用及如何设置样式。接下来我们通过实训案例，把知识和项目相结合，深入了解 <table> 标签的使用，效果如图 4-44 所示。

素材	素材\Cha04\2\index.html
场景	场景\Cha04\2\index.html
视频	视频教学\Cha04\4.2.3　制作旅游网页（一）.mp4

图4-44　旅游网页效果图

> 🏷 **提 示**
>
> 因为个人电脑及代码编写习惯的原因，可能会出现行号不正确的情况，请每个读者根据截图中显示的代码寻找对应的代码行。如果出现行号不对的情况，我们建议读者打开我们提供的场景素材，比对代码的差异，并通过步骤文本的描述，完成代码的添加，这样有利于读者对于代码的理解。

01 双击打开 Dreamweaver 软件后，在菜单栏中选择【文件】|【打开】命令，弹出【打开】对话框，在【打开】对话框中根据图 4-45 选择素材文件后，单击【打开】按钮，打开网页如图 4-46 所示。

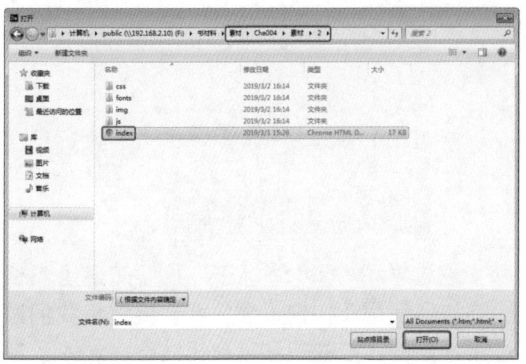

图4-45 打开素材

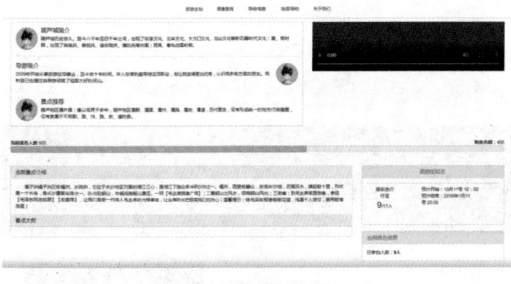

图4-46 素材效果

02 将光标切换到【代码】视图中的第 117 行，添加 <table> 标签，在 <table> 标签中添加一个 <tbody> 标签，在 <tbody> 标签中添加四个 <tr> 标签，在第一、四个 <tr> 标签中添加三个 <td> 标签，在第二个 <tr> 标签中添加四个 <td> 标签，在第三个 <tr> 标签中添加五个 <td> 标签。代码如图 4-47 所示。

03 在 <table> 标签中添加 class 属性及属性值"table"，把第一、二个 <tr> 标签中的所有 <td> 标签添加 align 属性及属性值"center"，在第三个 <tr> 标签中的第一个 <td> 标签内添加 align 属性及属性值 center。代码如图 4-48 所示。

04 在第一个 <tr> 标签中的第一个 <td> 标签中添加文本内容"计划名称"，在第二个

<td> 标签中添加文本内容"景点基本信息"，在第三个 <td> 标签中添加文本内容"景点活动"。

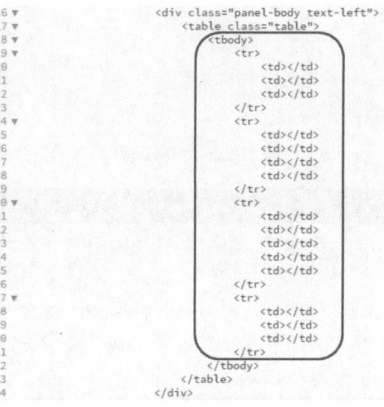

图4-47 第2步操作对应的代码

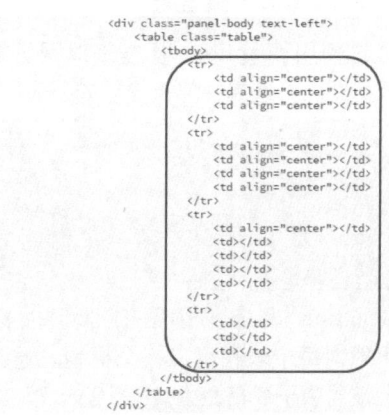

图4-48 第3步操作对应的代码

05 在第二个 <tr> 标签中的第一个 <td> 标签中添加文本内容"景点名"，在第二个 <td> 标签中添加文本内容"景点简介"，在第三个 <td> 标签中添加文本内容"旅游时间"，在第四个 <td> 标签中添加文本内容"购物时间"。代码如图 4-49 所示。

06 在第三个 <tr> 标签中的第一个 <td> 标签中添加文本内容"主题 1：初识葫芦城"，在第二个 <td> 标签中添加文本内容"单元 1：葫芦城那些事儿"，在第三个 <td> 标签中添加文本内容"了解葫芦城的现状、发展历史"，在第四个 <td> 标签中添加文本内容"360 分钟"，在第五个 <td> 标签中添加文本内容"30 分钟"。

图4-49　第4、5步操作对应的代码

07 在第四个 <tr> 标签中的第一个 <td> 标签中添加文本内容"单元2：与葫芦城签订契约"，在第二个 <td> 标签中添加文本内容"深度了解观摩葫芦城较为出名的景点和事迹"，在第三个 <td> 标签中添加文本内容"360 分钟"。代码如图4-50所示，效果如图4-51 所示。

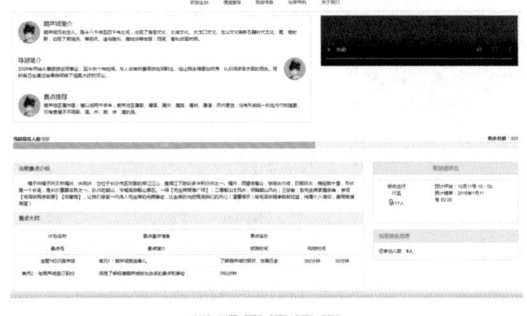

图4-50　第6、7步操作对应的代码

图4-51　第7步操作完成后的效果图

疑难解答　如何使表格内容对齐？

本案例主要是想让读者熟悉一下 <table> 标签中的 <tbody>、<tr>、<td>，表格的使用需要搭配其他的参数才能实现符合预期的样式，所以本案例的目的是让读者熟悉 <table> 标签并为下一个案例做服务。

4.3 表格的设置

表格的设置包括定义表格边框类型、表头、表格背景以及单元格背景等，避免了其单调乏味。通过各种样式的设置，实现其美观清晰的要求特点。

4.3.1 定义表格边框类型

使用表格的 border 属性可以定义表格的边框类型，如常见的加粗边框的表格。

建立一个普通边框的表格和一个加粗边框的表格，代码如图4-52所示。使用谷歌浏览器预览网页效果，如图4-53所示。

```
<!doctype html>
<html>
<head>
<meta charset="utf-8">
<title>表格基本结构</title>
</head>
    <body>
        <h4>带有标题的表格</h4>
        <table border="1">
        <tr>
            <td>First</td>
            <td>Row</td>
        </tr>
        <tr>
            <td>Second</td>
            <td>Row</td>
        </tr>
        </table>
        <h4>加粗边框</h4>
        <table border="8">
        <tr>
            <td>First</td>
            <td>Row</td>
        </tr>
        <tr>
            <td>Second</td>
            <td>Row</td>
        </tr>
        </table>
    </body>
</html>
```

图4-52　设置表格边框的示例代码

图4-53　设置表格边框的效果图

4.3.2 定义表格的表头

表格当中也存在有表头，常见的表头分为垂直与水平两种。例如，分别创建带有垂直、水平表头的表格。可以通过 <th> 标签定义表头。其中可选属性如下表所示。

属性	值	描述
abbr	text	规定单元格中内容的缩写版本
align	left right center justify char	规定单元格内容的水平对齐方式
axis	category_name	对单元格进行分类
bgcolor	rgb(x, x, x) #xxxxxx colorname	不推荐使用。请使用样式替代它。 规定表格单元格的背景颜色
char	character	规定根据哪个字符来进行内容的对齐
charoff	number	规定对齐字符的偏移量
colspan	number	设置单元格可横跨的列数
headers	idrefs	由空格分隔的表头单元格 ID 列表，为数据单元格提供表头信息
height	pixels %	不推荐使用。请使用样式替代它。 规定表格单元格的高度
nowrap	nowrap	不推荐使用。请使用样式取而代之。 规定单元格中的内容是否折行
rowspan	number	规定单元格可横跨的行数
scope	col colgroup row rowgroup	定义将表头数据与单元数据相关联的方法
valign	top middle bottom baseline	规定单元格内容的垂直排列方式
width	pixels %	不推荐使用。请使用样式取而代之。 规定表格单元格的宽度

定义两个表格，分别有垂直表头和水平表头。代码如图 4-54 所示。用谷歌浏览器预览网页效果，如图 4-55 所示。

```html
<!doctype html>
<html>
<head>
<meta charset="utf-8">
<title>表格基本结构</title>
</head>
    <body>
        <h4>水平的表头</h4>
        <table border="1">
        <tr>
            <th>姓名</th>
            <th>性别</th>
            <th>电话</th>
        </tr>
        <tr>
            <td>张三</td>
            <td>男</td>
            <td>123456</td>
        </tr>
        </table>
        <h4>垂直的表头</h4>
        <table border="1">
        <tr>
            <th>姓名</th>
            <td>李四</td>
        </tr>
        <tr>
            <th>性别</th>
            <td>男</td>
        </tr>
        <tr>
            <th>电话</th>
            <td>654321</td>
        </tr>
        </table>
    </body>
</html>
```

图4-54　定义表头的示例代码

图4-55　设置表头的效果图

4.3.3　定义表格的背景

当创建好表格之后，为了美观，可以给表格设置背景，其中包括背景颜色和背景图片。可以通过 bgcolor 属性设置背景颜色，通过 background 属性设置背景图片。

定义表格，设置背景颜色为 #17D6ED。代码如图 4-56 所示。在谷歌浏览器中预览网页效果，如图 4-57 所示。

```html
<!doctype html>
<html>
<head>
<meta charset="utf-8">
<title>表格基本结构</title>
</head>
    <body>
        <h4>背景图片</h4>
        <table border="1" bgcolor="#17D6ED">
        <tr>
            <th>姓名</th>
            <th>性别</th>
            <th>电话</th>
        </tr>
        <tr>
            <td>张三</td>
            <td>男</td>
            <td>123456</td>
        </tr>
        </table>
    </body>
</html>
```

图4-56　设置表格背景颜色的示例代码

图4-57　设置表格背景颜色的效果图

定义表格，设置背景图片。代码如图 4-58 所示。使用谷歌浏览器预览上述网页效果，如图 4-59 所示。

```html
<!doctype html>
<html>
<head>
<meta charset="utf-8">
<title>表格基本结构</title>
</head>
    <body>
        <h4>背景图片</h4>
        <table border="1" background="timg.jpg">
        <tr>
            <th>姓名</th>
            <th>性别</th>
            <th>电话</th>
        </tr>
        <tr>
            <td>张三</td>
            <td>男</td>
            <td>123456</td>
        </tr>
        </table>
    </body>
</html>
```

图4-58　设置表格背景图片的示例代码

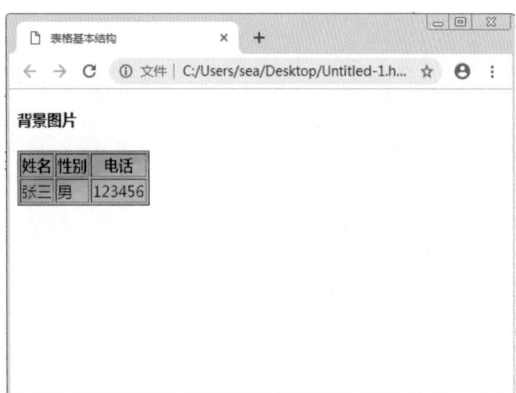

图4-59　设置表格背景图片的效果图

>> 知识链接：十六进制颜色规律

十六进制代码以"#"开头，由 0~9、A~F（或 a~f，不区分大小写）组成，组成方式：#RRGGBB。

其中：RR 代表红色，GG 代表绿色，BB 代表蓝色，所有值必须介于 0 和 FF 之间，即每种颜色的最小值为 0。最大值为 FF。

例如：#FF0000 表示红色，即 R=255。00 和 00 即 G=0，B=0；此时，也可简写为 #F00。

最小值为：#000000，黑色；最大值为：#FFFFFF，白色。

也可以通过平均混合所有三种颜色得到不同灰度等级的颜色。

红绿蓝为三基色，这三种颜色合成的颜色范围最广。16 个值和 6 位意味着有 16 的 6 次方，或者说超过 1600 万种可能的颜色。

4.3.4　设置单元格的背景

除了可以为表格设置背景外，还可以为单元格设置背景，例如为单元格添加背景颜色、背景图片。

设置单元格背景，包括背景颜色和背景图片。代码如图4-60所示。使用谷歌浏览器预览网页效果，如图4-61所示。

```
<!doctype html>
<html>
<head>
<meta charset="utf-8">
<title>表格基本结构</title>
</head>
    <body>
        <h4>单元格背景</h4>
        <table border="1">
        <tr>
            <td bgcolor="#8A2CD1">123</td>
            <td>456</td>
        </tr>
        <tr>
            <td background="timg (1).jpg">789</td>
            <td>369</td>
        </tr>
        </table>
    </body>
</html>
```

图4-60　设置单元格背景的示例代码

图4-61　设置单元格背景的效果图

4.3.5　合并单元格

在应用中，并非所有的表格都是规范的几行几列，而是需要将某些单元格进行合并，以符合某种内容上的需要。在HTML中合并的方式有两种，一种是上下合并，另一种是左右合并，这两种合并方式只需要使用<td>标签的两个属性。

使用colspan属性合并左右单元格，格式如图4-62所示。

```
<td colspan="数值">单元格内容</td>
```

图4-62　合并单元格

其中，colspan属性的取值为数值型整数数据，代表几个单元格进行左右合并。

例如，在4.2.1节创建的表格基础上，将A1和B1单元格合并成一个单元格。为第一行的第一个<td>标签增加"colspan="2""属性。并将B1单元格的<td>标签删除。代码如图4-63所示。使用谷歌浏览器预览网页效果如图4-64所示。

```
<!doctype html>
<html>
<head>
<meta charset="utf-8">
<title>单元格左右合并</title>
</head>
    <body>
        <table border="1">
            <tr>
                <td colspan="2">A1 B1</td>
                <td>C1</td>
            </tr>
            <tr>
                <td>A2</td>
                <td>B2</td>
                <td>C2</td>
            </tr>
            <tr>
                <td>A3</td>
                <td>B3</td>
                <td>C3</td>
            </tr>
            <tr>
                <td>A4</td>
                <td>B4</td>
                <td>C4</td>
            </tr>
        </table>
    </body>
</html>
```

图4-63　合并左右单元格的示例代码

图4-64　合并左右单元格的效果图

从预览图中可以看到，A1和B1单元格合并成一个单元格，C1还在原来的位置上。由此可见，合并单元格后，相应的单元格标签就应该减少。例如，A1和B1合并后，B1单元格的<td> </td>标签就应该丢掉，否则单元格就会多出一个，并且后面单元格依次向右移。

用 rowspan 属性合并上下单元格。

上下单元格的合并需要为 <td> 标签增加 rowspan 属性，格式如图 4-65 所示。

```
<td rowspan="数值">单元格内容</td>
```
图4-65　合并上下单元格

其中，rowspan 属性的取值为数值型整数数据，代表几个单元格进行上下合并。

例如，在上面的表格的基础上，将 A1 和 A2 单元格合并成一个单元格。为第一行的第一个 <td> 标签增加 "rowspan="2"" 的属性，并且将 A2 单元格的 <td> 标签删除。代码如图 4-66 所示。使用谷歌浏览器预览此网页，浏览效果如图 4-67 所示。

```
<!doctype html>
<html>
<head>
<meta charset="utf-8">
<title>单元格上下合并</title>
</head>
    <body>
        <table border="1">
            <tr>
                <td rowspan="2">A1</td>
                <td>B1</td>
                <td>C1</td>
            </tr>
            <tr>
                <td>B2</td>
                <td>C2</td>
            </tr>
            <tr>
                <td>A3</td>
                <td>B3</td>
                <td>C3</td>
            </tr>
            <tr>
                <td>A4</td>
                <td>B4</td>
                <td>C4</td>
            </tr>
        </table>
    </body>
</html>
```
图4-66　合并上下单元格的示例代码

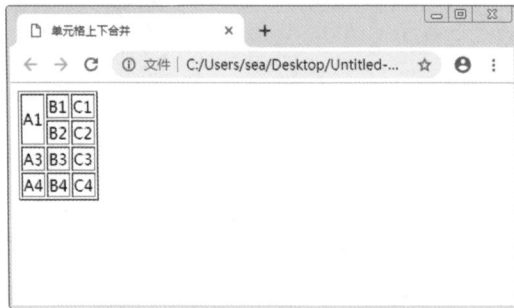

图4-67　合并上下单元格的效果图

两个方向合并单元格，代码如图 4-68 所示。使用谷歌浏览器预览以上网页效果如图 4-69 所示。

```
<!doctype html>
<html>
<head>
<meta charset="utf-8">
<title>单元格上下左右合并</title>
</head>
    <body>
        <table border="1">
            <tr>
                <td rowspan="2" colspan="2">A1</td>
                <td>C1</td>
            </tr>
            <tr>
                <td>C2</td>
            </tr>
            <tr>
                <td>A3</td>
                <td>B3</td>
                <td>C3</td>
            </tr>
            <tr>
                <td>A4</td>
                <td>B4</td>
                <td>C4</td>
            </tr>
        </table>
    </body>
</html>
```
图4-68　两个方向合并单元格的示例代码

图4-69　两个方向合并单元格的效果图

> 💬 **提 示**
>
> 单元格合并之后形成的大单元格依旧可以设置背景颜色或者背景图片，而且会有更好的表现效果。

4.3.6　排列单元格中的内容

使用 align 属性可以排列单元格中的内容，以便创造一个美观的表格。其中可选值如下表所示。

值	描述
left	左对齐内容
right	右对齐内容
center	居中对齐内容
justify	对行进行伸展，这样每行都可以有相等的长度（就像在报纸和杂志中）

排列单元格中的内容，代码如图 4-70 所

示。使用谷歌浏览器预览上述网页,浏览效果如图 4-71 所示。

```
<!doctype html>
<html>
<head>
<meta charset="utf-8">
<title>排列单元格中的内容</title>
</head>
    <body>
        <table width="400" border="1">
            <tr>
                <th align="left">项目</th>
                <th align="right">一月</th>
                <th align="right">二月</th>
            </tr>
            <tr>
                <th align="left">衣服</th>
                <th align="right">$240.00</th>
                <th align="right">$52.00</th>
            </tr>
            <tr>
                <th align="left">化妆品</th>
                <th align="right">$30.00</th>
                <th align="right">$44</th>
            </tr>
            <tr>
                <th align="left">食物</th>
                <th align="right">$730.00</th>
                <th align="right">$650.00</th>
            </tr>
            <tr>
                <th align="left">总计</th>
                <th align="right">$990.00</th>
                <th align="right">$746.00</th>
            </tr>
        </table>
    </body>
</html>
```

图4-70 排列单元格内容的示例代码

图4-71 排列单元格内容的效果图

4.3.7 设置单元格的行高与列宽

使用 cellpadding 属性来创建单元格内容与其边框之间的空白,从而调整表格的行高与列宽。

设置单元格的行高与列宽,代码如图 4-72 所示。使用谷歌浏览器预览此网页,预览效果如图 4-73 所示。

```
<!doctype html>
<html>
<head>
<meta charset="utf-8">
<title>排列单元格中的内容</title>
</head>
    <body>
        <h4>调整前</h4>
        <table border="1">
            <tr>
                <td>1000</td>
                <td>2000</td>
            </tr>
            <tr>
                <td>1000</td>
                <td>2000</td>
            </tr>
        </table>
        <h4>调整后</h4>
        <table border="1" cellpadding="10">
            <tr>
                <td>1000</td>
                <td>2000</td>
            </tr>
            <tr>
                <td>1000</td>
                <td>2000</td>
            </tr>
        </table>
    </body>
</html>
```

图4-72 设置单元格行高与列宽的示例代码

图4-73 设置单元格行高与列宽的效果图

> **提 示**
>
> 请勿将该属性与 cellspacing 属性相混淆,cellspacing 属性规定的是单元格之间的空间。在实际开发中很少用 cellspacing 属性来规定,而是使用 css 来添加内边距。

4.3.8 制作旅游网页(二)

通过学习设置表格标签样式,接下来我们通过案例,完善表格中内容的排版和样式。效果如图 4-74 所示。

素材	素材\Cha04\3\index.html
场景	场景\Cha04\3\index.html
视频	视频教学\Cha04\制作旅游网页（二）.mp4

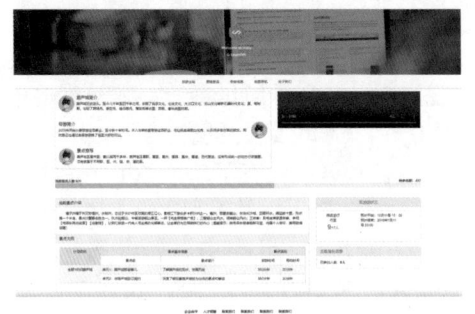

图4-74　旅游网页效果图

01 双击打开 Dreamweaver 软件后，在菜单栏中选择【文件】|【打开】命令，弹出【打开】对话框，在【打开】对话框中根据图 4-75 选择素材文件后，单击【打开】按钮，打开网页素材如图 4-76 所示。

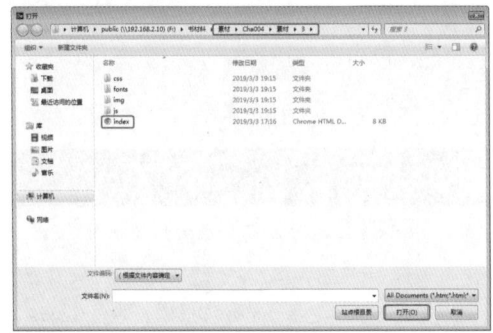

图4-75　打开素材

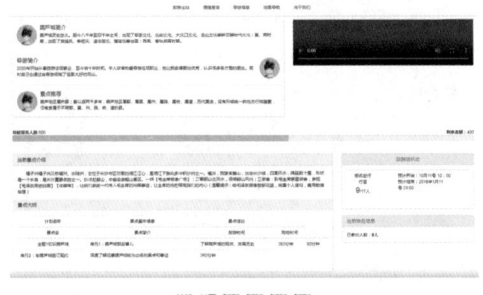

图4-76　素材效果

02 切换到【代码】视图后，将光标切换到第 117 行代码，在 class 属性中添加属性值"table-bordered table-striped"。

03 将光标定位到第 120 行，在 <td> 标签中添加 rowspan 属性及属性值"2"、class 属性及属性值"danger"，在第 121 行 <td> 标签中添加 colspan 属性及属性值"2"、class 属性及属性值"success"，在第 122 行 <td> 标签中添加 colspan 属性及属性值"2"、class 属性及属性值"success"。代码如图 4-77 所示，效果如图 4-78 所示。

图4-77　第2、3步操作对应的代码

图4-78　第3步操作完成后的效果图

> **疑难解答**　表格的边框及颜色是如何产生的？
>
> 在本章节，表格的边框使用的是border属性，背景颜色用的是bgcolor属性等。但在实际编写中，使用上面的属性进行设置后，表格的颜色及样式并不会直接符合预期，需要经过大量的编写，所以可以使用Bootstrap中自带的表格类来实现表格背景及边框的设置。上面步骤中，表格边框使用的是table-bordered属性值，背景颜色使用"success""danger"等属性值设置的。具体参数可自行查阅Bootstrap官网。

04 在第 131 行的 <td> 标签中添加 rowspan 属性及属性值"2"，并在最后一个 <td> 标签后面添加一个 <td> 标签，并添加文本内容"30 分钟"。代码如图 4-79 所示，效果如图 4-80 所示。

图4-79　第4步操作对应的代码

图4-80　第4步操作完成后的效果图

→ 4.4　上机练习——制作爱旅游论坛网页

我们通过结合前面章节所介绍的基础知识及相关的案例，再加上本章中介绍的表单及表格，来完整地制作一个爱旅游论坛的网页，效果如图4-81所示，并且在本案例中，我们使用了后面章节介绍的知识点，为后面章节的学习，打好基础。

素材	素材\Cha04\4\index.html
场景	场景\Cha04\4\index.html
视频	视频教学\Cha04\4.4　上机练习——制作爱旅游论坛网页.mp4

图4-81　旅游论坛效果图

01 双击 Dreamweaver 软件，在打开的界面中选择菜单栏中的【文件】|【打开】命令，弹出【打开】对话框，选择素材文件后单击【打开】按钮，如图4-82所示。

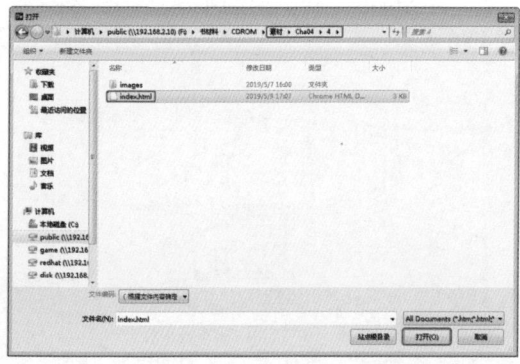

图4-82　【打开】对话框

02 我们先添加标题栏。在【拆分】视图中，将鼠标指针移动到第78行，在这里添加一个 <div> 标签，并在内嵌套三个 <div> 标签。

03 在最外层 <div> 标签中添加 id 属性及属性值 "layer1"，添加 body 类，在嵌套的第一个 <div> 中添加 id 属性及属性值 "logo"，并添加文本内容 LOGO，在第二个 <div> 中添加 id 属性及属性值 "title" 并添加文本内容 "爱旅游论坛"，在第三个 <div> 中添加 id 属性及属性值 "topbtn" 并添加文本内容 "设为首页 加入收藏 站内搜索 登录"。代码如图4-83所示，效果如图4-84所示。

```
76
77 ▼ <body>
78 ▼    <div id="layer1" class="body">
79 ▼        <div id="logo">
80                 Logo
81             </div>
82 ▼        <div id="title">
83                 爱旅游论坛
84             </div>
85 ▼        <div id="topbtn">
86                 设为首页 加入收藏 站内搜索 登录
87             </div>
88         </div>
89     </body>
90 </html>
91
```

图4-83　第2、3步操作对应的代码

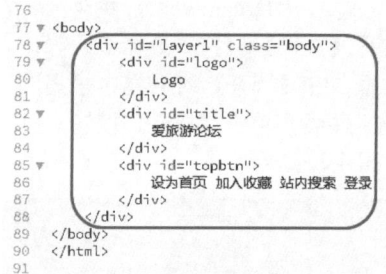

图4-84　第3步操作完成后的效果图

疑难解答　效果图中的Logo是怎么形成的？

在上面的代码图中的第79行添加了id属性，我们为此id添加了css样式，具体如图4-85所示。

```
#logo{background-color:#FFF;color:#000;
      width:100px;height:100px;line-height:100px;
      text-align:center;}
```
图4-85　代码图

其中background-color属性定义了背景的颜色，color属性定义了字体的颜色，并声明了此<div>标签的宽高，设置了字体居中，其中line-height属性是为了让字体在垂直位置也居中。

04 接下来我们添加导航栏。在 </body> 标签之前添加 <div> 标签，并添加类 body 和 id 属性及属性值 "layer2"，并在 <div> 标签内添加八个 <a> 标签，并分别添加类 navi，在第一个 <a> 标签内添加类 navif，在最后一个 <a> 标签内添加类 navil。代码如图4-86所示。

05 分别添加文本 "论坛首页" "我要投

稿""风景""人物""科技""概念""滤镜""联系我们",并设置链接无效。代码如图4-87所示。

```
89 ▼     <div class="body" id="layer2">
90           <a class="navi navif"></a>
91           <a class="navi"></a>
92           <a class="navi"></a>
93           <a class="navi"></a>
94           <a class="navi"></a>
95           <a class="navi"></a>
96           <a class="navi"></a>
97           <a class="navi navil"></a>
98       </div>
```

图4-86　第4步操作对应的代码

```
89 ▼     <div class="body" id="layer2">
90           <a class="navi navif" href="#">论坛首页</a>
91           <a class="navi" href="#">我要投稿</a>
92           <a class="navi" href="#">风景</a>
93           <a class="navi" href="#">人物</a>
94           <a class="navi" href="#">科技</a>
95           <a class="navi" href="#">概念</a>
96           <a class="navi" href="#">滤镜</a>
97           <a class="navi navil" href="#">联系我们</a>
98       </div>
99   </body>
```

图4-87　第5步操作对应的代码

06 此时在浏览器中的效果如图4-88所示。

图4-88　完成第6步操作的效果图

疑难解答　导航栏中的效果是怎么实现的?

读者可以发现,在填写代码时,我们在所有的<a>标签内添加了navi类,并且在最开头和最后的<a>标签中分别添加了类navif、navil。在<div>标签中定义了id属性及属性值"layer2"。其中类navi的代码如图4-89所示。

```
.navi{display:table-cell;
      width:150px;line-height:40px;
      text-align:center;
      background-color:#000;color:#FFF;
      transition:all 0.5s linear;
      }
```

图4-89　CSS样式图 (1)

第一个display定义了当前标签为表格列元素,其他的属性都在其他的案例中或多或少讲解过,但transition属性没有,读者预览当前网页效果时,将鼠标指针移动到导航栏会发现导航元素有一个渐变效果,这个效果就是通过transition实现的。关于transition属性详细语法:transtion: property duration timing-function delay。属性值如下表所示。

值	描述
transition-property	规定设置过渡效果的 CSS 属性的名称
transition-duration	规定完成过渡效果需要多少秒或毫秒

续表

值	描述
transition-timing-function	规定速度效果的速度曲线
transition-delay	定义过渡效果何时开始

在本案例中,我们没有使用"transition-delay"属性值。但仅进行这些设置是不能完美地实现效果的,我们还需要在当将鼠标指针放到<a>标签时进行改变。具体代码如图4-90所示。

```
.navi:hover{background-color:#FFF;color:#000;
transition:all 0.3s linear;}
```

图4-90　CSS样式图 (2)

导航栏边框左下角和右上角的弧形是通过border-radius属性实现的,具体代码如图4-91所示。

```
#layer2{border:1px solid #FFF; border-radius:0 20px 0 20px }
.navi{display:table-cell;
      width:150px;line-height:40px;
      text-align:center;
      background-color:#000;color:#FFF;
      transition:all 0.5s linear;
      }
.navif{border-radius:0 0 0 20px}
.navil{border-radius:0 20px 0 0}
```

图4-91　CSS样式图 (3)

我们在类navif、navil中添加了border-radius属性,在id "layer2"内也添加了border-radius属性,均用来声明边框左下角和右上角的弯曲程度。如果你在 border-radius 属性中只指定一个值,那么将生成 4 个 圆角。但是,如果你要在四个角上——指定,可以使用以下规则。

四个值:第一个值为左上角,第二个值为右上角,第三个值为右下角,第四个值为左下角。

三个值:第一个值为左上角,第二个值为右上角和左下角,第三个值为右下角。

两个值:第一个值为左上角与右下角,第二个值为右上角与左下角。

一个值:四个圆角值相同。

以下为三个实例:

1. 四个值 - border-radius: 15px 50px 30px 5px:
2. 三个值 - border-radius: 15px 50px 30px:
3. 两个值 - border-radius: 15px 50px:

07 接下来我们添加展示图片。在最后面的</body>内容结束标签之前,添加一个<div>标签,并添加类 body 及 id 属性和属性值 "layer3"。在 <div> 标签内嵌套五个 <div> 标签并添加类 photoclip 以及空行,嵌套的 <div> 用来添加图片。代码如图 4-92 所示。

08 在每一个嵌套的 <div> 标签中分别添加 id 属性及属性值 clip1、clip2、clip3、clip4、clip5,在每一个嵌套的 <div> 标签内添加一个 <img> 标签及 <div> 标签并在最内层的 <div> 标签中添加类 cliptitle,在每一个 <img> 标签中引导当前目录下的 "images\clip1-5.jpg" 图片。代码如图 4-93 所示。

```
99 ▼        <div class="body" id="layer3">
100 ▼          <div class="photoclip">
101
102            </div>
103            <div class="photoclip">
104
105            </div>
106            <div class="photoclip">
107
108            </div>
109 ▼          <div class="photoclip">
110
111            </div>
112 ▼          <div class="photoclip">
113
114            </div>
115        </div>
116    </body>
117  </html>
```

图4-92　第7步操作对应的代码

```
99 ▼        <div class="body" id="layer3">
100 ▼          <div class="photoclip" id="clip1">
101              <img src="images/clip1.jpg">
102              <div class="cliptitle"></div>
103            </div>
104 ▼          <div class="photoclip" id="clip2">
105              <img src="images/clip2.jpg">
106              <div class="cliptitle"></div>
107            </div>
108 ▼          <div class="photoclip" id="clip3">
109              <img src="images/clip3.jpg">
110              <div class="cliptitle"></div>
111            </div>
112 ▼          <div class="photoclip" id="clip4">
113              <img src="images/clip4.jpg">
114              <div class="cliptitle"></div>
115            </div>
116 ▼          <div class="photoclip" id="clip5">
117              <img src="images/clip5.jpg">
118              <div class="cliptitle"></div>
119            </div>
120        </div>
```

图4-93　第8步操作对应的代码

09 在最内层的<div>标签中，分别添加文本“雪山 海边 和老人”“风景独好”“街景小道”“走在小路上”“狐狸的注视”。代码如图4-94所示。

```
99 ▼        <div class="body" id="layer3">
100 ▼          <div class="photoclip" id="clip1">
101              <img src="images/clip1.jpg">
102              <div class="cliptitle">雪山 海边 和老人</div>
103            </div>
104 ▼          <div class="photoclip" id="clip2">
105              <img src="images/clip2.jpg">
106              <div class="cliptitle">风景独好</div>
107            </div>
108 ▼          <div class="photoclip" id="clip3">
109              <img src="images/clip3.jpg">
110              <div class="cliptitle">街景小道</div>
111            </div>
112 ▼          <div class="photoclip" id="clip4">
113              <img src="images/clip4.jpg">
114              <div class="cliptitle">走在小路上</div>
115            </div>
116 ▼          <div class="photoclip" id="clip5">
117              <img src="images/clip5.jpg">
118              <div class="cliptitle">狐狸的注视</div>
119            </div>
120        </div>
121    </body>
```

图4-94　第9步操作对应的代码

提 示

读者可能发现了在截图里，有一些行号是黄色的，并且对应的都是<img>标签。这个是Dreamweaver的提示功能，其提示的具体内容如图4-95所示。

```
104 ▼        <div class="photoclip" id="clip2">
105            <img src="images/clip2.jpg">
106            <div class="cliptitle">风景独好</div>
107            </di
① An alt attribute must be present on <img> elements.  ip" id="clip3">
```

图4-95　提示功能

建议我们在<img>标签元素内定义alt属性，因为在图片加载不出来的时候，会显示alt属性值。

10 此时在浏览器中的网页效果如图4-96所示。

图4-96　第10步操作完成后的效果图

疑难解答　图片的倾斜效果是如何实现的?

图片的倾斜效果通过使用CSS 3中的transform属性实现的。transform定义的语法：transform：参数（值）

其中transform支持的参数如下表所示。

值	描述
none	定义不进行转换
translate(x, y)	定义2D转换
scale(x[, y]?)	定义2D缩放转换
rotate(angle)	定义2D旋转，在参数中规定角度

我们仅列举了一部分，transform属性支持的参数非常多，其中包括3D的转换，我们仅列举了部分2D，在案例中我们使用了rotate参数使图片发生旋转。

11 接下来我们添加文本内容和按钮。此时在</body>标签之前添加<div>标签，并在内嵌套两个<div>标签，分别添加文本内容“越来越多的人在这里学会了拍照，拍出了好看的照片，你，还不心动吗?”，“加入我们”。在刚添加的三个<div>标签内分别添加id属性及属性值“layer4”“l4-text”“l4-joinus”，并在第一个<div>标签内添加类body。代码如图4-97所示，效果如图4-98所示。

```
121 ▼    <div class="body" id="layer4">
122 ▼        <div id="l4-text">
123              越来越多的人在这里学会了拍照，拍出了好看的照片，你，还不心动吗？
124          </div>
125 ▼        <div id="l4-joinus">
126              加入我们
127          </div>
128      </div>
```

图4-97　第11步操作对应的代码

越来越多的人在这里学会了拍照，拍出了好看的照片，你，还不心动吗？

加入我们

图4-98　第11步操作完成后的效果图

12 接下来我们添加网页底部的声明。在 </body> 标签之前添加 <div> 标签，在 <div> 标签内添加 id 属性及属性值"layer5"，添加类 body 及文本内容"声明：站长不负责照片的内容，并且投稿到此站点的任何照片默认为共享资源，任何人无须许可可以任意使用。""投稿的照片不得含有任何违法信息，一经发现，取消投稿资格并且封号处理。""为节省资源，照片可能做一定的压缩处理，请各位投稿人谅解，对于年代久远的照片可能实行打包压缩处理，造成的不便敬请谅解。"并在第一个和第二个文本内容结尾处添加
 标签。代码如图4-99 所示，效果如图 4-100 所示。

```
129 ▼   <div class="body" id="layer5">
130          声明：站长不负责照片的内容，并且投稿到此站点的任何照片默认为共享资源，任何人无须许可可以任意使用。<br>
131          投稿的照片不得含有任何违法信息，一经发现，取消投稿资格并且封号处理。<br>
132          为节省资源，照片可能做一定的压缩处理，请各位投稿人谅解，对于年代久远的照片可能实行打包压缩处理，造成的不便敬请谅解。
133      </div>
```

图4-99　第12步操作对应的代码

声明：站长不负责照片的内容，并且投稿到此站点的任何照片默认为共享资源，任何人无须许可可以任意使用。
投稿的照片不得含有任何违法信息，一经发现，取消投稿资格并且封号处理。
为节省资源，照片可能做一定的压缩处理，请各位投稿人谅解，对于年代久远的照片可能实行打包压缩处理，造成的不便敬请谅解。

图4-100　第12步操作完成后的效果图

13 接下来我们添加底部导航。在 </body> 标签之前添加 <div> 标签，在 <div> 标签内添加 id 属性及属性值"layer6"，添加类 body 及八个 <a> 标签，并在每个 <a> 标签内添加类 navi 并设置链接无效。代码如图 4-101 所示。

```
134 ▼    <div class="body" id="layer6">
135          <a class="navi" href="#"></a>
136          <a class="navi" href="#"></a>
137          <a class="navi" href="#"></a>
138          <a class="navi" href="#"></a>
139          <a class="navi" href="#"></a>
140          <a class="navi" href="#"></a>
141          <a class="navi" href="#"></a>
142          <a class="navi" href="#"></a>
143      </div>
```

图4-101　第13步操作对应的代码

14 给每个 <a> 标签分别添加文本内容

"论坛首页""我要投稿""风景""人物""科技""概念""滤镜""联系我们"。代码如图 4-102 所示。

```
134 ▼    <div class="body" id="layer6">
135          <a class="navi" href="#">论坛首页</a>
136          <a class="navi" href="#">我要投稿</a>
137          <a class="navi" href="#">风景</a>
138          <a class="navi" href="#">人物</a>
139          <a class="navi" href="#">科技</a>
140          <a class="navi" href="#">概念</a>
141          <a class="navi" href="#">滤镜</a>
142          <a class="navi" href="#">联系我们</a>
143      </div>
```

图4-102　第14步操作对应的代码

15 接下来我们做结尾工作，添加底部声明。在 </body> 标签之前添加 <div> 标签，在 <div> 标签内添加 id 属性及属性值"layer7"，添加类 body 并添加文本内容"© 2008-2018"。代码如图 4-103 所示，网页整体效果如图 4-104 所示。

```
144 ▼    <div class="body" id="layer7">
145          © 2008-2018
146      </div>
```

图4-103　第15步操作对应的代码

图4-104　第15步操作完成后的效果图

⟶ **4.5**　思考与练习

1. 表格一共由几个部分组成？

2. 我们通过什么标签实现登录的功能？

第 **5** 章 音视频类网页——HTML 5中的多媒体

多媒体技术，是指对网页增加音频、视频、文字滚动效果以及 Bootstrap 效果。它把内容附着于网页之上，告别了单纯的动态文字图片，丰富了其表现样式，美化了其动作效果。

基础知识
- ➢ 设置背景音乐
- ➢ 为网页添加视频文件

重点知识
- ➢ Bootstrap4 轮播图
- ➢ Bootstrap4 弹性盒子

提高知识
- ➢ 滚动文字标签的使用
- ➢ 滚动速度属性的应用

在本章中，不仅介绍了音频与视频标签的各种属性，还讲解了 Bootstrap4 的多种用法，以及文字滚动的多种形式。通过多种标签属性搭配使用，可以使得单调的网页丰富多彩，表现形式千变万化，让用户有更好的体验。

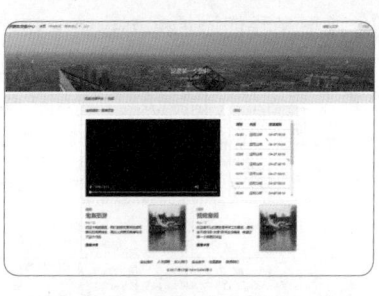

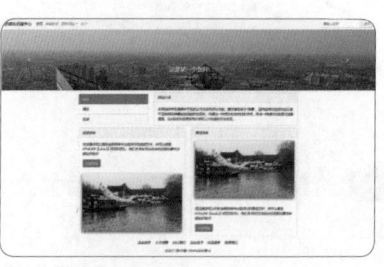

5.1 音视频的添加与设置

在 HTML 5 中，可以创建一个 <audio> 和 <vido> 标签实现音视频的添加与设置，并且可以通过各种属性的值的设置来设置多媒体的表现形式，例如自动播放、循环播放等属性。

5.1.1 设置背景音乐

在 HTML 5 中，可以使用 <audio> 标签定义一个音频播放器。语法如图 5-1 所示。

```
<audio src="音频文件">...</audio>
```

图5-1 使用<audio>标签定义音频播放器

src 属性用于指定音频文件的 URL 地址。<audio> 标签支持的音频文件类型包括 .wav、.mp3 和 .ogg 等。<audio> 和 </audio> 之间的字符串指定当浏览器不支持 <audio> 标签时显示的字符串。<audio> 标签的属性及可选值及描述如下表所示。

属性	值	描述
autoplay	autoplay	如果出现该属性，则音频在就绪后马上播放
controls	controls	如果出现该属性，则向用户显示控件，比如播放按钮
loop	loop	如果出现该属性，则每当音频结束时重新开始播放
preload	preload	如果出现该属性，则音频在页面加载时进行加载，并预备播放。如果使用 "autoplay"，则忽略该属性
src	url	要播放的音频的 URL

在 <HTML> 标签中定义一个 <audio> 标签，用于播放计算机中的 "Beyonce - Halo.mp3" 文件。代码如图 5-2 所示。

```html
<!doctype html>
<html>
<head>
<meta charset="utf-8">
<title>设置背景音乐</title>
</head>
    <body>
        <h1>audio标签的例子</h1>
        <audio src="Beyonce - Halo.mp3" controls>
            您的浏览器不支持video标签。
        </audio>
    </body>
</html>
```

图5-2 定义音乐播放的示例代码

controls 属性指定在网页中显示控件，比如播放按钮等。在谷歌浏览器浏览上述网页，如图 5-3 所示，可以看到，音频播放器中包括播放 / 暂停按钮、进度条、进度滑块、播放秒数、音量 / 静音控件。

图5-3 设置音频播放器的效果图（1）

通过设置 control 属性，该网页向用户显示了播放、声音、进度条等控件。

> **提 示**
>
> 不同浏览器的音频播放器控件的外观也不尽相同，Internet Explorer 8 及其之前的版本不支持 <audio> 标签。效果如图 5-4 所示。

图5-4 设置音频播放器的效果图（2）

知识链接：解决Internet Explorer 8 版本之前不兼容的问题

在开发中不免遇到客户要求兼容问题，当前开发公司解决浏览器不兼容问题一般应用流媒体技术，把视频存放到优酷、爱奇艺等网站，然后设置 rc 属性为网址链接即可。Bilibili 提供 flash 引用。

5.1.2 设置背景音乐循环播放

可以通过设置 <audio> 标签的 loop 属性设置音乐的循环播放，如果该属性为 "true" 则音频会循环播放。代码如图 5-5 所示。

```
<!doctype html>
<html>
<head>
<meta charset="utf-8">
<title>设置背景音乐</title>
</head>
    <body>
        <h1>audio标签的例子</h1>
        <audio src="Beyonce - Halo.mp3" controls loop>
            您的浏览器不支持video标签。
        </audio>
    </body>
</html>
```

图5-5　设置音乐循环播放的示例代码

通过设置 loop 属性，成功实现音乐的循环播放。

5.1.3　为网页添加视频文件

在 HTML 5 中，可以使用 <video> 标签定义一个视频播放器。语法如图 5-6 所示。

```
<video src="视频文件">...</video>
```

图5-6　使用<video>标签定义一个视频播放器

src 属性用于指定视频文件的 URL 地址。<video> 标签支持的视频文件格式包括 .ogg、.mp4 和 WebM 等。<video> 和 </video> 之间的字符串指定当浏览器不支持 <video> 标签时显示的字符串。

<video> 标签的主要属性如下表所示。

属性	值	描述
autoplay	autoplay	如果出现该属性，则视频在就绪后马上播放
controls	controls	如果出现该属性，则向用户显示控件，比如播放按钮
height	pixels	设置视频播放器的高度
loop	loop	如果出现该属性，则当媒介文件完成播放后再次开始播放
muted	muted	规定视频的音频输出应该被静音
poster	URL	规定视频下载时显示的图像，或者在用户单击播放按钮前显示的图像
preload	preload	如果出现该属性，则视频在页面加载时进行加载，并预备播放。 如果使用"autoplay"，则忽略该属性
src	URL	要播放的视频的 URL
width	pixels	设置视频播放器的宽度

在 HTML 文件中定义一个 <video> 标签，用于播放指定的 mp4 文件。代码如图 5-7 所示。

```
<html>
<head>
<meta charset="utf-8">
<title>使用video标签播放视频</title>
</head>
    <body>
        <h1>video标签的例子</h1>
        <video src="video.mp4" controls>您的浏览器不支持video标签</video>
    </body>
</html>
```

图5-7　设置播放视频的示例代码

在谷歌浏览器预览上述网页效果如图 5-8 所示。<video> 标签同 <audio> 标签一样在 Internet Explorer 8 以及之前的版本不适用。效果如图 5-9 所示。

图5-8　设置视频播放器的效果图（1）

图5-9　设置视频播放器的效果图（2）

> 🏷 **提　示**
> 解决浏览器不兼容问题请参考前面所介绍的 <audio> 标签的兼容性问题解决方法。

5.1.4　设置自动运行

大部分网页中的视频在打开后会自动运行，不需要我们手动单击播放按钮。其实这个功能是通过设置 <video> 标签的 autoplay 属性实现。如果在代码中出现该属性，则视频在就绪后马上播放。代码如图 5-10 所示。用谷歌浏览器预览该网页，效果如图 5-11 所示。

```html
<html>
<head>
<meta charset="utf-8">
<title>使用video标签播放视频</title>
</head>
    <body>
        <h1>video标签的例子</h1>
        <video src="video.mp4" controls autoplay>
            您的浏览器不支持video标签</video>
    </body>
</html>
```

图5-10　设置自动运行的示例代码

图5-11　自动播放视频的效果图

📂 知识链接：关于兼容性问题

在 2018 年 4 月发布的 Chrome 66 也正式关掉了声音的自动播放，也就是说 <audio> 标签的 autoplay 属性和 <video> 标签的 autoplay 属性在桌面版浏览器也将失效。解决方式如下。

在 Chrome 浏览器中输入 "chrome：//flags"，搜索 "Autoplay policy"，默认为 "Default"，修改为 "No user gesture is required"，就可以正常应用自动播放功能了。

或者使用 UC 等兼容此标签的浏览器打开。

5.1.5　设置视频文件的循环播放

可以通过设置 <video> 标签中的 loop 属性实现视频文件的自动循环播放功能。代码如图 5-12 所示。使用谷歌浏览器预览此网页效果如图 5-13 所示。

```html
<html>
<head>
<meta charset="utf-8">
<title>使用video标签播放视频</title>
</head>
    <body>
        <h1>video标签的例子</h1>
        <video src="video.mp4" controls loop>
            您的浏览器不支持video标签</video>
    </body>
</html>
```

图5-12　设置循环播放的示例代码

图5-13　设置循环播放的效果图

5.1.6　设置视频文件窗口的高度与宽度

在开发中为了美观以及实际表现效果，通常需要设置视频播放窗口的高度与宽度。此设置可以通过设置 <video> 标签的 height 属性和 width 属性来实现。例如我们需要将 5.1.3 小节中的示例视频设置高度和宽度分别为 450px 和 800px，代码如图 5-14 所示。

```html
<html>
<head>
<meta charset="utf-8">
<title>使用video标签播放视频</title>
</head>
    <body>
        <h1>video标签的例子</h1>
        <video src="video.mp4" controls height="450px" width="800px">
            您的浏览器不支持video标签</video>
    </body>
</html>
```

图5-14　设置窗口高度与宽度的示例代码

使用谷歌浏览器预览上述网页。并在谷歌浏览器中打开开发者选项，查看效果如图 5-15 所示。显示视频所占高度和宽度确实为 450px 和 800px。

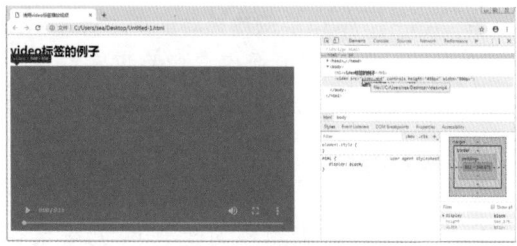

图5-15　设置窗口高度与宽度的效果图

📂 知识链接：HTML中几种常见长度单位介绍

px：像素（pixel），相对于设备的长度单位，像素是相对于显示器屏幕分辨率而言的。在不同的设备上单位像素大小未必一样。

em：相对长度单位，相对于当前对象内文本的字体尺寸。如当前行内文本的字体尺寸未被人设置，则相对于浏览器的默认字体尺寸。

ex：相对长度单位，相对于字符"x"的高度。此高度通常为字体尺寸的一半。

pt：点（point），绝对长度单位。

pc：派卡（pica），绝对长度单位。相当于我国新四号铅字的尺寸。

还有in、mm、cm等绝对长度单位。

在HTML中容器最常用的长度单位是px。

5.1.7 Bootstrap4 网格系统

Bootstrap4 相对于 Bootstrap3 有了很大的变化。其中最主要的区别如下表所示。

Bootstrap3	Bootstrap4
LESS	使用SASS语言编写
4种栅格类	5种栅格类
使用px为单位	使用rem和em为单位（除部分margin和padding使用px）
使用push和pull向左右移动	偏移列通过offset类设置
使用float的布局方式	选择弹性盒模型（flexbox）

Bootstrap4 具有以下特点：

（1）新增网格层适配了移动端；

（2）全面引入 ES 6 新特性（重写所有 JavaScript 插件）；

（3）CSS 文件减少了至少 40%；

（4）所有文档都用 Markdown 编辑器重写；

（5）放弃对 IE 8 浏览器的支持。

网格系统在 Bootstrap3 和 Bootstrap4 中均支持，Bootstrap 中的网格系统就是将容器平均分成 12 份，在使用的时候可以根据实际情况重新编译 LESS 和 SASS 源码来修改 12 这个数值。

具体代码如图 5-16 所示。

使用谷歌浏览器预览上述网页效果如图 5-17 所示，在第一个类为"row"的 <div> 标签中设置的所有的 <div> 标签的 class 属性值为"col-md-1"，预览效果如图 5-17 中的第 1 行（12 个元素等分一行）。第二个类为"row"的 <div> 标签的预览效果见图中第 2 行，第一个元素占 8/12 的行宽，第二个元素占 4/12 的行宽。后面的类为"row"的 <div> 标签与此类似。

```html
<div class="container">
    <div class="row">
        <div class="col-md-1">.col-md-1</div>
        <div class="col-md-1">.col-md-1</div>
        <div class="col-md-1">.col-md-1</div>
        <div class="col-md-1">.col-md-1</div>
        <div class="col-md-1">.col-md-1</div>
        <div class="col-md-1">.col-md-1</div>
        <div class="col-md-1">.col-md-1</div>
        <div class="col-md-1">.col-md-1</div>
        <div class="col-md-1">.col-md-1</div>
        <div class="col-md-1">.col-md-1</div>
        <div class="col-md-1">.col-md-1</div>
        <div class="col-md-1">.col-md-1</div>
    </div>
    <div class="row">
        <div class="col-md-8">.col-md-8</div>
        <div class="col-md-4">.col-md-4</div>
    </div>
    <div class="row">
        <div class="col-md-4">.col-md-4</div>
        <div class="col-md-4">.col-md-4</div>
        <div class="col-md-4">.col-md-4</div>
    </div>
    <div class="row">
        <div class="col-md-6">.col-md-6</div>
        <div class="col-md-6">.col-md-6</div>
    </div>
</div>
```

图5-16　设置网格系统的示例代码

图5-17　设置网格系统的效果图

> **知识链接：Bootstrap框架的网格工作原理**

（1）数据行（.row）必须包含在容器（.container）中，以便其赋予合适的对齐方式和内距（padding）。

（2）在行（.row）中可以添加（.col-md-），但列数之和不能超过平分的总列数（如：12）。

（3）具体内容应放在列容器（.col-md-）之内，而且只有列容器（.col-md-）才可以作为行容器（.row）的直接子元素。

（4）通过设置内距（padding）从而创建列与列之间的间距，然后通过为第一列和最后一列设置负值的外距（margin）来抵消内距（padding）的影响。

5.1.8 Bootstrap4 轮播图

Bootstrap 轮播（Carousel）插件是一种灵活的响应式的向站点添加滑块的方式。除此之外，内容也是足够灵活的，可以是图像、内嵌（简称数据行）框架、视频或者其他您想要放置的任何类型的内容。

如果想要单独引用该插件的功能，那么需要引用"carousel.js"。或者引用"bootstrap.js"或压缩版的"bootstrap.min.js"。

下面是一个简单的幻灯片，使用 Bootstrap

轮播（Carousel）插件显示了一个循环播放元素的通用组件。为了实现轮播，只需要添加带有该标签的代码即可。不需要使用 data 属性，只需要简单的基于 class 的开发即可。代码如图 5-18 所示。

```
<div id="myCarousel" class="carousel slide">
    <!-- 轮播（Carousel）指标 -->
    <ol class="carousel-indicators">
        <li data-target="#myCarousel" data-slide-to="0" class="active"></li>
        <li data-target="#myCarousel" data-slide-to="1"></li>
        <li data-target="#myCarousel" data-slide-to="2"></li>
    </ol>
    <!-- 轮播（Carousel）项目 -->
    <div class="carousel-inner">
        <div class="item active">
            <img src="1.png" alt="First slide">
            <div class="carousel-caption">标题 1</div>
        </div>
        <div class="item">
            <img src="2.png" alt="Second slide">
            <div class="carousel-caption">标题 2</div>
        </div>
        <div class="item">
            <img src="3.png" alt="Third slide">
            <div class="carousel-caption">标题 3</div>
        </div>
    </div>
    <!-- 轮播（Carousel）导航 -->
    <a class="left carousel-control" href="#myCarousel" role="button" data-slide="prev">
        <span class="glyphicon glyphicon-chevron-left" aria-hidden="true"></span>
        <span class="sr-only">Previous</span>
    </a>
    <a class="right carousel-control" href="#myCarousel" role="button" data-slide="next">
        <span class="glyphicon glyphicon-chevron-right" aria-hidden="true"></span>
        <span class="sr-only">Next</span>
    </a>
</div>
```

图5-18 定义轮播图的示例代码

可以通过 ".item" 内的 ".carousel-caption" 元素向幻灯片添加标题。只需要在该处放置任何可选的 HTML 即可，它会自动对齐并格式化。使用谷歌浏览器预览上述网页效果如图 5-19 所示。

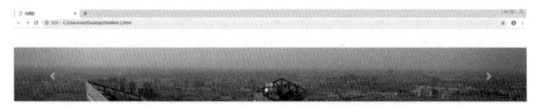

图5-19 设置轮播图的效果图

❯❯ 知识链接：轮播图中的data属性

上述案例还可以再通过 data 属性设置轮播的位置、幻灯片相对于当前的位置、设置索引等其他功能，这些都是 jQuery 中的属性。

5.1.9 Bootstrap4 卡片

我们可以通过 Bootstrap4 的 ".card" 与 ".card-body" 类来创建一个简单的卡片。".card-header" 类用于创建头部样式，".card-footer" 类用于创建卡片的底部样式。Bootstrap4 提供了多种卡片的背景颜色类。具体代码如图 5-20 所示。使用谷歌浏览器预览上述网页效果如图 5-21 所示。

```
<div class="container">
    <h2>多种颜色卡片</h2>
    <div class="card">
        <div class="card-body">Basic card</div>
    </div>
    <br>
    <div class="card bg-primary text-white">
        <div class="card-body">Primary card</div>
    </div>
    <br>
    <div class="card bg-success text-white">
        <div class="card-body">Success card</div>
    </div>
    <br>
    <div class="card bg-info text-white">
        <div class="card-body">Info card</div>
    </div>
    <br>
    <div class="card bg-warning text-white">
        <div class="card-body">Warning card</div>
    </div>
    <br>
    <div class="card bg-danger text-white">
        <div class="card-body">Danger card</div>
    </div>
    <br>
    <div class="card bg-secondary text-white">
        <div class="card-body">Secondary card</div>
    </div>
    <br>
    <div class="card bg-dark text-white">
        <div class="card-body">Dark card</div>
    </div>
    <br>
    <div class="card bg-light text-dark">
        <div class="card-body">Light card</div>
    </div>
</div>
```

图5-20 定义卡片的示例代码

多种颜色卡片

Basic card

Primary card

Success card

Info card

Warning card

Danger card

Secondary card

Dark card

Light card

图5-21 设置卡片的效果图

我们可以在头部元素上使用 ".card-title" 类来设置卡片的标题。".card-text" 类用于设置卡片正文的内容。".card-link" 类用于给链接设置颜色。示例代码如图 5-22 所示。

```
<div class="container">
  <h2>标题、文本和链接</h2>
  <div class="card">
    <div class="card-body">
      <h4 class="card-title">Card title</h4>
      <p class="card-text">Some example text. Some example text.</p>
      <a href="#" class="card-link">Card link</a>
      <a href="#" class="card-link">Another link</a>
    </div>
  </div>
</div>
```

图5-22 设置卡片标签的示例代码

使用谷歌浏览器预览上述网页，预览效果如图 5-23 所示。

图5-23 设置卡片标签的效果图

我们可以给 <img> 添加 ".card-img-top"（图片在文字上方）或 ".card-img-bottom"（图片在文字下方）来设置图片卡片。示例代码如图 5-24 所示。

```
<div class="card" style="width:400px">
  <img class="card-img-top" src="timg (1).jpg" alt="Card image">
  <div class="card-body">
    <h4 class="card-title">John Doe</h4>
    <p class="card-text">Some example text.</p>
    <a href="#" class="btn btn-primary">See Profile</a>
  </div>
</div>
```

图5-24 为<img>标签添加图片的示例代码

使用谷歌浏览器预览上述网页，预览效果如图 5-25 所示。

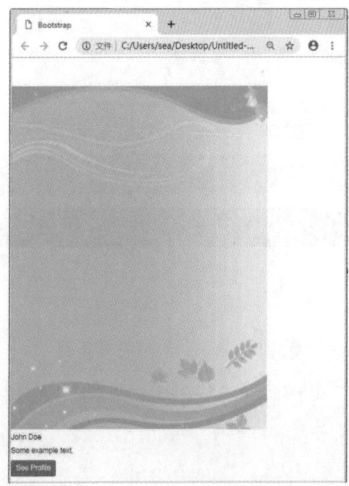

图5-25 为<img>标签添加图片的效果图

如果图片要设置为背景，可以使用 ".card-img-overlay" 类。

5.1.10 Bootstrap4 弹性盒子

Bootstrap3 与 Bootstrap4 最大的区别就是 Bootstrap4 使用弹性盒子来布局，而不是用浮动来布局。弹性盒子是一种新的布局模式，更适合响应的设计。其是一种当页面需要适用不同的屏幕大小以及设备类型时确保拥有恰当的行为的布局方式。

以下示例使用 d-flex 类创建一个弹性盒子容器，并设置三个弹性子元素。代码如图 5-26 所示。

```
<div class="container mt-3">
  <h2>Flex</h2>
  <p>使用 d-flex 类创建一个弹性盒子容器，并设置三个弹性子元素：</p>
  <div class="d-flex p-3 bg-secondary text-white">
    <div class="p-2 bg-info">Flex item 1</div>
    <div class="p-2 bg-warning">Flex item 2</div>
    <div class="p-2 bg-primary">Flex item 3</div>
  </div>
</div>
```

图5-26 创建弹性盒子的示例代码

使用谷歌浏览器预览上述网页，预览效果如图 5-27 所示。

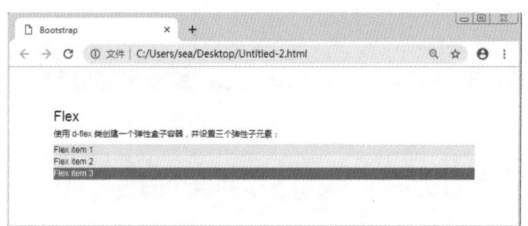

图5-27 设置弹性盒子的效果图

创建显示在同一行上的弹性盒子容器可以使用 "d-inline-flex" 类。示例代码如图 5-28 所示。

```
<div class="container mt-3">
  <h2>行内 Flex</h2>
  <p>创建显示在同一行上的弹性盒子容器可以使用 d-inline-flex 类：</p>
  <div class="d-inline-flex p-3 bg-secondary text-white">
    <div class="p-2 bg-info">Flex item 1</div>
    <div class="p-2 bg-warning">Flex item 2</div>
    <div class="p-2 bg-primary">Flex item 3</div>
  </div>
</div>
```

图5-28 创建在同一行的弹性盒子容器的示例代码

使用谷歌浏览器预览上述网页，预览效果如题 5-29 所示。

行内 Flex

创建显示在同一行上的弹性盒子容器可以使用 d-inline-flex 类：

图5-29　设置同一行弹性盒子容器的效果图

"．flex-row"类可以设置弹性子元素水平显示，这是默认的。使用"．flex-row-reverse"类用于设置右对齐显示，即与 .flex-row 的方向相反。示例代码如图 5-30 所示。

```
<div class="container mt-3">
  <h2>水平方向</h2>
  <p>使用 .flex-row 类设置弹性子元素水平显示：</p>
  <div class="d-flex flex-row bg-secondary mb-3">
    <div class="p-2 bg-info">Flex item 1</div>
    <div class="p-2 bg-warning">Flex item 2</div>
    <div class="p-2 bg-primary">Flex item 3</div>
  </div>
  <p>.flex-row-reverse 设置右对齐方向:</p>
  <div class="d-flex flex-row-reverse bg-secondary">
    <div class="p-2 bg-info">Flex item 1</div>
    <div class="p-2 bg-warning">Flex item 2</div>
    <div class="p-2 bg-primary">Flex item 3</div>
  </div>
</div>
```

图5-30　设置水平方向弹性盒子的示例代码

使用谷歌浏览器预览上述网页，预览效果如图 5-31 所示。

图5-31　设置水平方向弹性盒子的效果图

"．flex-column"类用于设置弹性子元素垂直方向显示，"．flex-column-reverse"用于翻转子元素，其用法与上述水平显示类似。

弹性容器中包裹子元素可以使用以下三个类："．flex-nowrap"（默认）、"ss"或".flex-wrap-reverse"，可以设置"flex"容器是单行或者多行。下面以"．flex-nowrap"为例，示例代码如图 5-32 所示。使用谷歌浏览器预览上述网页，预览效果如图 5-33 所示。

可以使用"．align-content-*"来控制在垂直方向上如何去堆叠子元素，包含的值有："．align-content-start"（默认）、"．align-content-end"、"．align-content-center"、"．align-content-between"、"．align-content-around"和"．align-content-stretch"。

```
<div class="container mt-3">
  <h2>包裹</h2>
  <p>弹性容器中包裹弹性子元素可以使用类： .flex-nowrap（默认）</p>
  <p><code>.flex-wrap:</code></p>
  <div class="d-flex flex-wrap bg-light">
    <div class="p-2 border">Flex item 1</div>
    <div class="p-2 border">Flex item 2</div>
    <div class="p-2 border">Flex item 3</div>
    <div class="p-2 border">Flex item 4</div>
    <div class="p-2 border">Flex item 5</div>
    <div class="p-2 border">Flex item 6</div>
    <div class="p-2 border">Flex item 7</div>
    <div class="p-2 border">Flex item 8</div>
    <div class="p-2 border">Flex item 9</div>
    <div class="p-2 border">Flex item 10</div>
    <div class="p-2 border">Flex item 11</div>
    <div class="p-2 border">Flex item 12</div>
    <div class="p-2 border">Flex item 13 </div>
    <div class="p-2 border">Flex item 14</div>
    <div class="p-2 border">Flex item 15</div>
    <div class="p-2 border">Flex item 16</div>
    <div class="p-2 border">Flex item 17</div>
    <div class="p-2 border">Flex item 18</div>
    <div class="p-2 border">Flex item 19</div>
    <div class="p-2 border">Flex item 20</div>
    <div class="p-2 border">Flex item 21</div>
    <div class="p-2 border">Flex item 22</div>
    <div class="p-2 border">Flex item 23</div>
    <div class="p-2 border">Flex item 24</div>
    <div class="p-2 border">Flex item 25</div>
  </div>
</div>
```

图5-32　设置弹性容器包裹元素的示例代码

包裹

弹性容器中包裹弹性子元素可以使用以下三个类：.flex-nowrap（默认）、.flex-wrap 和 .flex-wrap-reverse:

.flex-wrap:

Flex item 1	Flex item 2	Flex item 3	Flex item 4	Flex item 5	Flex item 6	Flex item 7	Flex item 8	Flex item 9	Flex item 10	Flex item 11
Flex item 12	Flex item 13	Flex item 14	Flex item 15	Flex item 16	Flex item 17	Flex item 18	Flex item 19	Flex item 20	Flex item 21
Flex item 22	Flex item 23	Flex item 24	Flex item 25

图5-33　设置弹性容器包裹元素的效果图

这些类在只有一行的弹性子元素中是无效的。

如果要设置单行的子元素对齐可以使用"．align-items-*"类来控制，包含的值有："．align-items-start"、"．align-items-end"、"．align-items-center"、"．align-items-baseline"和"．align-items-stretch"（默认）。

如果要设置指定子元素对齐可以使用"．align-self-*"类来控制，包含的值有："．align-self-start"、"．align-self-end"、"．align-self-center"、"．align-self-baseline"和"．align-self-stretch"（默认）。

我们可以根据不同的设备，设置 flex 类，从而实现页面响应式布局，以下表格中的 * 号可以的值有"sm"、"md"、"lg"或"xl"，对应的是小型设备、中型设备、大型设备、超大型设备。

5.1.11　Bootstrap4 多媒体对象

Bootstrap 提供了很好的方式来处理多媒体

对象（图片或视频）和内容的布局。应用场景有博客评论、微博等。

要创建一个多媒体对象，可以在容器元素上添加".media"类，然后将多媒体内容放到子容器上，子容器需要添加".media-body"类，然后添加外边距、内边距等效果。示例代码如图5-34所示。

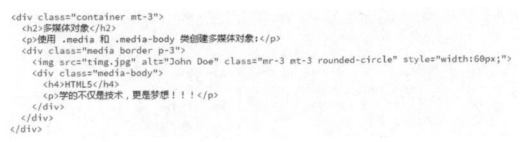

```
<div class="container mt-3">
  <h2>多媒体对象</h2>
  <p>使用 .media 和 .media-body 类创建多媒体对象:</p>
  <div class="media border p-3">
    <img src="timg.jpg" alt="John Doe" class="mr-3 mt-3 rounded-circle" style="width:60px;">
    <div class="media-body">
      <h4>HTML5</h4>
      <p>学的不仅是技术,更是梦想!!!</p>
    </div>
  </div>
</div>
```

图5-34　将多媒体内容放到容器上的示例代码

使用谷歌浏览器预览上述网页，效果如图5-35所示。

图5-35　将多媒体内容放到容器上的效果图

1. 多媒体对象嵌套

多媒体对象可以多个嵌套（一个多媒体对象中包含另外一个多媒体对象），要嵌套多媒体对象，可以把新的".media"容器放到".media-body"容器中。示例代码如图5-36所示。

```
<div class="container mt-3">
  <h2>多媒体对象嵌套</h2>
  <p>多媒体对象可以多个嵌套（一个多媒体对象中包含另外一个多媒体对象）:</p><br>
  <div class="media border p-3">
    <img src="timg.jpg" alt="John Doe" class="mr-3 mt-3 rounded-circle" style="width:60px;">
    <div class="media-body">
      <h4>HTML5</h4>
      <p>学的不仅是技术,更是梦想!!!</p>
      <div class="media p-3">
        <img src="timg.jpg" alt="Jane Doe" class="mr-3 mt-3 rounded-circle" style="width:45px;">
        <div class="media-body">
          <h4>HTML5</h4>
          <p>学的不仅是技术,更是梦想!!!</p>
        </div>
      </div>
    </div>
  </div>
</div>
```

图5-36　多媒体对象嵌套的示例代码

使用谷歌浏览器预览上述网页，预览效果如图5-37所示。

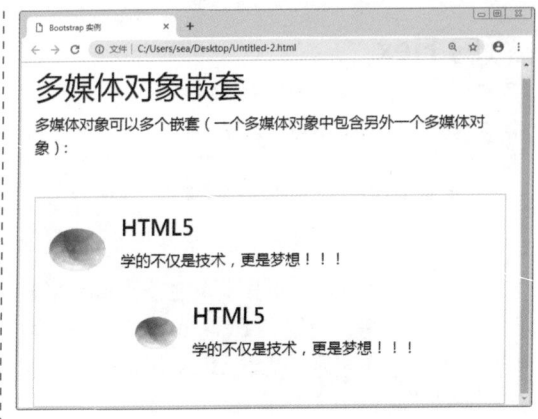

图5-37　多媒体对象嵌套的效果图

2. 多媒体对象图片显示在右边

如果你想将头像图片显示在右侧，可以在".media-body"容器后添加图片。示例代码如图5-38所示。

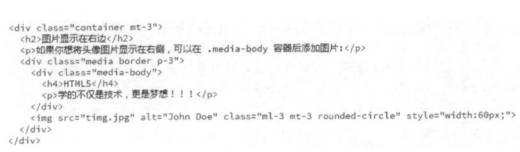

```
<div class="container mt-3">
  <h2>图片显示在右边</h2>
  <p>如果你想将头像图片显示在右侧，可以在 .media-body 容器后添加图片:</p>
  <div class="media border p-3">
    <div class="media-body">
      <h4>HTML5</h4>
      <p>学的不仅是技术,更是梦想!!!</p>
    </div>
    <img src="timg.jpg" alt="John Doe" class="ml-3 mt-3 rounded-circle" style="width:60px;">
  </div>
</div>
```

图5-38　设置头像图片显示在右侧的示例代码

使用谷歌浏览器预览上述网页，预览效果如图5-39所示。

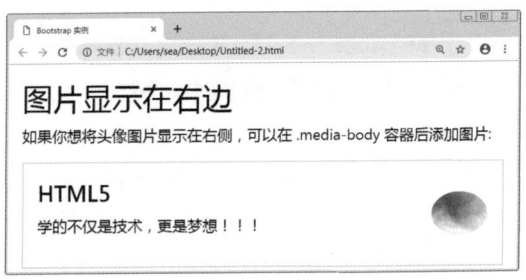

图5-39　设置图片显示在右边的效果图

3. 定位多媒体图片位置

可以使用"align-self-*"相关类来设置多媒体对象的图片显示位置，示例代码如图5-40所示。

使用谷歌浏览器预览上述网页，预览效果如图5-41所示。在第一个 <div> 标签中图片位置在头部，第二个 <div> 标签中图片位置在中间，第三个 <div> 标签中图片位置在底部。

```
<div class="container mt-3">
  <h2>HTML5</h2>
  <p>我们可以使用 align-self-* 相关类来设置多媒体对象的图片显示位置：</p><br>
  <!-- 头部 -->
  <div class="media">
    <img src="timg.jpg" class="align-self-start mr-3" style="width:60px">
    <div class="media-body">
      <h4>头部 -- HTML5</h4>
      <p>学的不仅是技术，更是梦想！！</p>
      <p>学的不仅是技术，更是梦想！！</p>
      <p>学的不仅是技术，更是梦想！！</p>
    </div>
  </div>

  <!-- 居中 -->
  <div class="media mt-3">
    <img src="timg.jpg" class="align-self-center mr-3" style="width:60px">
    <div class="media-body">
      <h4>居中 -- HTML5</h4>
      <p>学的不仅是技术，更是梦想！！</p>
      <p>学的不仅是技术，更是梦想！！</p>
      <p>学的不仅是技术，更是梦想！！</p>
    </div>
  </div>

  <!-- 底部 -->
  <div class="media mt-3">
    <img src="timg.jpg" class="align-self-end mr-3" style="width:60px">
    <div class="media-body">
      <h4>底部 -- HTML5</h4>
      <p>学的不仅是技术，更是梦想！！</p>
      <p>学的不仅是技术，更是梦想！！</p>
      <p>学的不仅是技术，更是梦想！！</p>
    </div>
  </div>
</div>
```

图5-40　定位图片位置的示例代码

图5-41　定位图片位置的效果图

5.1.12　CSS选择器

1. 派生选择器

通过依据元素在其位置的上下文关系来定义样式，可以使标签更加简洁。在 CSS 1 中，通过这种方式来应用规则的选择器被称为上下文选择器(contextual selectors)，这是由于它们依赖于上下文关系来应用或者避免某项规则。在 CSS 2 中，它们称为派生选择器，但是无论你如何称呼它们，它们的作用都是相同的。

派生选择器允许你根据文档的上下文关系来确定某个标签的样式。通过合理地使用派生选择器，我们可以使 HTML 代码变得更加整洁。

示例：假如我们要把 <strong> 元素变为斜体字，而不是通常的粗体字，可以如图 5-42 所示定义一个派生选择器。

```
<title>css选择器</title>
  <style type="text/css">
    li strong {
      font-style: italic;
      font-weight: normal;
    }
  </style>
  <head>
  <meta charset="utf-8">
</head>
  <body>
    <p><strong>我是粗体字，不是斜体字，因为我不在列表当中，所以这个规则对我不起作用</strong></p>
    <ol>
      <li><strong>
        我是斜体字，这是因为 strong 元素位于 li 元素内。
      </strong></li>
      <li>我是正常的字体。</li>
    </ol>
  </body>
```

图5-42　使用派生选择器的示例代码

使用谷歌浏览器预览上述网页，预览效果如图 5-43 所示。

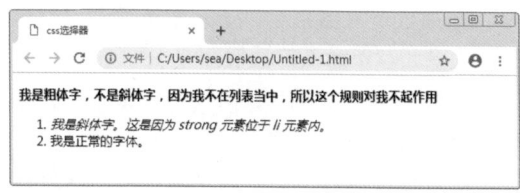

图5-43　使用派生选择器的效果图

在上面的示例中，只有 <li> 元素中的 <strong> 元素的样式为斜体，无须为 <strong> 元素定义特别的 class 或 id 属性，代码更简洁。

2. 后代选择器

后代选择器又称包含选择器，可以选择作为某元素后代的元素。后代选择器的功能是：根据上下文选择元素。我们可以定义后代选择器来创建一些规则，使这些规则在某些文档结构中起作用，而在另外一些结构中不起作用。

示例：假如我们只想对 <h1> 元素的 <em> 元素应用样式，代码如图 5-44 所示。

```
<title>css选择器</title>
  <style type="text/css">
    h1 em{
      color: aqua;
    }
  </style>
  <head>
<meta charset="utf-8">
</head>
  <body>
    <h1>我要变成<em>程序猿</em></h1><!--改变颜色-->
    <p>我要变成<em>攻城狮</em></p><!--不变颜色-->
  </body>
```

图5-44　使用后代选择器设置字体样式的示例代码

使用谷歌浏览器预览上述网页，预览效果如图 5-45 所示。

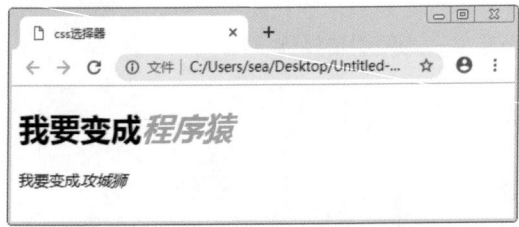

图5-45　使用后代选择器设置字体样式的效果图

前面 <style> 标签中的规则会把 <h1> 元素后代的 <em> 元素的文本变成"aqua"颜色。其他 <em> 文本则不会被这个规则选中。

3. 子元素选择器

与后代选择器相比，子元素选择器只能选择作为某元素子元素的元素。

如果不希望选择任意后代的元素，而是希望缩小范围，只选某个元素的子元素，请使用子元素选择器。示例：如果只希望选择只作为 <h1> 元素子元素的 <strong> 元素，代码如图 5-46 所示。

```
<title>css选择器</title>
    <style type="text/css">
        h1 > strong{
            color: red;
        }
    </style>
    </head>
<meta charset="utf-8">
</head>
    <body>
        <h1>我要变成<strong>程序猿</strong></h1><!--改变颜色-->
        <h1>我要<em>变成<strong>攻城狮</strong></em></h1><!--不变颜色-->
    </body>

</html>
```

图5-46　使用子元素选择器设置字体样式的示例代码

使用谷歌浏览器预览上述网页，预览效果如图 5-47 所示。

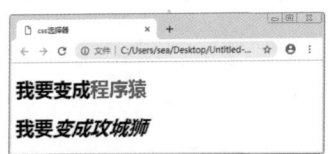

图5-47　使用子元素选择器设置字体样式的效果图

4. 相邻兄弟选择器

相邻兄弟选择器可以选择紧接在另一元素后的元素，且二者有相同父元素。如果需要选择紧接在另一个元素后的元素，而且二者有相同的元素，可以使用相邻兄弟选择器。示例：如果要增加紧接在 <h1> 元素后出现的段落元素的间距，代码如图5-48所示。

```
<title>css选择器</title>
    <style type="text/css">
        h1 + p{
            margin-top: 50px;          }
    </style>
    <head>
<meta charset="utf-8">
</head>
    <body>
        <h1>我要变成程序猿</h1>
        <p>我一定会成为一个程序猿</p>
        <p>我还要成为一个攻城狮</p>
    </body>

</html>
```

图5-48　使用相邻兄弟选择器设置字体及间距的示例代码

使用谷歌浏览器预览上述网页，预览效果如图 5-49 所示。

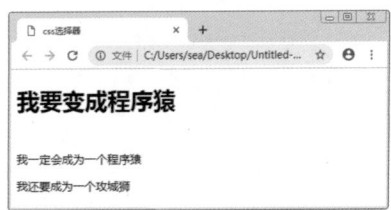

图5-49　使用相邻兄弟选择器设置字体及间距的效果图

▶▶ 知识链接：结合选择器

相邻兄弟选择器还可以结合其他选择器。例如"html > body table + ul {margin-top:20px;}"这个选择器解释为：在 <table> 元素后出现的所有兄弟 <ul> 元素，该 <table> 元素包含在一个 <body> 元素中，<body> 元素本身是 <html> 的子元素。

5. CSS 属性选择器

CSS 属性选择器，具有特定属性的 HTML 元素样式，不仅仅是 class 和 id 属性。下面示例是把包含标题（title）的所有元素设置背景色为天蓝色。代码如图 5-50 所示。使用谷歌浏览器预览上述网页如图 5-51 所示。

6. CSS id 和 class 选择器

如果要在 HTML 元素中设置 CSS 样式，需要在元素中设置 id 和 class 属性选择器。其中 HTML 元素以 id 属性来设置 id 选择器，CSS 中 id 选择器以"#"来定义。代码如图 5-52 所示。使用谷歌浏览器预览上述网页，效果如

图 5-53 所示。

```
<title>css选择器</title>
    <style type="text/css">
        [title]{
            background-color: skyblue;      }
    </style>
    <head>
<meta charset="utf-8">
</head>
    <body>
        <a title="runoob" href="#">我要成为攻城狮</a>
        <a class="runoob" href="#">我是一个程序猿</a>
    </body>

</html>
```

图5-50　使用CSS属性选择器设置字体样式的示例代码

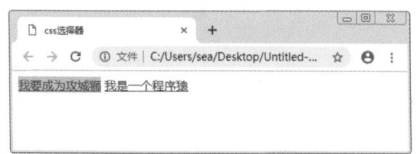

图5-51　使用CSS属性选择器设置字体样式的效果图

```
<title>css选择器</title>
    <style type="text/css">
        #gcs{
            background-color: yellowgreen;
            }
    </style>
    <head>
<meta charset="utf-8">
</head>
    <body>
        <a id="gcs" href="#">我要成为攻城狮</a>
        <a id="cxy" href="#">我是一个程序猿</a>
    </body>
```

图5-52　使用id选择器设置字体样式的示例代码

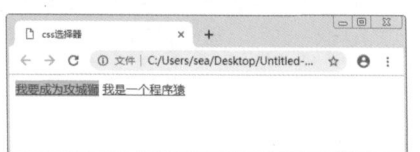

图5-53　使用id选择器设置字体样式的效果图

其中 HTML 元素以 class 属性来设置类选择器。在 CSS 中，类选择器以一个点"."号显示。示例代码如图 5-54 所示。使用谷歌浏览器预览上述网页，效果如图 5-55 所示。

> **提 示**
>
> 关于选择器的注意事项：
> 类选择器和 id 选择器都可以一个 CSS 修饰多个元素。
> 类名的第一个字符不能使用数字，否则在部分浏览器中无法起作用。
> 当类选择器和 id 选择器同时选中一个元素时，id 选择器的权限更高。

```
<title>css选择器</title>
    <style type="text/css">
        .a{
            background-color: yellowgreen;
            }
    </style>
    <head>
<meta charset="utf-8">
</head>
    <body>
        <a class="a" href="#">我要成为攻城狮</a>
        <a class="a" href="#">我是一个程序猿</a>
        <a class="b" href="#">我不想学计算机</a>
    </body>
```

图5-54　使用class选择器设置字体样式的示例代码

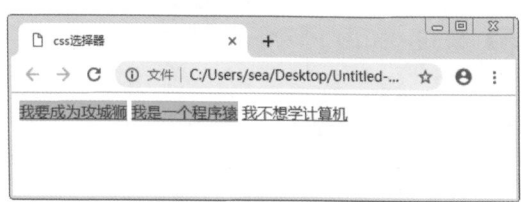

图5-55　使用class选择器设置字体样式的效果图

> **知识链接：引用CSS文件到HTML网页里的方法**
>
> 直接在 <div> 中使用 CSS 样式（内联式）。
> 在 HTML 中使用 <style> 自带式。
> 使用 @import 引用外部 CSS 文件。
> 使用 <link> 引用外部 CSS 文件，推荐使用此方法。

5.1.13　制作多媒体首页

在本小节案例中，我们结合前面所学的知识，制作一个多媒体播放网站的首页（见图 5-56），并为后面章节打好基础。

素材	素材\Cha05\1\ index.html
场景	场景\Cha05\1\ index.html
视频	视频教学\Cha05\5.1.13　制作多媒体首页.mp4

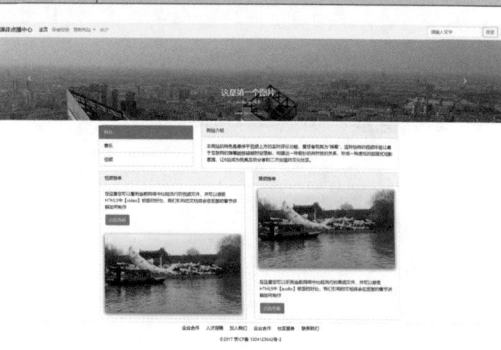

图5-56　多媒体网站首页

理素材。将文件名修改为"index.html",左键单击【保存】按钮,具体操作如图5-59所示。

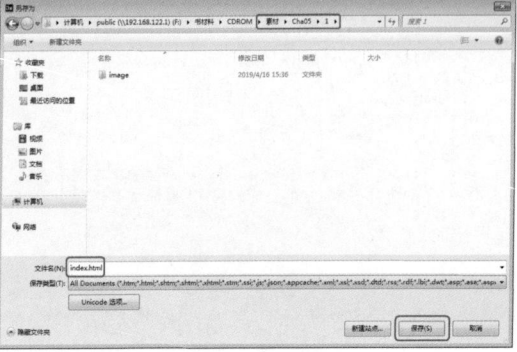

图5-59　素材位置

(3) 将鼠标指针移动到右侧的标签组,选择【插入】标签组,将标签组内的标签切换到【Bootstrap组件】。切换标签组如图5-60所示,切换标签如图5-61所示。

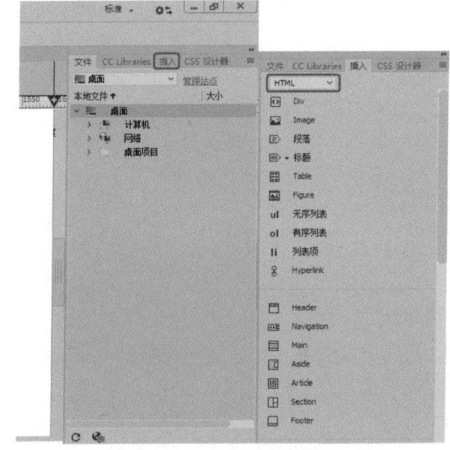

图5-60　插入元素(1)

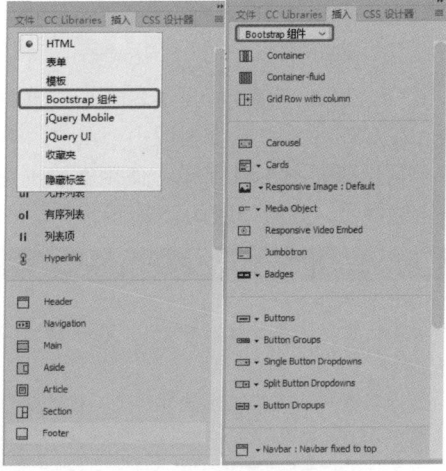

图5-61　插入元素(2)

---

01 双击Dreamweaver图标,打开Dreamweaver软件后,选择菜单栏中的【文件】|【打开】命令,弹出【打开】对话框,进入"素材\Cha05\1"目录下选择素材文件后,单击【打开】按钮,如图5-57所示,打开后的素材如图5-58所示。

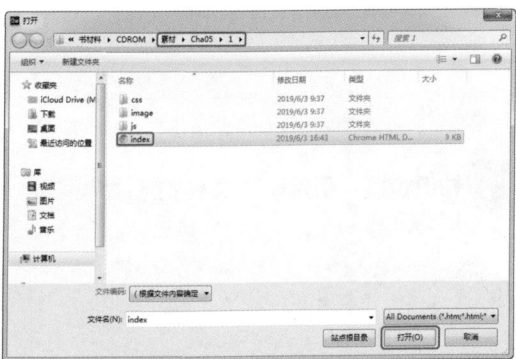

图5-57　导入文件

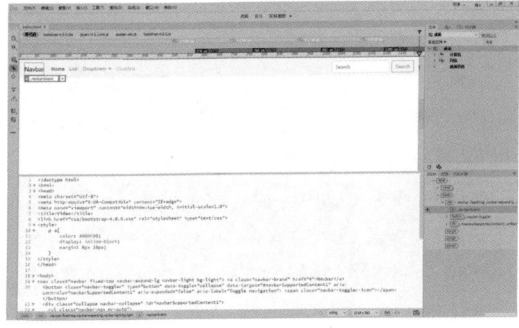

图5-58　软件界面

🔗 知识链接：引用Bootstrap

　　我们的思路是通过使用Dreamweaver中插入Bootstrap的导航栏插件,实现自动引入Bootstrap。

　　(1) 在Dreamweaver软件中选择【文件】|【新建】命令,创建一个新的html文件。

　　(2) 使用Ctrl+S组合键,弹出【另存为】对话框,选择自己想要存放网页的位置,在这里我们建议将网页存放到一个特定的空文件夹内,这样方便引用和管

（4）将鼠标指针移动到 Navbar 项的倒三角部分会出现小手，然后单击 Navbar 项的倒三角，在弹出的下拉列表中选择 Navbar fix to top 选项，在【拆分】视图中上半部分，网页效果发生变化。详细操作如图 5-62 所示，网页效果如图 5-63 所示。

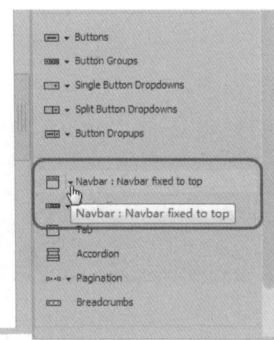

图5-62 插入导航栏

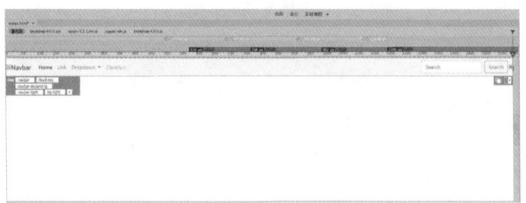

图5-63 插入导航栏的效果图

02 将鼠标指针移动到【拆分】视图的下半部分后，定位到第 12 行，修改 <a> 标签中的文本为"多媒体点播中心"，代码如图 5-64 所示。

图5-64 第2步操作对应的代码

03 修改如图 5-65 所示红色框中的文本，修改完成之后，代码如图 5-66 所示，效果如图 5-67 所示。

图5-65 第3步操作对应的代码（1）

图5-66 第3步操作对应的代码（2）

图5-67 第3步操作完成后的效果图

疑难解答 为什么我们引入了Bootstrap之后，网页效果和图片中的不一样？

我们在编写完成之后进行预览时，出现了一个问题，这个问题导致了网页效果发生了很大的变化，让我们看看一下目前的效果图，效果如图5-68所示。我们进入网页的目录发现，目录的结构如图5-69所示。在网页代码中第12行引入了一个CSS样式表，如图5-70所示，但是在目录中却没有，这就导致了网页效果发生了变化，我们复制相关文件到网页目录即可修复这个问题。其中<link>标签是用来连接即将使用的外部文件。<link>标签常用的有三个属性，分别是href、rel、type，href用来说明外部文件的位置，在这里我们使用的是相对路径，rel属性定义外部文件与网页文档的关系，type属性说明外部文档的类型。

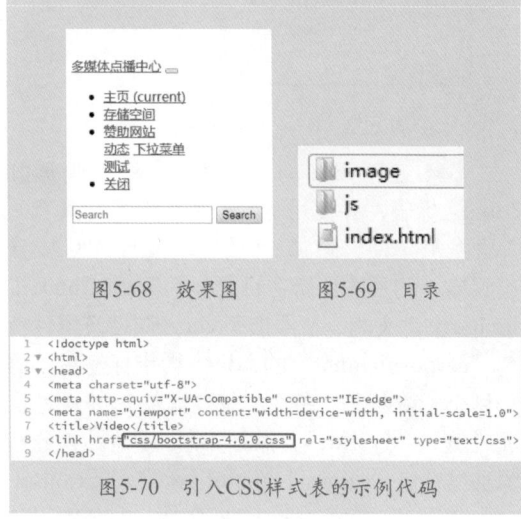

图5-68 效果图　　图5-69 目录

```
1  <!doctype html>
2  <html>
3  <head>
4    <meta charset="utf-8">
5    <meta http-equiv="X-UA-Compatible" content="IE=edge">
6    <meta name="viewport" content="width=device-width, initial-scale=1.0">
7    <title>Video</title>
8    <link href="css/bootstrap-4.0.0.css" rel="stylesheet" type="text/css">
9  </head>
```

图5-70 引入CSS样式表的示例代码

04 接下来我们添加轮播图。在 </body> 之前，添加一个 <div> 标签，在 <div> 标签中，添加 class 属性及属性值"slide carousel"、添加 data-ride 属性及属性值"carousel"、添加 id 属性及属性值"Myslide"。

05 在 <div> 标签内添加一个 <ul> 无序标签并添加三个 <li> 项，在 <ul> 标签中添加 class 属性及属性值"carousel-indicators"，在每一个 <li> 标签中添加 data-target 属性及属性值"#Myslide"、添加 data-slide-to 属性并为三个 <li> 标签分别添加属性值 0、1、2，在第一个 <li> 标签中添加 class 属性及属性值"active"。代码如图 5-71 所示。

```
<div class="slide carousel" data-ride="carousel" id="Myslide">
    <ul class="carousel-indicators">
        <li data-target="#Myslide" data-slide-to="0" class="active"></li>
        <li data-target="#Myslide" data-slide-to="1"></li>
        <li data-target="#Myslide" data-slide-to="2"></li>
    </ul>
</div>
```

图5-71   第4、5步操作对应的代码

06 在 </ul> 标签后，添加 <div> 标签，并添加 class 属性及属性值 "carousel-inner"，在刚添加的 <div> 标签中，添加三个 <div> 标签，每一个 <div> 标签，添加 class 属性及属性值 "carousel-item"，在刚添加的三个 <div> 标签中的第一个 <div> 标签中，增加 class 属性的属性值 "active"。代码如图 5-72 所示。

```
<div class="slide carousel" data-ride="carousel" id="Myslide">
    <ul class="carousel-indicators">
        <li data-target="#Myslide" data-slide-to="0" class="active"></li>
        <li data-target="#Myslide" data-slide-to="1"></li>
        <li data-target="#Myslide" data-slide-to="2"></li>
    </ul>
    <div class="carousel-inner">
        <div class="carousel-item active">
        </div>
        <div class="carousel-item">
        </div>
        <div class="carousel-item">
        </div>
    </div>
</div>
```

图5-72   第6步操作对应的代码

07 在刚添加的三个 <div> 标签内添加 <img> 标签，并使用 src 属性分别链接1、2、3 的图片文件、添加 alt 属性，属性值可以自行设定。图片文件所在目录为：素材\Cha05\1\image 文件夹内。在添加了 class 属性及属性值为 "carousel-inner" 的 <div> 结束标签后，添加两个 <a> 标签，每个标签均添加 href 属性及属性值 "#Myslide"、添加 class 属性，并分别添加属性值 "carousel-control-prev"、"carousel-control-next"、添加 data-slide 属性，并分别添加属性值 "prev"、"next"。代码如图 5-73 所示。

```
<div class="slide carousel" data-ride="carousel" id="Myslide">
    <ul class="carousel-indicators">
        <li data-target="#Myslide" data-slide-to="0" class="active"></li>
        <li data-target="#Myslide" data-slide-to="1"></li>
        <li data-target="#Myslide" data-slide-to="2"></li>
    </ul>
    <div class="carousel-inner">
        <div class="carousel-item active">
            <img src="image/1.png" alt="Photo1">
        </div>
        <div class="carousel-item">
            <img src="image/2.png" alt="Photo2">
        </div>
        <div class="carousel-item">
            <img src="image/3.png" alt="Photo3">
        </div>
    </div>
    <a href="#Myslide" data-slide="prev" class="carousel-control-prev">
    </a>
    <a href="#Myslide" data-slide="next" class="carousel-control-next">
    </a>
</div>
```

图5-73   第7步操作对应的代码

08 在 <a> 标签内添加 <span> 标签，并分别添加 class 属性及属性值 "carousel-control-prev-

icon"、"carousel-control-next-icon"，代码如图 5-74 所示，效果如图 5-75 所示。

```
<a href="#Myslide" data-slide="prev" class="carousel-control-prev">
    <span class="carousel-control-prev-icon"></span>
</a>
<a href="#Myslide" data-slide="next" class="carousel-control-next">
    <span class="carousel-control-next-icon"></span>
</a>
```

图5-74   第8步操作对应的代码

图5-75   第8步操作完成后的效果图

🏷 **提 示**

在效果预览中，如果读者细心观察就会发现，随着浏览器宽度的变化，网页的内容也在自动发生变化，这个是 Bootstrap 框架的网格系统，会自动匹配宽度来修改网页内容，使网页在不同的设备上都有不错的体验。但上面代码中实现的功能是图片的自动轮转，这里有几个问题，第一个是图片上面一部分和导航栏重合，网页图片展示效果不符合预期。接下来我们进行微调，让网页效果符合预期。

09 在网页中第 34 行，也是实现轮播图效果的第一个 <div> 标签中添加 style 属性，并在里面添加 margin-top 属性及属性值 "55px"，让图片在导航栏的下方显示。这样图片和导航栏不再重合。

10 在 <img> 标签中添加 width 属性及属性值 1984、添加 height 属性及属性值 300、添加 style 属性，并在里面添加 overfilow 属性及属性值 "hidden"、margin 属性及属性值 "0px auto"。代码如图 5-76 所示，效果如图 5-77 所示。

图5-76   第9、10步操作对应的代码

图5-77 第10步操作完成后的效果图

🏷 **提 示**

在代码微调中，我们添加 margin 属性及 overfilow 属性，第一个是设置外边距的，还有一个 padding 属性是设置内边距的，第二个是设置超出部分隐藏，其中我们巧用了 margin 属性，如果在 margin 属性值中添加属性值 "0px auto"，则会实现居中的效果。

11 在轮播图中添加说明文字。在 <img> 标签中添加 <div> 标签，并添加 class 属性及属性值 "carousel-caption"。在 <div> 标签中添加文本即可，然后重复此步骤，将三个 <img> 标签均添加上述步骤代码即可。代码如图 5-78 所示，效果如图 5-79 所示。

图5-78 第11步操作对应的代码

图5-79 第11步操作完成后的效果图

12 接下来添加内容面板。在 </body> 标签之前添加一个 <div> 标签，在标签内添加 class 属性及属性值 "container"，在 <div> 标签内再添加一个 <div> 标签，并添加 class 属性及属性值 "row"，然后在 <div> 标签内再添加两个 <div> 标签，并分别添加 class 属性及属性值 "col-xl-4" "col-xl-8"。代码如图 5-80 所示。

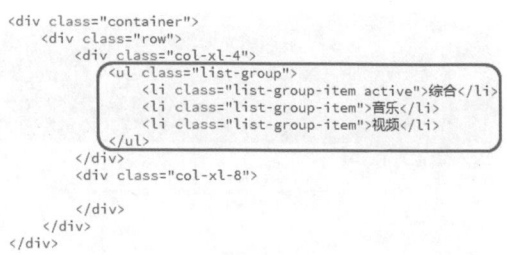

图5-80 第12步操作对应的代码

13 在添加了 class 属性及属性值为 "col-xl-4" 的 <div> 标签中，添加无序列表标签 <ul> 及三个 <li> 项目，并分别添加文本 "综合" "音乐" "视频"，添加 class 属性及属性值 "list-group-item"，在第一个 <li> 标签中添加 "active"。代码如图 5-81 所示，效果如图 5-82 所示。

图5-81 第13步操作对应的代码

图5-82 第13步操作完成后的效果图

14 在添加了 class 属性及属性值为 "col-xl-8" 的 <div> 标签内，添加一个 <div> 标签，并添加 class 属性及属性值 "card"，在添加了属性值为 "card" 的 <div> 标签中再添加两个 <div> 标签，在第一个 <div> 标签中添加 class 属性及属性值 "card-header"，在第二个 <div> 标签中添加 class 属性及属性值 "card-body"，在第一个 <div> 标签中添加文本内容 "网站介绍"，在第二个 <div> 标签中添加文本内容 "本网站的特色是悬浮于视频上方的实时评论功能，爱好者称其为"弹幕"，这种独特的视频体验让基于互联网的弹幕能够超越时空限制，构建出一种奇妙的共时性的关系，形成一种虚拟的部落式观影氛围，让B站成为极具互动分享和二次创造的文化社区。"。代码如图5-83所示，效果如图5-84所示。

```
<div class="container">
    <div class="row">
        <div class="col-xl-4">
            <ul class="list-group">
                <li class="list-group-item active">综合</li>
                <li class="list-group-item">音乐</li>
                <li class="list-group-item">视频</li>
            </ul>
        </div>
        <div class="col-xl-8">
            <div class="card">
                <div class="card-header">
                    网站介绍
                </div>
                <div class="card-body">
                    本网站的特色悬浮于视频上方的实时评论功能，爱好者称其为"弹幕"，这
                    种独特的视频体验让基于互联网的弹幕能够超越时空限制，构建出一种奇妙
                    的共时性的关系，形成一种虚拟的部落式观影氛围，让B站成为极具互动分享
                    和二次创造的文化社区。
                </div>
            </div>
        </div>
    </div>
</div>
```

图5-83　第14步操作对应的代码

图5-84　第14步操作完成后的效果图

15 在效果预览图中可以发现，添加的内容面板紧贴着轮播图，这个时候就需要使用margin属性了，我们在代码中添加margin属性时网页变得更加美观。代码如图5-85所示，效果如图5-86所示。

```
<div class="container" style="margin-top: 10px">
    <div class="row">
        <div class="col-xl-4" style="margin-top: 8px">
            <ul class="list-group">
                <li class="list-group-item active">综合</li>
                <li class="list-group-item">音乐</li>
                <li class="list-group-item">视频</li>
            </ul>
        </div>
        <div class="col-xl-8">
            <div class="card">
                <div class="card-header">
                    网站介绍
                </div>
```

图5-85　第15步操作对应的代码

图5-86　第15步操作完成后的效果图

16 在</body>标签之前，添加一个<div>标签，并添加class属性及属性值"container"，设置<div>的上外边距为10px。

17 在上面添加的<div>内添加一个<div>标签，并添加class属性及属性值"row"，然后在<div>标签内再添加两个<div>标签，并添加class属性及属性值"col-xl-6"。代码如图5-87所示。

```
<div class="container" style="margin-top: 10px">
    <div class="row">
        <div class="col-xl-6">

        </div>
        <div class="col-xl-6">

        </div>
    </div>
</div>
```

图5-87　第16、17步操作对应的代码

18 在第一个添加了"col-xl-6"属性值的<div>标签中添加一个<div>标签，在刚添加的<div>标签中添加class属性及属性值"card"，并在刚添加的<div>标签内，添加两个<div>标签，然后分别添加class属性及属性值"card-header"、"card-body"。将这些刚添加的代码复制到第二个<div>标签中。具体代码如图5-88所示。

```
<div class="container" style="margin-top: 10px">
    <div class="row">
        <div class="col-xl-6">
            <div class="card">
                <div class="card-header">
                </div>
                <div class="card-body">
                </div>
            </div>
        </div>
        <div class="col-xl-6">
            <div class="card">
                <div class="card-header">
                </div>
                <div class="card-body">
                </div>
            </div>
        </div>
    </div>
</div>
```

图5-88　第18步操作对应的代码

19 在属性值为"card-header"的 <div> 标签中分别添加文本内容"视频榜单""音频榜单",在第一个属性值为"card-body"的 <div> 标签中,添加一个 <p> 标签和一个 <a> 标签,并在 <div> 结束标签之后添加一个 <img> 标签。在第二个属性值为"card-body"的 <div> 标签中,添加一个 <p> 标签和 <a> 标签,并在 <div> 开始标签前添加 <img> 标签。具体代码如图 5-89 所示。

```
<div class="container" style="margin-top: 10px">
    <div class="row">
        <div class="col-xl-6">
            <div class="card">
                <div class="card-header">
                    视频榜单
                </div>
                <div class="card-body">
                    <p></p>
                    <a></a>
                </div>
            </div>
            <img>
        </div>
        <div class="col-xl-6">
            <div class="card">
                <div class="card-header">
                    音频榜单
                </div>
                <img>
                <div class="card-body">
                    <p></p>
                    <a></a>
                </div>
            </div>
        </div>
    </div>
</div>
```

图5-89 第19步操作对应的代码

20 在两个 <p> 标签中添加 class 属性及属性值"card-text",在两个 <a> 标签中添加 class 属性及属性值"btn btn-primary",并在 <a> 标签内添加文本内容"点击查看",设置链接无效。具体代码如图 5-90 所示。

```
<div class="row">
    <div class="col-xl-6">
        <div class="card">
            <div class="card-header">
                视频榜单
            </div>
            <div class="card-body">
                <p class="card-text"></p>
                <a href="#" class="btn btn-primary">点击查看</a>
            </div>
        </div>
        <img>
    </div>
    <div class="col-xl-6">
        <div class="card">
            <div class="card-header">
                音频榜单
            </div>
            <img>
            <div class="card-body">
                <p class="card-text"></p>
                <a href="#" class="btn btn-primary">点击查看</a>
            </div>
        </div>
    </div>
</div>
```

图5-90 第20步操作对应的代码

提 示

在上面的步骤中,我们多次使用添加 class 属性及属性值"xxx"的描述方法,其实这样表达是不对的。在 HTML 中,class 标示的意思是引用什么样的类,而在 class 内书写的值是类的名称。一个类里面包含多个 CSS 样式,并且类可以多次引用,而 id 不可以,id 只能引用一次。在未来的表述中,好多细节将不会使用以前的表述方式。

21 在两个 <p> 标签中分别添加文本内容"在这里您可以看到当前网络中比较流行的视频文件,并可以感受 HTML 5 中 <video> 标签的好处,我们引用的文档将会在后面的章节讲解如何制作","在这里您可以听到当前网络中比较流行的音频文件,并可以感受 HTML 5 中 <audio> 标签的好处,我们引用的文档将会在后面的章节讲解如何制作",并在两个 <img> 标签中,链接到当前目录下的"image\image.png"图片文件,在第一个 <img> 中引用类"card-img-bottom",在第二个 <img> 中引用类"card-img-top",在两个 <img> 标签中设置宽度为 100%,并添加提示文本"Test card"。具体代码如图 5-91 所示,效果如图 5-92 所示。

图5-91 第21步操作对应的代码

图5-92 第21步操作完成后的效果图

22 在 </body> 标签前,添加一个 <div> 标签,然后再嵌套一个 <div> 标签,在内部

的 `<div>` 标签内，添加两个 `<p>` 标签。代码如图 5-93 所示。

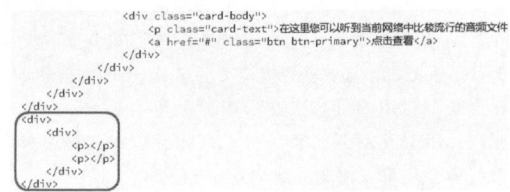

```
<div class="card-body">
    <p class="card-text">在这里您可以听到当前网络中比较流行的音频文件
    <a href="#" class="btn btn-primary">点击查看</a>
    </div>
</div>
</div>
</div>
<div>
    <div>
        <p></p>
        <p></p>
    </div>
</div>
```

图5-93　第22步操作对应的代码

23 在第一个 `<div>` 标签中，添加样式 "container-fluid"，并添加内联样式：上边距 10px、盒子阴影：水平 0px、垂直 2px、8px 的模糊距离、颜色为 rgba（7，17，27，.06），在第二个 `<div>` 标签内添加类 "container"，添加内联样式：文字居中、上内边距 10px。具体代码如图 5-94 所示。

```
<div class="container-fluid" style="margin-top: 10px;box-shadow: 0px 2px 8px
rgba(7,17,27,.06) inset">
    <div class="container" style="text-align: center;padding-top: 10px;">
        <p></p>
        <p></p>
    </div>
</div>
```

图5-94　第23步操作对应的代码

24 在第一个 `<p>` 标签内添加六个 `<a>` 标签，并分别添加文本内容 "企业合作" "人才招聘" "加入我们" "企业合作" "社区服务" "联系我们" 并设置链接无效。在第二个 `<p>` 标签内添加文本 "© 2017 京 ICP 备 1304123642 号 -2"。代码如图 5-95 所示，效果如图 5-96 所示。

```
<div class="container-fluid" style="margin-top: 10px;box-shadow: 0px 2px 8px
rgba(7,17,27,.06) inset">
    <div class="container" style="text-align: center;padding-top: 10px;">
        <p>
            <a href="#">企业合作</a>
            <a href="#">人才招聘</a>
            <a href="#">加入我们</a>
            <a href="#">企业合作</a>
            <a href="#">社区服务</a>
            <a href="#">联系我们</a>
        </p>
        <p>&copy;2017 京ICP备 1304123642号-2</p>
    </div>
</div>
```

图5-95　第24步操作对应的代码

图5-96　第24步操作完成后的效果图

知识链接：HTML 5中的空格和换行

在 HTML 5 中，浏览器默认对空格和换行不进行解析，并且有一些特殊的符号不好输入或者有特殊用处，所以用另外一种方式输入，其中 、&copy 仅是其中的一部分。

显示结果	描述	实体名称	实体编号
	空格		
<	小于号	&lt;	&#60;
>	大于号	&gt;	&#62;
&	和号	&amp;	&#38;
"	引号	&quot;	&#34;
'	撇号	'（IE不支持）	&#39;
¢	分（cent）	&cent;	&#162;
£	镑（pound）	&pound;	&#163;
	元（yen）	&yen;	&#165;
	欧元（euro）	&euro;	&#8364;
§	小节	&sect;	&#167;
©	版权（copyright）	&copy;	&#169;
®	注册商标	&reg;	&#174;
™	商标	&trade;	&#8482;
×	乘号	&times;	&#215;
÷	除号	&divide;	&#247;

知识链接：通过CSS样式，微调网页效果

如果读者删掉网页开头中 `<style>` 标签及内部内容，通过预览可以看到，网页底部所展示的效果比较的突兀，这里我们使用 CSS 样式来解决这个问题。我们可以一个一个设置 `<a>` 标签的样式，但我们使用另外一种方式来解决这个问题。在 `</head>` 标签前添加一个 `<style>` 标签，并按照如图 5-97 所示，添加代码。效果如图 5-98 所示。

```
<!doctype html>
<html>
<head>
<meta charset="utf-8">
<meta http-equiv="X-UA-Compatible" content="IE=edge">
<meta name="viewport" content="width=device-width, initial-scale=1.0">
<title>Video</title>
<link href="css/bootstrap-4.0.0.css" rel="stylesheet" type="text/css">
<style>
    p a{
        color: #000000;
        display: inline-block;
        margin: 0px 10px;
    }
</style>
</head>

<body>
```

图5-97　添加CSS样式的示例代码

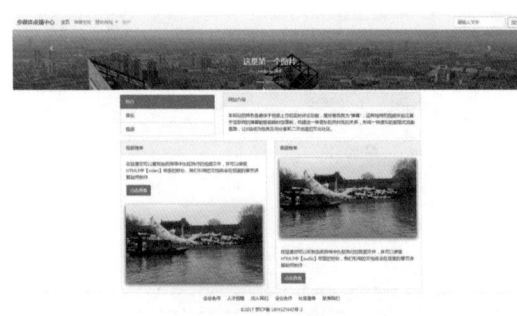

图5-98　添加CSS样式的效果图

5.2　网页中的滚动文字

在 HTML 5 中，我们可以设置文字的动态滚动，以及文字滚动的样式和效果。通过定义 <marquee> </marquee> 标签以及设置其属性来实现此效果。

5.2.1　滚动文字标签的使用

在 HTML 5 中，我们可以使用 <marquee> </marquee> 标签将文字设置为动态滚动的效果。该标签的语法格式如图 5-99 所示。

```
<marquee>滚动文字</marquee>
```

图5-99　定义滚动文字的语法格式

用户只要在 <marquee> </marquee> 之间添加要进行滚动的文字就可以了，而且还可以在标签之间设置这些文字的字体、颜色等。

添加网页滚动的文字，代码如图 5-100 所示。

```
<marquee>忽如一夜春风来，千树万树梨花开</marquee>
<marquee>一枝梨花压海棠</marquee>
```

图5-100　添加网页滚动文字的示例代码

使用谷歌浏览器预览上述网页效果。预览效果如图 5-101 所示。

图5-101　添加网页滚动文字的效果图

5.2.2　滚动方向属性的应用

的 direction 属性用于设置内容滚动方向。属性值有"left""right""up""down"，分别表示向左、向右、向上、向下。其中默认滚动效果为向左滚动，向上滚动的文字则常常出现在公告栏中。代码如图 5-102 所示。

```
<body>
    <marquee direction="left">忽如一夜春风来，千树万树梨花开</marquee>
    <marquee direction="right">庄生晓梦迷蝴蝶，望帝春心托杜鹃</marquee>
    <marquee direction="up">身无彩凤双飞翼，心有灵犀一点通</marquee>
    <marquee direction="down">千门万户曈曈日，总把新桃换旧符</marquee>
</body>
```

图5-102　设置不同方向滚动文字的示例代码

使用谷歌浏览器预览上述网页，效果如图 5-103 所示。其中第一行文字不停地向左循环移动，第二行文字不停地向右循环移动，第三行文字不停地向上循环移动，第四行文字不停地向下循环移动。

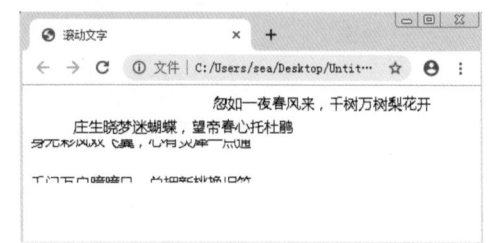

图5-103　设置不同方向滚动文字的效果图

5.2.3　滚动方式属性的应用

标签的 behavior 属性用于设置内容滚动方式，默认为"scroll"，即循环滚动。当其值为"alternate"时，内容将来回循环滚动，当其值为"slide"时，内容滚动一次即停止，不会循环。代码如图 5-104 所示。

```
<body>
    <marquee behavior="scroll">姑苏城外寒山寺，夜半钟声到客船</marquee>
    <marquee behavior="slide">姑苏城外寒山寺，夜半钟声到客船</marquee>
    <marquee behavior="alternate">姑苏城外寒山寺，夜半钟声到客船</marquee>
</body>
```

图5-104　设置文字滚动方式属性的示例代码

使用谷歌浏览器预览上述网页，预览效果如图 5-105 所示。

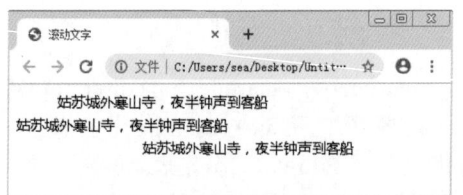

图5-105　设置文字滚动方式属性的效果图

5.2.4 滚动速度属性的应用

<marquee> </marquee> 标签的 scrollamount 属性用来设置文字滚动速度，例如设置三句速度不一样的文字，实现代码如图 5-106 所示。

```
<body>
    <marquee scrollamount="3">姑苏城外寒山寺，夜半钟声到客船</marquee>
    <marquee scrollamount="10">姑苏城外寒山寺，夜半钟声到客船</marquee>
    <marquee scrollamount="20">姑苏城外寒山寺，夜半钟声到客船</marquee>
</body>
```

图5-106　设置文字滚动速度的示例代码

使用谷歌浏览器预览上述网页效果如题 5-107 所示，第三行速度最快，第二行次之，第一行最慢。

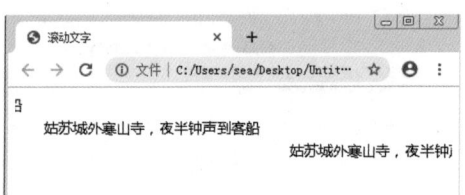

图5-107　设置文字滚动速度的效果图

5.2.5 滚动延迟属性的应用

<marquee> </marquee> 标签的 scrolldelay 属性用于设置内容滚动的时间间隔，scrolldelay 的单位是毫秒，也就是千分之一秒。这一时间间隔的设置为滚动两步之间的时间间隔。如果设置的时间间隔比较长，会产生走走停停的效果。另外，如果与滚动速度的 scrollamount 参数结合使用，效果更明显。代码如图 5-108 所示。

```
<body>
    <marquee scrollamount="100" scrolldelay="10">一步两步，一步两步</marquee>
    <marquee scrollamount="100" scrolldelay="100">一步一步死似爪牙，似魔鬼的步伐</marquee>
    <marquee scrollamount="100" scrolldelay="500">摩擦摩擦 </marquee>
</body>
```

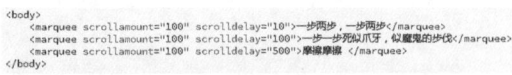

图5-108　设置滚动延迟的示例代码

使用谷歌浏览器预览上述网页，预览效果如图 5-109 所示。

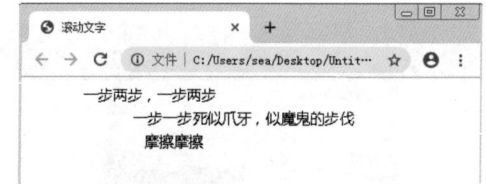

图5-109　设置滚动延迟的效果图

5.2.6 滚动循环属性的应用

设置滚动文字后，在默认情况下会一直循环下去，如果希望文字循环几次停止，可以使用 loop 参数进行设置。示例代码如图 5-110 所示。

```
<body>
    <marquee loop="3">千里冰封万里雪飘</marquee>
</body>
```

图5-110　设置文字滚动循环次数的示例代码

使用谷歌浏览器预览上述网页，预览效果如图 5-111 所示，文字在循环三遍之后停止并消失。

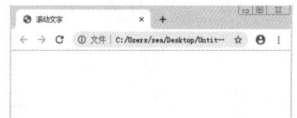

图5-111　设置文字滚动循环次数的效果图

5.2.7 滚动范围属性的应用

如果不设置滚动背景的面积，在默认状况下，水平滚动的文字背景与文字同高、与浏览器窗口同宽。使用 <marquee> </marquee> 标签的 width 和 height 属性可以调整其水平和垂直的范围。示例代码如图 5-112 所示。

```
<body>
    <marquee behavior="alternate" bgcolor="#ED0A0E">我要学好HTML5</marquee><br><br>
    <marquee behavior="alternate" bgcolor="#28F02D" width="500p" height="50">我是一个前端工程师</marquee>
</body>
```

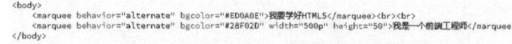

图5-112　设置文字滚动范围的示例代码

使用谷歌浏览器预览上述网页，可以看到两段文字的背景高度和宽度的变化。

5.2.8 滚动背景颜色属性的应用

<marquee> </marquee> 标签的 bgcolor 属性用于设置内容滚动背景颜色（类似于 <body> 的背景颜色）。代码如图 5-113 所示。使用谷歌浏览器预览上述网页，预览效果如图 5-114 所示。

```
<body>
    <marquee bgcolor="#6CE0F3">背景颜色真好看</marquee>
</body>
```
图5-113 设置滚动背景颜色的示例代码

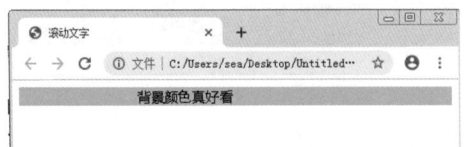
图5-114 设置滚动背景颜色的效果图

5.2.9 滚动空间属性的应用

在默认状态下，滚动文字周围的文字或图像是与滚动背景紧密连接的，使用 hspace 和 vspace 可以设置它们之间的空白空间。示例代码如图 5-115 所示。

图5-115 设置滚动空间属性的示例代码

使用谷歌浏览器预览上述网页，预览效果如图 5-116 所示。

图5-116 设置滚动空间属性的效果图

5.2.10 Bootstrap4颜色

Bootstrap4 提供了一些具有代表意义的颜色类："".text-muted""、"".text-primary"" 等。代码详情如图 5-117 所示。使用谷歌浏览器预览上述网页，预览效果如图 5-118 所示。

```
<div class="container">
    <h2>代表指定意义的文本颜色</h2>
    <p class="text-muted">柔和的文本。</p>
    <p class="text-primary">重要的文本。</p>
    <p class="text-success">执行成功的文本。</p>
    <p class="text-info">代表一些提示信息的文本。</p>
    <p class="text-warning">警告文本。</p>
    <p class="text-danger">危险操作文本。</p>
    <p class="text-secondary">副标题。</p>
    <p class="text-dark">深灰色文字。</p>
    <p class="text-light">浅灰色文本（白色背景上看不清楚）。</p>
    <p class="text-white">白色文本（白色背景上看不清楚）。</p>
</div>
```
图5-117 Bootstrap4设置字体颜色的示例代码

图5-118 输入代码后的效果

> 提示
> 上述颜色不仅可以在文本中使用，在链接中同样适用。

除了可以对文本设置颜色，还可以设置背景颜色。提供背景颜色的类有"".bg-primary""、"".bg-success"" 等。代码详情如图 5-119 所示。使用谷歌浏览器预览上述网页，预览效果如图 5-120 所示。

```
<div class="container">
    <h2>背景颜色</h2>
    <p class="bg-primary text-white">重要的背景颜色。</p>
    <p class="bg-success text-white">执行成功背景颜色。</p>
    <p class="bg-info text-white">信息提示背景颜色。</p>
    <p class="bg-warning text-white">警告背景颜色</p>
    <p class="bg-danger text-white">危险背景颜色。</p>
    <p class="bg-secondary text-white">副标题背景颜色。</p>
    <p class="bg-dark text-white">深灰背景颜色。</p>
    <p class="bg-light text-dark">浅灰背景颜色。</p>
</div>
```
图5-119 设置背景颜色的示例代码

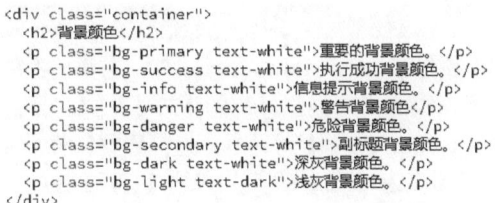

图5-120 设置背景颜色的效果图

5.2.11 制作视频播放网页

通过前面章节所介绍的 <audio> 及 <video> 标签，在此案例中，我们实现一个视频的播放及暂停等效果，并借鉴目前多媒体播放网站（见图 5-121）的排版，对本案例的网页进行优化和内容的添加，让案例更具有实用价值。

图 5-121　视频播放网站

素材	素材\Cha05\2\index.html
场景	场景\Cha05\2\index.html
视频	视频教学\Cha05\5.2.11　制作视频播放网页.mp4

01 双击 Dreamweaver 软件，在弹出的软件界面中的菜单栏里，选择【文件】|【打开】命令，弹出【打开】对话框，选择素材文件"素材\Cha05\2\index.html"后，单击【打开】按钮。【打开】对话框如图 5-122 所示，软件打开后如图 5-123 所示。

02 在软件视图的下半部分代码视图中，移动到第 70 行代码，代码如图 5-124 所示。

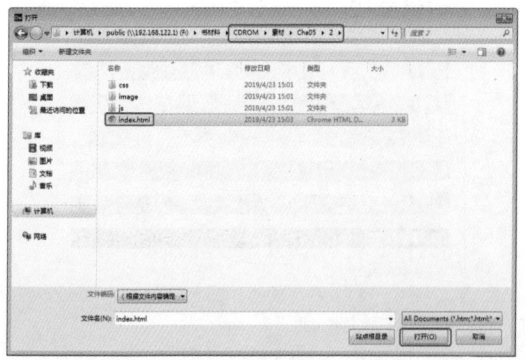

图 5-122　【打开】对话框

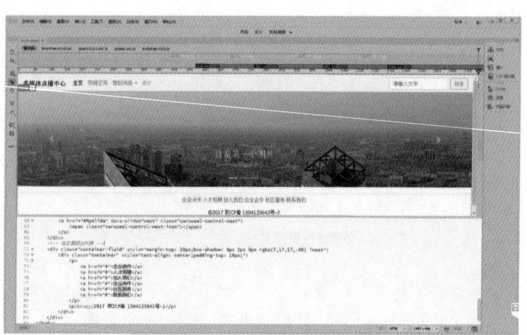

图 5-123　软件界面

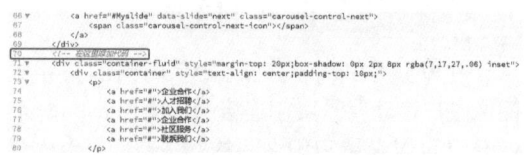

图 5-124　第2步操作对应的代码

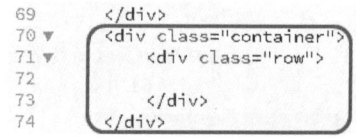

疑难解答　为什么第41行代码是灰色的？

第41行的代码是注释代码，在HTML 5中，代码的注释语法是：<! -- 内容 -->。

03 删除第 70 行的注释代码，添加一个 <div> 标签，并且添加类 container，在刚添加的 <div> 标签中嵌套一个 <div> 标签，并添加类 row。代码如图 5-125 所示。

04 在第 72 行的 <div> 标签中添加两个 <div> 标签，并分别添加类 "col-xl-8"、"col-xl-4"。代码如图 5-126 所示。

```
69        </div>
70 ▼    <div class="container">
71 ▼        <div class="row">
72
73            </div>
74        </div>
```

图 5-125　第3步操作对应的代码

```
70 ▼    <div class="container">
71 ▼        <div class="row">
72 ▼            <div class="col-xl-8">
73
74            </div>
75 ▼            <div class="col-xl-4">
76
77            </div>
78        </div>
79    </div>
```

图 5-126　第4步操作对应的代码

05 在第 73 行中添加一个 <div> 标签，并嵌套两个 <div> 标签，然后分别添加类 "card" "card-header" "card-body"。代码如图 5-127 所示。

06 在第 75 行中的 <div> 标签内，添加文本内容"当前播放：鬼畜旅游"。在第 78 行内添加一个 <div> 标签，并在标签内添加一个 <video> 标签，在 <video> 标签内添加 controls 属性并设置宽、高为 100% 后，添加视频文件 "video/video.mp4"。在 <video> 标签内添加文本内容"您的浏览器不支持 HTML 5，请升级您的浏览器至最新版本。"代码如图 5-128 所示。

```
70 ▼     <div class="container">
71 ▼        <div class="row">
72 ▼           <div class="col-xl-8">
73 ▼              <div class="card">
74 ▼                 <div class="card-header">
75
76                   </div>
77 ▼                 <div class="card-body">
78
79                   </div>
80              </div>
81           </div>
82 ▼           <div class="col-xl-4">
83
84
85           </div>
86     </div>
```

图5-127　第5步操作对应的代码

```
<div class="card">
    <div class="card-header">
        当前播放：鬼畜旅游
    </div>
    <div class="card-body">
        <div style="display: flex">
            <video src="video/video.mp4" controls width="100%" height="100%">
                您的浏览器不支持HTML5，请升级您的浏览器值最新版本。
            </video>
        </div>
    </div>
</div>
```

图5-128　第6步操作对应的代码

07 在第 87 行，添加一个 <div> 标签，并嵌套两个 <div> 标签，然后分别添加类"card"、"card-header"、"card-body"，在添加了"card-header"类的 <div> 标签中添加文本"评论："。

08 在添加了类为"card-body"的 <div> 标签内添加一个 <div>，并添加类"table-responsive"，然后在此 <div> 标签内添加一个 <table> 标签并添加类"table table-hover"。代码如图 5-129 所示。

```
<div class="col-xl-4">
    <div class="card">
        <div class="card-header">
            评论：
        </div>
        <div class="card-body">
            <div class="table-responsive">
                <table class="table table-hover">
                </table>
            </div>
        </div>
    </div>
</div>
```

图5-129　第7、8步操作对应的代码

09 在 <table> 标签内添加 <thead>、<tbody> 标签，并在 <thead> 标签内添加三个 <th> 标签，分别添加文本内容"时间"、"内容"、"发送时间"。在 <tbody> 内添加一个 <tr> 标签并在标签内添加三个 <td> 标签，并分别添加文本内容"02:50""还可以啊""04-27 06:16"。代码如图 5-130 所示。

```
<div class="card">
    <div class="card-header">
        评论：
    </div>
    <div class="card-body">
        <div class="table-responsive">
            <table class="table table-hover">
                <thead>
                    <th>时间</th>
                    <th>内容</th>
                    <th>发送时间</th>
                </thead>
                <tbody>
                    <tr>
                        <td>02:50</td>
                        <td>还可以啊</td>
                        <td>04-27 06:16</td>
                    </tr>
                </tbody>
            </table>
        </div>
    </div>
</div>
```

图5-130　第9步操作对应的代码

10 将 <tr> 标签内的内容复制 12 次，复制后的部分代码如图 5-131 所示，效果如图 5-132 所示。

```
                    <tr>
                        <td>02:50</td>
                        <td>还可以啊</td>
                        <td>04-27 06:16</td>
                    </tr>
                    <tr>
                        <td>02:50</td>
                        <td>还可以啊</td>
                        <td>04-27 06:16</td>
                    </tr>
                    <tr>
                        <td>02:50</td>
                        <td>还可以啊</td>
                        <td>04-27 06:16</td>
                    </tr>
                </tbody>
            </table>
```

图5-131　第10步操作对应的代码

图5-132　第10步操作完成后的效果图

11 读者可以发现，评论板块的高度没有限制，显示效果不好，并且和轮播图没有间距，链接是蓝色的，和网页风格不一致等问题，导致了网页效果不佳，现在我们对这些问题进行修改。

12 切换到第8行的 <link> 标签，我们在这个标签后面添加 <style> 标签，并添加 type 属性及属性值 "text/css"。代码如图5-133所示。

```
8    <link href="css/bootstrap-4.0.0.css"
9 ▼  <style type="text/css">
10
11   </style>
12   </head>
```

图5-133　第12步操作对应的代码

13 我们先修改链接文字使其变为黑色。在 <style> 标签内添加派生选择器，设置 <p> 标签内的 <a> 标签为行内块元素、左右外边距为10px，颜色为黑色。代码如图5-134所示。

```
9 ▼  <style type="text/css">
10 ▼      p a{
11           display: inline-block;
12           color: #000000;
13           margin: 0px 10px;
14       }
15   </style>
```

图5-134　第13步操作对应的代码

14 添加派生选择器，设置 <div> 标签内的 <a> 标签颜色为黑色、设置 <div> 标签内的 <span> 标签为块元素。代码如图5-135所示，效果如图5-136所示。

```
9 ▼  <style type="text/css">
10 ▼      p a{
11           display: inline-block;
12           color: #000000;
13           margin: 0px 10px;
14       }
15 ▼      div span{
16           display: block;
17       }
18 ▼      div a{
19           color: #000000;
20       }
21   </style>
```

图5-135　第14步操作对应的代码

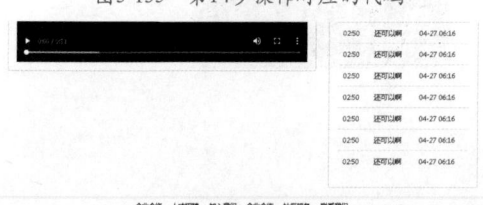

图5-136　第14步操作完成后的效果图

15 此时我们在网页中添加面包屑导航，我们将光标移动到第82行并另起一行。代码如图5-137所示。

```
76       <a href="#Myslide" data-slide="prev" class="carousel-control-prev">
77           <span class="carousel-control-prev-icon"></span>
78       </a>
79       <a href="#Myslide" data-slide="next" class="carousel-control-next">
80           <span class="carousel-control-next-icon"></span>
81       </a>
82   </div>
83
84   <div class="container">
85       <div class="row">
86           <div class="col-xl-8">
87               <div class="card">
88                   <div class="card-header">
89                       当前播放：鬼畜旅游
90                   </div>
```

图5-137　第15步操作对应的代码

16 在第83行中添加一个 <div> 标签，并在标签内添加一个 <div> 标签，然后在最内层的 <div> 标签中添加一个有序列表 <ol> 标签和两个标签项 <li>。代码如图5-138所示。

17 我们在第一个 <div> 标签中添加类 "container-fluid"，在第二个 <div> 标签中添加类 "container"，在 <ol> 标签内添加类 "breadcrumb"，在 <li> 标签内添加类 "breadcrumb-item"。代码如图5-139所示。

```
83 ▼  <div>
84 ▼      <div>
85 ▼          <ol>
86               <li></li>
87               <li></li>
88           </ol>
89       </div>
90   </div>
```

图5-138　第16步操作对应的代码

```
83 ▼  <div class="container-fluid">
84 ▼      <div class="container">
85 ▼          <ol class="breadcrumb">
86               <li class="breadcrumb-item"></li>
87               <li class="breadcrumb-item"></li>
88           </ol>
89       </div>
90   </div>
```

图5-139　第17步操作对应的代码

18 此时我们查看效果图，如图5-140所示。可以看到面包屑导航的背景颜色并没有全部填充，而且紧挨着幻灯片模块。接下来让我们微调面包屑导航，使其变得更加美观。

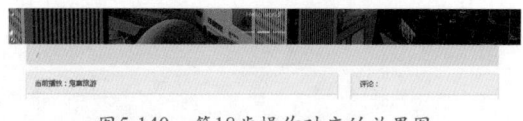

图5-140　第18步操作对应的效果图

19 在第一个 <div> 标签内，我们添加背景颜色的内联样式，当输入完代码后请不要按 Enter 键或者手动输入颜色，如图5-141所示。

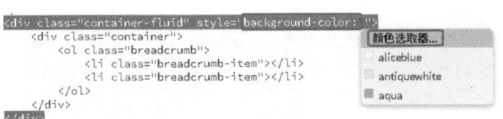

图5-141　选取颜色

20　此时单击【颜色选取器】，弹出如图 5-142 所示的界面后，单击图中红色框标记的吸管后，鼠标指针会变成吸管状，如图 5-143 所示。此时移动鼠标指针到如图所示，也就是面包屑导航的位置之后，单击并按 Enter 键，即可选择和面包屑导航一样的颜色。此时代码如图 5-144 所示，效果如图 5-145 所示。

图5-142　颜色选择器

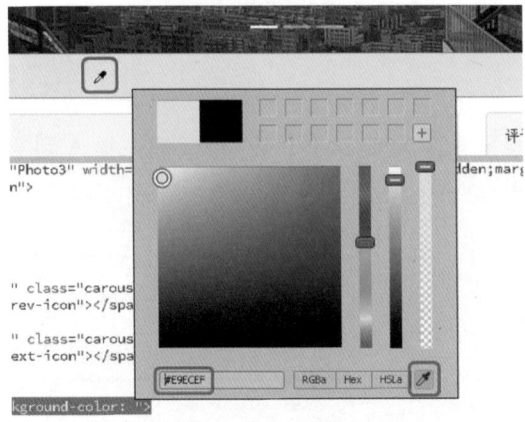

图5-143　选取颜色

```
<div class="container-fluid" style="background-color: #E9ECEF">
    <div class="container">
        <ol class="breadcrumb">
            <li class="breadcrumb-item"></li>
            <li class="breadcrumb-item"></li>
        </ol>
    </div>
</div>
```

图5-144　第20步操作对应的代码

图5-145　第20步操作完成后的效果图

21　接下来给面包屑导航添加文本内容。在第一个 <li> 标签中添加文本内容"视频点播平台"，在第二个 <li> 标签中添加文本内容"视频"。代码如图 5-146 所示，效果如图 5-147 所示。

```
<div class="container-fluid" style="background-color: #E9ECEF">
    <div class="container">
        <ol class="breadcrumb">
            <li class="breadcrumb-item">视频点播平台</li>
            <li class="breadcrumb-item">视频</li>
        </ol>
    </div>
</div>
```

图5-146　第21步操作对应的代码

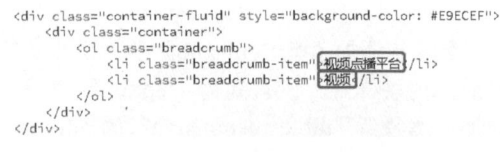

图5-147　第21步操作完成后的效果图

22　这个时候读者发现，此时的面包屑导航上面没有间隔，但是下方却有间隔，这是因为 Bootstrap 内"breadcrumb"类设定了下外边距为 16px，所以我们要设置上面外边距均为 10px。代码如图 5-148 所示，效果如图 5-149 所示。

```
<div class="container-fluid" style="background-color: #E9ECEF" margin-top: 10px>
    <div class="container">
        <ol class="breadcrumb" style="margin-bottom: 10px">
            <li class="breadcrumb-item">视频点播平台</li>
            <li class="breadcrumb-item">视频</li>
        </ol>
    </div>
</div>
```

图5-148　第22步操作对应的代码

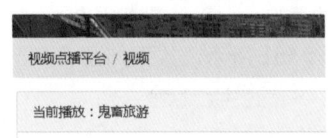

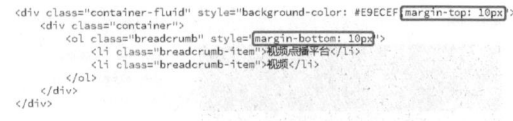

图5-149　第22步操作完成后的效果图

23　在上面步骤的截图中，可以发现，在视频播放模块的右侧，也就是评论模块的高度太高，这样使得网页的效果变得极差，但我们不能隐藏里面的内容，所以我们要通过修改，通过滚动条查看更多的评论。这里我们使用到

了 overflow 属性。

24 找到视频播放模块所在的代码行，在实例中，此代码在第 91 行。代码如图 5-150 所示。

```
91    <div class="container">
92        <div class="row">
93            <div class="col-xl-8">
94                <div class="card">
95                    <div class="card-header">
96                        当前播放：鬼畜旅游
97                    </div>
98                    <div class="card-body">
99                        <div style="display: flex">
100                           <video src="video/video.mp4" controls width="100%"
101                               您的浏览器不支持HTML5，请升级您的浏览器值最新版本。
102                           </video>
103                       </div>
104                   </div>
105               </div>
106           </div>
107           <div class="col-xl-4">
```

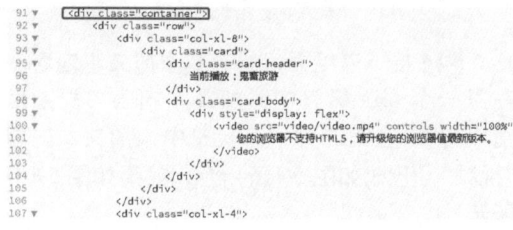

图5-150　第24步操作对应的代码

25 在添加了类“col-xl-8”的 <div> 标签内添加内联样式，设置高为 478px。寻找一个添加了类名为“table-responsive”的 <div> 标签，在此 <div> 内添加内联样式，并设置高为 387px，并添加 overflow 属性及属性值“auto”。代码如图 5-151 所示，效果如图 5-152 所示。

```
<div class="col-xl-8" style="height: 478px">
    <div class="card">
        <div class="card-header">
            当前播放：鬼畜旅游
        </div>
        <div class="card-body">
            <div style="display: flex">
                <video src="video/video.mp4" controls width="100%" height="100%">
                    您的浏览器不支持HTML5，请升级您的浏览器值最新版本。
                </video>
            </div>
        </div>
    </div>
</div>
<div class="col-xl-4">
    <div class="card">
        <div class="card-header">
            评论：
        </div>
        <div class="card-body">
            <div class="table-responsive" style="height: 387px;overflow: auto">
```

图5-151　第25步操作对应的代码

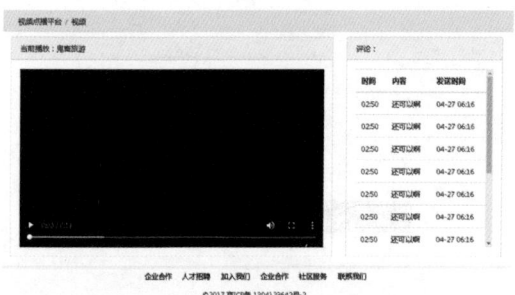

图5-152　第25步操作完成后的效果图

26 此时案例已经接近尾声，我们在最后添加一个说明板块。在倒数第二个 <div> 标签也就是第 189 行前添加空行。代码如图 5-153 所示。

```
188       </div>
189       <div class="container-fluid" style="margin-top: 20px;box-shadow: 0px 2px 8px
190           <div class="container" style="text-align: center;padding-top: 10px;">
191               <p>
192                   <a href="#">企业合作</a>
193                   <a href="#">人才招聘</a>
194                   <a href="#">加入我们</a>
195                   <a href="#">企业合作</a>
196                   <a href="#">社区服务</a>
197                   <a href="#">联系我们</a>
198               </p>
199               <p>&copy;2017 京ICP备 1304123642号-2</p>
200           </div>
201       </div>
202   </body>
```

图5-153　第26步操作对应的代码

27 添加五个 <div> 标签，并且是相互嵌套的。代码如图 5-154 所示。

```
186               </div>
187           </div>
188       </div>
189       <div>
190           <div>
191               <div>
192                   <div>
193                       <div>
194
195                       </div>
196                   </div>
197               </div>
198           </div>
199       </div>
200       <div class="container-fluid" style="margin-top:
```

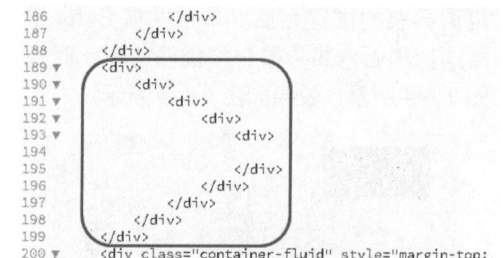

图5-154　第27步操作对应的代码

28 从最外层开始依次添加类“container、row”“col-xl-6”“card flex-md-row”“card-body”。代码如图 5-155 所示。

```
189       <div class="container">
190           <div class="row">
191               <div class="col-xl-6">
192                   <div class="card flex-md-row">
193                       <div class="card-body">
194
195                       </div>
196                   </div>
197               </div>
198           </div>
199       </div>
```

图5-155　第28步操作对应的代码

29 复制第 191~197 行代码，插入到第 198 行后。代码如图 5-156 所示。

```
189       <div class="container">
190           <div class="row">
191               <div class="col-xl-6">
192                   <div class="card flex-md-row">
193                       <div class="card-body">
194
195                       </div>
196                   </div>
197               </div>
198               <div class="col-xl-6">
199                   <div class="card flex-md-row">
200                       <div class="card-body">
201
202                       </div>
203                   </div>
204               </div>
205           </div>
206       </div>
```

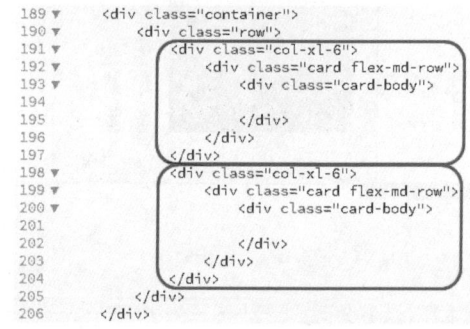

图5-156　第29步操作对应的代码

30 在第 194 行插入如图 5-157 所示的代码。

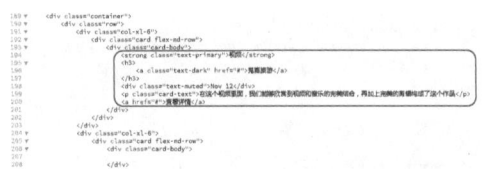

图5-157　第30步操作对应的代码

知识链接：插入的这些代码是什么意思？

在上面图中，我们使用 <strong> 标签，加粗了字体，用来突出效果。在后面使用了 <h3> 标签添加了标题。使用了 <div> 标签，占用了一行，添加文本"Nov 12"，并添加类"text-dark"来添加文本颜色。下方的 <p> 标签使用了"card-text"类来添加文本，添加 <a> 标签，实现链接效果。

31 在添加了"card-body"类的 <div> 结束标签后添加 <img> 标签，链接到当前目录下的"image/image.png"文件，并添加类"card-img-right flex-auto"，设置高度为250px，宽度为200px，添加提示文本"Card image cap"。代码如图5-158所示。

图5-158　第31步操作对应的代码

32 在第208行代码中添加如图5-159所示的代码，并重复上一步添加 <img> 标签的操作。添加完成后的代码如图5-160所示，效果如图5-161所示。

```
<strong class="text-success">腾讯</strong>
<h3>
<a href="#" class="text-dark">视频播放</a>
</h3>
<p class="text-muted">Nov 12</p>
<p class="card-text">在这里可以欣赏到鬼神林工的画面，使用当下流行的"水果"软件进行编辑，希望您有一个完美的体验</p>
<a href="#">查看详情</a>
```

图5-159　第32步操作对应的代码（1）

```
<div class="card flex-md-row">
  <div class="card-body">
    <strong class="text-success">腾讯</strong>
    <h3>
    <a href="#" class="text-dark">视频播放</a>
    </h3>
    <p class="text-muted">Nov 12</p>
    <p class="card-text">在这里可以欣赏到鬼神林工的画面，使用当下流行的"水果"软件进行编辑，希望您有一个完美的体验</p>
    <a href="#">查看详情</a>
  </div>
  <img src="image/image.png" class="card-img-right flex-auto" alt="Card image cap" height="250px" width="200px">
</div>
```

图5-160　第32步操作对应的代码（2）

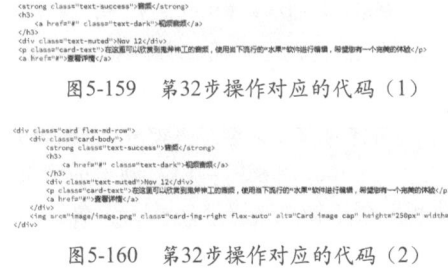

图5-161　第32步操作完成后的效果图

33 此时可以发现，刚添加的内容板块还是紧挨着上方，我们在内容板块的最外层

<div> 标签中添加外边距即可。修改第189行的 <div> 标签，添加上外边距为10px的内联样式即可。代码如图5-162所示。

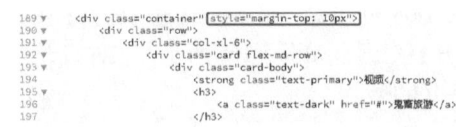

图5-162　第33步操作对应的代码

34 此时网页就完成了，效果如图5-163所示。

图5-163　制作后的效果

5.3 上机练习——制作音频播放网页

通过前面基础知识的介绍，在本案例中，我们通过 <audio> 标签实现了音频的播放（见图5-164），并通过 JavaScript 语言，实现了播放和停止时的一些效果变化，其中 JavaScript 语言将会在下文进行介绍，在这里我们进行一个简单的引入。

素材	素材\Cha05\3\index.html
场景	素材\Cha05\3\index.html
视频	视频教学\Cha05\5.3　上机练习——制作音频播放网页.mp4

图5-164　音频播放网站

01 双击 Dreamweaver 软件，在弹出的软件界面的菜单栏中，选择【文件】|【打开】命令，弹出【打开】对话框，选择素材文件"素材 \Cha05\3\index.html"后，单击【打开】按钮。【打开】对话框如图 5-165 所示，软件打开后如图 5-166 所示。

02 在软件视图的下半部分代码视图中，移动到第 104 行代码，代码如图 5-167 所示。

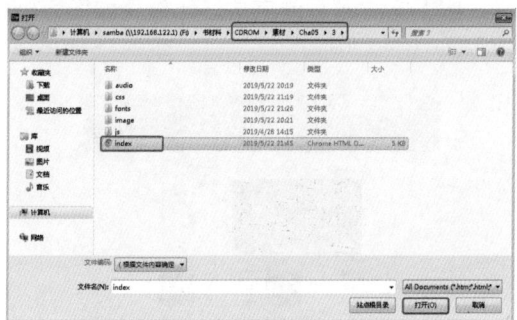

图5-165 【打开】对话框

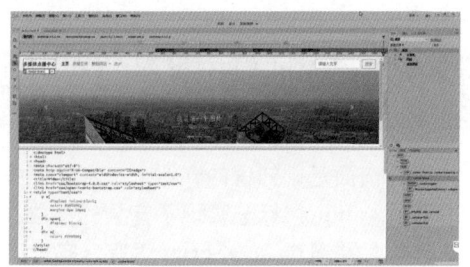

图5-166 软件打开后的效果

```
105    <!--在这里输入你的代码-->
104 ▼  <div class="container-fluid" style="margin-top: 20px;box-shadow: 0px 2px 8px rgba(7,17,27,.06) inset;">
106 ▼    <div class="container" style="text-align: center;padding-top: 10px;">
107 ▼      <p>
```

图5-167 第2步操作对应的代码

03 在第 104 行添加一个 <div> 标签并添加类 "container"，之后在第 105 行添加嵌套一个 <div> 标签并添加类 "row"。具体代码如图 5-168 所示。

```
<div class="container">
    <div class="row">

    </div>
</div>
```

图5-168 第3步操作对应的代码

04 在第 106 行添加一个 <div> 标签，并添加类 "col-xl-10"。之后在第 107 行添加一个 <div> 标签并添加类 "card"，设置 style 属性值为 "height: 190px"。具体代码如图 5-169 所示。

```
<div class="col-xl-10">
    <div class="card" style="height: 190px">
    </div>
</div>
```

图5-169 第4步操作对应的代码

05 在第 108 行添加一个 <div> 标签并添加类为 "card-header" 以及文字内容 "当前正在播放："。

06 在第 111 行添加一个 <div> 标签，添加类 "card-body"，之后在第 112 行添加一个 <div> 标签并添加类 "row"。具体代码如图 5-170 所示。

```
<div class="card-body">
    <div class="row">

    </div>
</div>
```

图5-170 第6步操作对应的代码

07 在第 113 行添加一个 <div> 标签并添加类 "col-xl-1"，之后在第 114 行添加一个 <div> 标签并添加类 "col-xl-2" 以及设置 align 属性值为 "center"。在第 115 行添加一个 <img> 标签并链接到当前目录下的 "image/56 c93ef7da304c5d963fe291b68c41d6.jpeg" 文件，设置 <img> 标签的 width 属性值为 "100px"，style 属性值为 "border-radius: 50%"，id 属性值为 "mytest"。具体代码如图 5-171 所示。

```
<div class="col-xl-1"></div>
<div class="col-xl-2" align="center">
    <img src="image/56c93ef7da304c5d963fe291b68c41d6.jpeg" width="100px" style="border-radius: 50%" id="mytest">
</div>
```

图5-171 第7步操作对应的代码

08 在第 117 行添加一个 <div> 标签并添加类 "col-xl-8"。之后在第 118 行添加一个 <h1> 标签并添加文字内容 "去流浪"。在第 119 行添加一个 <audio> 标签并链接到当前目录下的 "audio/ 周笔畅 - 去流浪 .mp3"文件，设置 controls style 属性值为 "width: 100%"，onPlay 属性值为 "aup();"，onPause 属性值为 "paup();"，并在第 120 行添加文字内容 "Your browser does not support the audio element"，最后在第 123 行添加一个 <div> 标签并添加类 "col-xl-1"。具体代码如图 5-172 所示，具体效果如图 5-173 所示。

```
<div class="col-xl-8">
    <h1>去流浪</h1>
    <audio src="audio/周晓晴 - 去流浪.mp3" controls styles="width: 100%" onPlay();" onPause="paup();">
        Your browser does not support the audio element
    </audio>
</div>
<div class="col-xl-1"></div>
```

图5-172　第8步操作对应的代码

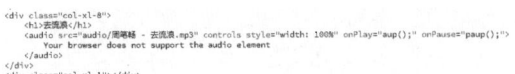

图5-173　第8步操作完成后的效果图

> **疑难解答**　为什么单击开始播放后图片会旋转?
>
> 这里使用的是JS中的内容,我们把代码调到最后,你会发现有一个<script>标签,这里面写的就是去旋转的实现。我们通过修改class名称实现图片的旋转效果。有关修改class名称的方法,在<script>标签中有详细代码,不再细说了。再回到我们的图片的旋转。我们把代码调到<head>标签中,你会看到有一个添加图片转动效果的注释,下面的代码就是我们图片旋转的效果的设置。我们设置其初始的旋转角度为0°,最终的旋转角度为360°,因为都是正数,所以顺时针旋转,(负数为逆时针旋转)之后我们又给其添加了边框属性以及设置旋转一次的时间为8秒,最终制成了我们想要的样子。

09 在第 128 行添加一个 <div> 标签,并添加类"col-xl-2"。在第 129 行添加一个 <div> 标签并添加类"card"以及设置 style 属性值为"height: 190px",在第 130 行添加一个 <div> 标签并添加类"card-body"。在第 131 行添加一个 <table> 标签并添加类为"table",设置 style 属性值为"font-size: 8px"。具体代码如图 5-174 所示。

```
<div class="col-xl-2">
    <div class="card" style="height: 190px">
        <div class="card-body">
            <table class="table" style="font-size: 8px">

            </table>
        </div>
    </div>
</div>
```

图5-174　第9步操作对应的代码

10 在第 132 行添加一个 <tbody> 标签。在第 133 行添加一个 <tr> 标签,之后在第 134、135 行各添加一个 <td> 标签,并分别添加文字内容"状态"、"歌曲"。在第 137 行添加一个 <tr> 标签,之后在第 138 行与 139 行各添加一个 <td> 标签,在第 138 行的 <td> 标签中添加一个 <span> 标签并添加类"oi oi-media-pause",设置 id 属性值为"spanmu"。第 141~144 行基本是对上述内容的重复,在这里不再详细介绍了。具体代码如图 5-175 所示,具体效果如图 5-176 所示。

```
<tbody>
    <tr>
        <td>状态</td>
        <td>歌曲</td>
    </tr>
    <tr>
        <td><span class="oi oi-media-pause" id="spanmu"></span></td>
        <td>去流浪</td>
    </tr>
    <tr>
        <td><span class="oi oi-musical-note"></span></td>
        <td>棉花糖</td>
    </tr>
</tbody>
```

图5-175　第10步操作对应的代码

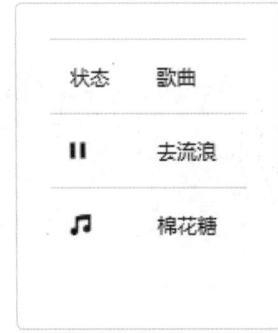

图5-176　第10步操作完成后的效果图

11 在第 152 行添加一个 <div> 标签并添加类"container",设置 style 属性值为"margin-top: 20px"。在第 153 行添加一个 <div> 标签并添加类"row"。具体代码如图 5-177 所示。

```
<div class="container" style="margin-top: 20px">
    <div class="row">

    </div>
</div>
```

图5-177　第11步操作对应的代码

12 在第 154 行添加一个 <div> 标签,并添加类"col-xl-6"。在第 155 行嵌套一个 <div> 标签并添加类"card"。在第 156 行添加一个 <div> 标签并添加类"card-header"以及文字内容"视频榜单"。在第 159 行添加一个 <div> 标签并添加类"card-body"。在第 160 行添加一个 <p> 标签并添加类"card-text"以及文字内容"在这里您可以看到当前网络中比较流行的视频文件,并可以感受 HTML 5 中 <video> 标签的好处,我们引用的文档将会在后面的章节讲解如何制作",在第 161 行添加一个 <a> 标签并添加类"btn"、"btn-primary",设置 href 为"#"以及文字内容"点击查看"。最后在第 163 行添加 <img> 标签并添加类为"card-img-bottom",设置 alt 属性值为"Test card"。具体代码如图 5-178 所示,具体效果如图 5-179 所示。

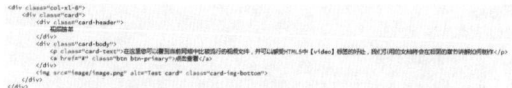

图5-178　第12步操作对应的代码

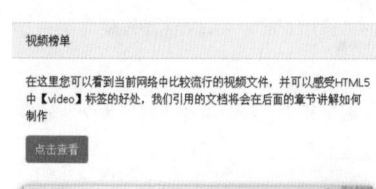

图5-179　第12步操作完成后的效果图

13 第166~177行的代码基本是对上一步中代码的重复，仅个别位置发生了修改，在这里就不再过多地重复了。具体代码如图5-180所示，具体效果如图5-181所示。

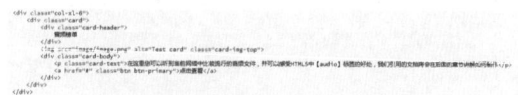

图5-180　第13步操作对应的代码

图5-181　第13步操作完成后的效果图

5.4　思考与练习

1. 常见的视频和音频文件格式有哪些？

2. 关于滚动文字，有哪些属性可以设置？

第 **6** 章

企业门户类网页——使用 JavaScript完善网页效果

JavaScript（必要时可简写为 JS）是一种直译式脚本语言，是一种动态类型、弱类型、基于原型的语言，内置支持类型。它主要用于嵌入动态文本于 HTML 页面、对浏览器事件做出响应、读写 HTML 元素、在数据被提交到服务器之前验证数据、检测访客的浏览器信息、控制 cookies，包括创建和修改等、基于 Node.js 技术进行服务器端编程。

React Js

A JavaScript library for building user interfaces

WEB全栈系列课程

精彩讨论

 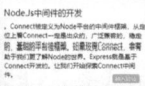 

网络安全系列课程

基础知识
➤ 引入 JS 文件
➤ JS 语法

重点知识
➤ 面向对象思想
➤ 函数

提高知识
➤ 事件

在本章学习中采用育婴和商务公司画册，因其动态效果绚丽，能更好地展现 JS 语言的使用方法。导航栏、图片轮播、下拉菜单、文本框获得与失去焦点等事件是 JS 语言案例的典范，能大大提升页面简洁性和美观性。

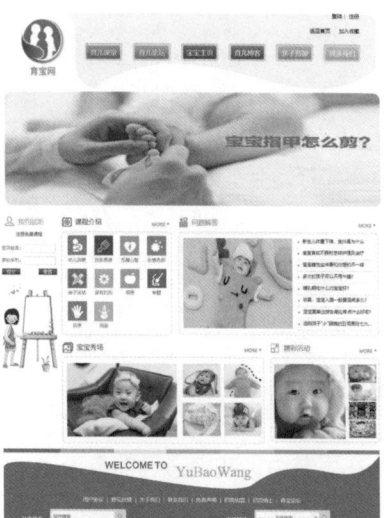

6.1 JavaScript基础

向 HTML 页面中插入 JavaScript 的主要方法，就是使用 <script> 元素。使用 <script> 元素的方式有两种：直接在页面中嵌入 JavaScript 代码和包含外部 JavaScript 文件。

6.1.1 直接嵌入.js文件

在使用 <script> 元素嵌入 JavaScript 代码时，只需指定 type 属性。document 是文档对象，document.write() 是在文档中输入字符串，document.close() 是关闭输出操作。示例代码如图 6-1 所示。

```
<script Language="javascript">
document.write("直接嵌入javascript");
document.close();
</script>
```

图6-1　直接嵌入.js文件的示例代码

6.1.2 外部引入.js文件

通过 <script> 元素来包含外部 JavaScript 文件，把代码写在 ".js" 文件中，通过 src 属性的值指向外部 JavaScript 文件的链接。

在 .html 文件中引入外部文件，示例代码如图 6-2 所示。

```
<script src="Untitled-3.js"></script>
```

图6-2　外部引入.js文件的示例代码

创建 .js 文件，示例代码如图 6-3 所示。

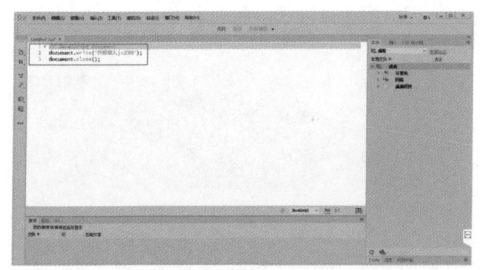

图6-3　创建.js文件的示例代码

6.2 使用JavaScript

在本节中，我们通过简单地引入代码，介绍 JavaScript 中的基础语法、面向对象思想以及常用的事件。读者通过学习本小节可以快速掌握 JavaScript 中的基础，为学习后面的实训案例打下良好的基础。

6.2.1 数据类型

ECMAScript 中有 5 种简单数据类型（也称为基本数据类型）：Undefined、Null、Boolean、Number 和 String。还有一种复杂数据类型——Object，Object 本质上是由一组无序的数组组成的。

JavaScript 包含的 5 种原始数据类型如下：

类型	具体描述
undefined	使用 var 声明变量，但未对其加以初始化时，这个变量的值就是 undefined
null	空值，如果引用一个没有定义的变量，则返回空值
boolean	布尔类型，包含true和false
string	字符串类型，由单引号或双引号括起来的字符
number	数值类型，可以是32位、64位整数或浮点数

6.2.2 变量

JavaScript 使用 var 关键字声明变量。声明变量的 5 种常规用法如图 6-4 所示。

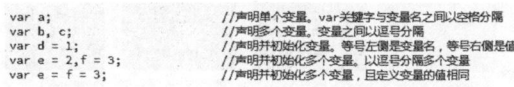

图6-4　变量声明的示例代码

JavaScript 也支持不使用 var 命令，直接使用未声明的变量。但建议用户养成"先声明后使用"的好习惯。声明变量之后，在没有初始化之前，则它的初始化值为 undefined（未定义的值）。

变量命名的规则如下：

（1）首字符必须是大写或小写的字母、下画线 "_" 或美元符 "$"，后续的字符可以是字母、数字、下画线或美元符。

（2）变量名称不能是 JavaScript 关键字或保留字。

（3）变量名称长度任意，但是要区分大小写。

除了上面的硬约束以外，用户还应遵守下面的软约束，这样将会使用户受益终生。

（1）变量名应集中、置顶，如放在文档的前面、代码的前面，或者函数内的上面。

（2）使用局部变量。不要把所有变量都放置在段首，如果仅在函数内使用，建议在函数内声明。

（3）变量名称应易于理解，避免混乱。声明变量之前，应该规划好，避免类似于 usname 与 userName 混用的现象。

> **疑难解答**　为什么要区分全局变量与局部变量？
>
> 根据可见性，变量可以分为全局变量和局部变量（或称私有变量）。全局变量在整个页面中可见，并在页面任意的位置都允许被访问。局部变量只能在指定函数内可见，函数外面是不可见的，也不允许访问。

在函数内部使用 var 关键字声明的变量就是私有变量，该变量的作用域仅限于当前函数体内，但是不使用 var 关键字定义的变量都是全局变量，不管是在函数内还是在函数外，在整个页面脚本中都是可见的。

下面是一个小例子，展示当使用 var 关键字在函数内外分别声明并初始化变量 a 时，在不同的作用域内显示不同的值。相反，如果不使用 var 关键字声明变量时，会发现域外和域内变量 b 显示相同的值，因为 b = "b(域内) = 域内变量
"；将覆盖掉 var b = "b(域外) = 全局变量
"；的值。具体代码如图 6-5 所示，具体效果如图 6-6 所示。

```
var a = "a(域外) = 全局变量<br/>";          //声明全局变量a
var b = "b(域外) = 全局变量<br/>";          //声明全局变量b
r function f(){
    var a = "a(域内) = 全局变量<br/>";      //声明局部变量a
        b = "b(域内) = 全局变量<br/>";      //重写全局变量b的值
    document.write(a);                      //输出变量a的值
    document.write(b);                      //输出变量b的值
}
f();                                        //调用函数
document.write(a);                          //输出变量a的值
document.write(b);                          //输出变量b的值
```

图6-5　有关变量作用域的示例代码

```
a(域内) = 全局变量
b(域内) = 全局变量
a(域外) = 全局变量
b(域内) = 全局变量
```

图6-6　有关变量作用域的效果图

6.2.3　注释、表达式与运算符

1. 注释

注释是程序代码中不可以执行的文本字符串，用于对代码行或代码段进行说明，或者暂时禁用某些代码。使用注释对代码进行说明，可以使程序代码更容易维护与理解。注释通常用于说明代码的功能，描述复杂计算或解释编程方法，记录程序名称、作者姓名、主要代码更改的日期等。

向代码中添加注释时，需要用一定的字符进行标示。JavaScript 支持两种类型的注释字符。

1）//

// 是单行注释符，这种注释符可与要注释的代码处于同一行，也可以另起一行。从 // 开始到行尾均表示注释。对于多行注释，必须在每一个注释行的开始使用 //。具体代码如图 6-7 所示。

```
//var a="a(域外) = 全局变量<br />";
//var b="b(域外) = 全局变量<br />";
```

图6-7　单行注释的示例代码

2）/*…*/

/*…*/ 是多行注释，…表示注释的内容。这种注释符可与要注释的代码处于同一行，也可以另起一行，甚至用在可执行代码内。对于多行注释，必须使用开始注释符"/*"开始注释，使用结束注释符"*/"结束注释。注释行上不应出现其他注释符。具体代码如图 6-8 所示。

```
/*f();
document.write(a);
document.write(b);
*/
```

图6-8　多行注释的示例代码

2. 表达式

表达式是指可以运算，并且必须返回一个值的式子。表达式一般由值、变量、运算符、子表达式构成。

最简单的表达式可以是一个简单的值或变

量。具体代码如图6-9所示。

```
1              //数字表达式
"a"            //字符串表达式
true           //布尔值表达式
a              //变量表达式
```

图6-9　最简单的表达式

值表达式的返回值为它本身，而变量表达式的返回值为变量存储或引用的值。

把这些简单的表达式合并为一个复杂的表达式，那么连接这些表达式的符号就是运算符。运算符就是根据特定的算法定义的执行运算的。

在以下代码中，变量a,b,c就是最简单的变量表达式，而1和2是最简单的值表达式。而"="和"+"是最简单表达式的运算符。最后形成3个稍微复杂的表达式："a=1"、"b=2"、"c=a+b"。具体代码如图6-10所示。

```
var a = 1,b = 2;
var c = a + b;
```

图6-10　简单表达式的示例代码

JavaScript的运算符种类如下。

1）算术运算符

算术运算符可以实现数学运算，包括加(+)、减(-)、乘(*)、除(/)、取余(%)、自加(++)与自减(---)等。具体的使用方法如图6-11所示。

```
var a,b,c;
a = b + c;
a = b - c;
a = b * c;
a = b / c;
a = b % c;
a++;
a--;
```

图6-11　算术运算符的应用

2）赋值运算符

赋值运算符是等号（=），它的作用是将运算符右侧的常数或变量的值赋值到运算符左侧的变量中。上文已经给出了赋值运算符的使用

方法。主要的算术运算符以及其他几个运算符都可以与"="组合成符合赋值运算符。

常用的赋值运算符有以下几种：*=(乘法/赋值)、/=(除法/赋值)、%=(取模/赋值)、+=(加法/赋值)、-=(减法/赋值)。其使用方法如图6-12所示。

```
//除法/赋值：
var iNum = 10;
iNum *= 2;
document.write(iNum);        //输出 "5"

//取余/赋值：
var iNum = 10;
iNum %= 7;
document.write(iNum);        //输出 "3"

//加法/赋值：
var iNum = 10;
iNum += 2;
document.write(iNum);        //输出 "12"

//减法/赋值：
var iNum = 10;
iNum -= 2;
document.write(iNum);        //输出 "8"
```

图6-12　赋值运算符的应用

除了上述的赋值运算符外，还有 <<=（左移/赋值）、>>=（右移/赋值）以及 >>>=（无符号右移/赋值）等不常用的几个赋值运算符。

3）关系运算符

关系运算符是对两个变量或数值进行比较，返回一个布尔值。JavaScript关系运算符包含以下的内容：==(等于运算符)、===(恒等于运算符)、!=(不等于运算符)、!==(不恒等运算符)、<(小于运算符)、>(大于运算符)、<=(小于等于运算符)、>=(大于等于运算符)。其具体的使用方法如图6-13所示。

```
// == 运算符与 === 运算符的区别
var a = 8;
var b = "8";

a == b;    //true
a === b;   //false

// == 运算符数据相同就返回true，=== 运算符只有在数据与类型相同时才返回true

//此外 != 与 !== 运算符也是同理
```

图6-13　关系运算符的应用

4）位运算符

位运算符允许对整型数中指定的位置进行置位。如果左右参数都是字符串，则位运算符将操作这个字符串中的字符。JavaScript包含以

下的位运算符：~（按位非运算符）、&（按位与运算符）、|（按位或运算符）、^（按位异或运算符）、<<（位左移运算符）、>>（有符号位右移运算符）、>>>（无符号位右移运算符）。

5）逻辑运算符

JavaScript 中的逻辑运算符只有三个，分别为 &&（逻辑与运算符）、||（逻辑或运算符）、!（非运算符）。应用如图 6-14 所示。

```
// && 逻辑与运算符与 ||逻辑或运算符的区别
var a = true;
var b = false;
a && b;        //返回值为false，两个都为true才为true
a || b;        //返回值为true，一个为true结果就为true
!a;            //返回值为false，使用！后与原本的逻辑相反
```

图6-14 逻辑运算符的应用

6）条件运算符

JavaScript 中的条件运算符的语法如下：

```
Variable = boolean_expression ? true_value : false_value;
```

表达式将根据 boolean_expression 的计算结果为变量 Variable 赋值。如果 boolean_expression 为 true，则把 true_value 的值赋给变量；否则把 false_value 赋给变量。如图 6-15 所示的代码将 iNum1 和 iNum2 中大者赋值给变量 iMax。

```
var iMax = (iNum1 > iNum2) ? iNum1 : iNum2;
```

图6-15 条件运算符的应用

7）逗号运算符

使用逗号运算符可以在一条语句中执行多个运算，例如：

```
Var iNum1 = 1, iNum2 = 2, iNum3 = 3;
```

6.2.4 常用语句

1. 分支语句

程序设计方法的关键在于构造合适的分支条件和分析程序流程，根据不同的程序流程选择适当的分支语句。

1）if 语句

if 语句是大多数编程语言中最为常用的一个语句。if 语句的语法如下：

```
if（条件表达式）
```

语句块 1

```
else
```

语句块 2

当表达式为 true 时，执行语句块 1，否则执行语句块 2。在一个 if 语句中，可以包含多个 else if 语句。"If…else if…else" 语句的示例代码如图 6-16 所示。

```
<script type="text/javascript">
    var i=56;
    if (i > 25) {
        alert("Greater than 25.");
    } else if (i < 0) {
        alert("Less than 0.");
    } else {
        alert("Between 0 and 25, inclusive.");
    }
</script>
```

图6-16 使用if语句的示例代码

2）switch 语句

switch 语句与 if 语句的关系最为密切，而且也是在其他语言中普遍使用的一种流控制语句。其语法结构如下：

```
switch（表达式）{
```

case 值 1：

语法块 1：

```
break;
```

case 值 2：

语法块 2：

```
break;
……
```

case 值 n：

语法块 n：

```
break;
default:
```

语句块 n+1

```
    }
```

case 子句被多次重复使用，如果表达式等于这个值，则执行后面的语句。而 break 关键字会导致代码执行流跳出 switch 语句。如果省略 break 关键字，就会导致执行完当前 case 后，继续执行下一个 case。最后的 default 关键字则用于在表达式不匹配前面任何一种情形的时候，执行语句块 n+1。示例代码如图 6-17 所示。

```
<script>
    switch (i){
        case 25:
        case 35:
            alert("25 or 35");
            break;
        case 45:
            alert("45");
            break;
        default:
            alert("Other");
        }
</script>
```

图6-17　使用switch语句的示例代码

2. 循环语句

1）while 语句

while 语句属于前测试循环语句，while 循环包括一个循环条件和一段代码块。事先不知道要循环多少次，只要条件为真，就不断循环执行代码块，直到条件为假为止。

while 语句的基本语法结构如下：

```
While (条件表达式){
循环语句体
}
```

当条件表达式为真时，不断循环执行语句体。使用while 语句循环计算从 1 累加到 99 的结果。每次执行循环体，变量 i 加 1，当变量 i 等于 100 时，退出循环，结果为 5050。示例代码如图 6-18 所示。

```
<script type="text/javascript">
    var i=1;
    var sum=0;
    while(i<=100){
        sum=sum+i;
        i++;
    }
    document.write(sum);
</script>
```

图6-18　使用while语句的示例代码

2）do-while 语句

do-while 语句是一种后测试循环语句，在对条件表达式求值之前，循环体内的代码至少会被执行一次。

do-while 语句的语法如下：

```
do {
循环语句体
} while (条件表达式);
```

使用 do-while 语句循环计算从 1 累加到 99 的结果。每次执行循环体，先执行循环体，后判断条件。示例代码如图 6-19 所示。

```
<script>
var i = 0;
    var sum=0;
    do {
      i += 1;
        sum+=i;
    } while (i < 100);
```

图6-19　使用do-while语句的示例代码

3) for 语句

for 循环是循环中使用的较为广泛的一种循环结构。for 语句的语法如下：

```
for (初始化语句；循环条件；递增 / 递减计数器){
循环体
}
```

提　示

（1）首先执行表达式 1，进行循环变量的初始化（可以不写。但需要在循环结构外为循环变量赋初值）。

（2）然后判断表达式 2 结果是否为真，如果为真，执行循环体。否则就跳出循环。（如果不写表达式 2，则表示循环条件恒成立。即进入"死循环"）

（3）当表达式 2 结果为真，并且循环体执行完毕后，执行表达式 3，然后重复步骤 2。（可以不写。如果不写表达式 3，则需要在循环结构内部为循环变量增加改变条件）

综上，其实 for 循环三个表达式都可以不写。但是括号中的分号不能省略。

```
for (; ;){
  console.log("hello javascript! ");
  }
```

使用 for 语句循环计算从 1 累加到 99 的结果。示例代码如图 6-20 所示。

```
<script>
    var sum=0;
    for(var i=0;i<=100;i++){
        sum+=i;
    }
document.write(sum);
</script>
```

图6-20　示例代码

4）for-in 语句

for-in 语句用来枚举对象的属性。循环输出的语句顺序不可预知，对象的值不能为 "null" 或 "undefined"。以下是 for-in 语句的语法：

```
for（声明变量 in 对象）{
代码块
}
```

示例代码如图 6-21 所示。

```
for (var propName in window) {
document.write(propName);
}
```

图6-21　使用for-in语句的示例代码

在这个例子中，我们使用 for-in 循环来显示了 BOM 中 window 对象的所有属性。每次执行循环时，都会将 window 对象中存在的一个属性名赋值给变量 propName。这个过程会一直持续到对象中的所有属性都被枚举一遍为止。

3. 跳转语句

跳转语句主要有 break 语句和 continue 语句。

break 语句和 continue 语句都具有跳转作用，可以让代码不按既有的顺序执行。

break 语句用于跳出代码块或循环，循环终止。

continue 语句用于立即终止本轮循环，返回循环结构的头部，开始下一轮循环，循环不终止。

使用 break 语句的示例代码如图 6-22 所示。此例的结果为 4，这个例子中的 for 循环会将变量 i 由 1 递增至 10。在循环体内，有一个 if 语句检查 i 的值是否可以被 5 整除。如果是，

则执行 break 语句退出循环。变量 num 从 0 开始，用于记录循环执行的次数。在执行 break 语句之后，要执行的下一行代码是 alert() 函数，结果显示 4。也就是说，在变量 i 等于 5 时，循环总共执行了 4 次；而 break 语句的执行，导致了循环在 num 再次递增之前就退出了。

```
var num = 0;
    for (var i=1; i < 10; i++) {
        if (i % 5 == 0) {
            break;
        }
        num++;
    }
    alert(num);
```

图6-22　使用break语句的示例代码

使用 continue 语句的示例代码如图 6-23 所示。此例的结果为 8，也就是循环总共执行了 8 次。当变量 i 等于 5 时，循环会在 num 再次递增之前退出，但接下来执行的是下一次循环，即 i 的值等于 6 的循环。于是，循环又继续执行，直到 i 等于 10 时自然结束。而 num 的最终值之所以是 8，是因为 continue 语句导致它少递增了一次。

```
var num = 0;
    for (var i=1; i < 10; i++) {
        if (i % 5 == 0) {
            continue;
        }
        num++;
    }
    alert(num);
```

图6-23　使用continue语句的示例代码

6.2.5　函数

在 JavaScript 语言中的函数，是由多条语句组成的。函数包含函数名、若干参数和返回值。一旦定义了函数，就可以在程序中需要使用的地方进行调用，给程序员共享代码带来了很大的便利。在 JavaScript 中，除了提供了丰富的系统函数外，还允许用户创建和使用自定义函数。

在 JavaScript 中，函数及对象，可以随意被程序操控，函数可以嵌套在其他函数的定义

中，这样可以访问它们被定义时所处的作用域中的任何变量。

简单的函数示例，代码如图6-24所示，效果如图6-25所示。

```
<body>
    <script>
        function test(){
            alert("my app");
        }
    </script>
    <button onClick="test()">Try it</button>
</body>
```

图6-24　简单函数的示例代码

图6-25　运行简单函数的效果图

在这个示例中，单击Try it按钮，浏览器会弹出如图6-25右侧所示的对话框。在\<button\>标签中，我们定义了当单击按钮时调用test函数，函数的作用就是弹出文本"my app"。

通过返回值弹出文本内容，代码如图6-26所示，效果如图6-27所示。

```
<body>
    <script>
        function test(str1,str2){
            alert(str1+str2);
        }
    </script>
    <button onClick="test('str1','str2')">Try it</button>
</body>
```

图6-26　通过返回值弹出文本内容的示例代码

图6-27　通过返回值弹出文本内容的效果图

我们将onclick属性的属性值变成了test('str1'，'str2')，意思是传递字符串str1、str2到test函数中。

在上面我们演示了两个简单的案例，其中包括怎么创建自定义函数和调用函数。接下来我们进行详细的讲解。

1. 创建自定义函数

我们通过function关键字来创建自定义函数，其具体语法结构如下：

```
function 函数名（参数列表）{
函数体
}
```

在我们演示的第一个示例中，参数列表是空的，在JavaScript中是允许没有参数或者多个参数的，参数之间用逗号分隔。函数体可以是一条语句，可以是多条语句，甚至可以调用其他的函数。

2. 调用函数

我们可以直接使用函数名来调用函数，无论是系统函数还是自定义函数，调用函数的方法都是一样的。

在\<script\>标签内调用函数，代码如图6-28所示，效果如图6-29所示。

```
<body>
    <script>
        function test(str1,str2){
            alert(str1+str2);
        }
        test();
    </script>
    <button onClick="test('str1','str2')">Try it</button>
</body>
```

图6-28　调用函数的示例代码

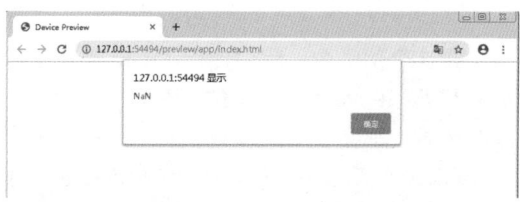

图6-29　调用函数的效果图

> **疑难解答**　为什么代码和上面的案例基本相同，但是效果中没有button按钮，并且弹出的文本是"NaN"呢？
>
> 在网页处理中，先解析JavaScript然后才会处理HTML标签，所以我们先看到了弹窗，当JS内容过多，或者客户机的性能不强的时候，就会出现卡顿的情况，严重影响客户的体验。在HTML 5中，提供了一个功能，可以后台解析JS，这提高了用户的体验，具体功能将会在后面讲解。
>
> 之所以弹出的是"NaN"，是因为我们并没有传递参数，我们仅添加了test()，参数部分是空的。

3. 变量的作用域

我们可以在函数中或者函数外定义变量，其中在函数中定义的变量称为局部变量，局部变量只在函数内部生效，在函数外无法访问，并且函数执行完毕之后会释放掉。在函数外的参数称为全局变量，在程序的运行生命周期内一直可以访问。演示代码如图 6-30 所示，效果如图 6-31 所示。

```
<body>
    <script>
        var a='test variable out';  //全局变量
        function variable(){
            document.write(a);
            a='new variable content';  //更改a变量的内容
            document.write(a);
            var a='new variable';  //建立局部变量a
            document.write(a);
            var aa='new variable aa';  //建立局部变量aa
        }
        variable();
        document.write(aa);
    </script>
</body>
```

图6-30　有关全局变量和局部变量的示例代码图

undefinednew variable contentnew variable

图6-31　有关全局变量和局部变量的效果图

> **提示**
>
> 读者可以仔细观察图 6-30 和图 6-31 中的代码和效果图，会发现，第一个输出的是"undefine"，而不是"test variable out"，这是因为 JavaScript 引擎的工作方式不同，JS 先解析代码，获取所有被声明的变量，然后再一行一行地运行。这造成的结果就是所有的变量的声明语句，都会被提升到代码的头部。这种读取机制叫作变量提升，所以先输出的 a 变量就会变成了没有定义。我们去除内部变量声明之后，就可以输出全局变量定义的值。代码如图 6-32 所示，效果如图 6-33 所示。
>
> ```
> <body>
>     <script>
>         var a='test variable out';  //全局变量
>         function variable(){
>             document.write(a);  //访问全局变量
>         }
>         variable();
>         document.write(aa);
>     </script>
> </body>
> ```
>
> 图6-32　去掉内部变量声明的示例代码
>
> **test variable out**
>
> 图6-33　运行只有全局变量的示例效果图

4. 函数的返回值

我们可以为函数指定一个返回值，其中返回值的数据类型没有限制，我们使用 return 语句返回函数的返回值并退出函数。具体语法如下：

```
Function 函数名(){
Return 返回值;
}
```

示例代码如图 6-34 所示，效果如图 6-35 所示。

```
<body>
    <script>
        var a=10;
        function re(){
            return a;
        }
        document.write(re());
    </script>
</body>
```

图6-34　使用返回语句的示例代码

图6-35　使用返回语句的示例运行效果图

6.2.6　面向对象程序设计

传统的软件工程方法学曾经给软件产业带来了巨大的进步，部分缓解了软件危机，但面临用户需求发生变化时，该方法的可修改性和重用性都比较差，需要花费很大代价才能实现用户需求的变更。面向对象方法尽量运用人类的自然思维方式从多方面来构造软件系统，能够更好地应对用户需求的变更，设计出稳定性更好、容易修改和便于重用的软件系统。

面向对象编程是 JavaScript 采用的基本编程思想，它可以将属性和代码集成在一起，定义为类，从而使程序设计更加简单、规范、有条理。本节将介绍如何在 JavaScript 中使用类和对象。

面向对象方法是一种分析、设计和抽象思维的方法。面向对象方法的出发点和基本原则是尽可能运用人类的自然思维方式，使开发软件的方法与过程尽可能接近人类解决问题的方法与过程。面向对象方法强调了运行抽象、分类、继承、封装、关联、消息等概念和思想类构造软件系统。

在日常生活中，要描述一个事务，既要说明它的属性，也要说明它能进行的操作。例如将车看成一个事务，它的属性包含车型、品牌、变速箱、车身长度、车身宽度、颜色等，它能完成的动作包含启动、加速、转弯、刹车等。面向对象把事务的属性和方法（动作）都包含在了类中，对象则是类的一个实例。

下面我们通过案例讲解 JavaScript 内的对象的属性及方法。

1. Array 对象

创建数组对象的方法如下：

```
Var 数组对象名 =new Array( 数组大小 );
```

示例代码如图 6-36 所示，效果如图 6-37所示。

```
<body>
    <script>
        var arr=new Array();
        arr[0]='Test1';
        arr[1]='Test2';
        arr[2]='Test3';
        for (var i=0;i<arr.length;i++){
            document.write(arr[i]);
            document.write('<br>');
        }
        document.write(arr.length+'<br>'); //数组长度
        //连接字符串
        var Mystr=arr.join(','); //通过逗号连接字符串
        document.write(Mystr+'<br>');
        //倒序
        arr.reverse(); //将数组的顺序倒置
        Mystr=arr.join(',');
        document.write(Mystr+'<br>');
        //排序
        arr.sort(); //对数组进行排序
        Mystr=arr.join(',');
        document.write(Mystr+'<br>');
    </script>
</body>
```

图6-36　创建数组对象的示例代码

```
Test1
Test2
Test3
3
Test1, Test2, Test3
Test3, Test2, Test1
Test1, Test2, Test3
```

图6-37　创建数组对象的示例运行效果图

在如图 6-36 所示的代码中，我们使用了array 类中定义的 length 属性来获取数组的长度，用 join、reverse、sort 方法对数组进行连接、倒序、排序等操作。

2. Date 对象

我们可以通过以下三种方式创建 Date 对象：

```
MyDate=new Date();
MyDate=new Date("2019-05-17");
MyDate=new Date(2019, 05, 17);
```

简单的 Date 对象示例，代码如图 6-38 所示，效果如图 6-39 所示。

```
<script>
    var MyDate=new Date();
    document.write(MyDate.getFullYear()
            +"年"+MyDate.getMonth()
            +"月"+MyDate.getDate()+"日");

    var MyDate2=new Date(2020,5,20);
    document.write("<br>"+MyDate2.getFullYear()
            +"年"+MyDate2.getMonth()
            +"月"+MyDate2.getDate()+"日")

    var MyDate3=new Date("2020-1-20");
    document.write("<br>"+MyDate3.getFullYear()
            +"年"+MyDate3.getMonth()
            +"月"+MyDate3.getDate()+"日")
</script>
```

图6-38　创建日期对象的示例代码

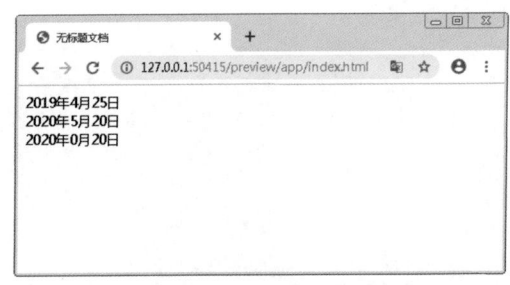

图6-39　创建日期对象的效果图

> **提 示**
>
> 读者如果仔细观察最后一个代码块的时候会发现，我们设置的是 "2020-1-20"，显示的确是 "2020-0-20"，这是因为 getmonth 方法获取的月份是从 0 开始到 11 结束。

Date 对象支持的部分方法如下表所示。

方法	描述
Date()	返回当日的日期和时间
getDate()	根据本地时间从Date对象返回一个月中的某一天（1～31）
getDay()	根据本地时间从Date对象返回一周中的某一天（0～6）

续表

方法	描述
getFullYear()	根据本地时间从 Date 对象以四位数字返回年份
getHours()	根据本地时间返回 Date 对象的小时（0～23）
getMilliseconds()	根据本地时间返回 Date 对象的毫秒(0～999)
getMinutes()	根据本地时间返回 Date 对象的分钟（0～59）
getMonth()	根据本地时间从 Date对象返回月份（0～11）
getSeconds()	根据本地时间返回 Date 对象的秒数（0～59）
getTime()	根据本地时间返回 1970 年 1 月 1 日至今的毫秒数
setFullYear()	根据本地时间设置 Date 对象中的年份（四位数字）
toDateString()	把 Date 对象的日期部分转换为字符串
toString()	把 Date 对象转换为字符串

3. string 对象

创建字符串对象可以使用如下两种方法：

```
var string1="string test one";
var string2='string test two';
```

创建字符串对象时可以使用单引号也可以使用双引号。其中 string 对象支持的属性如下表所示。

属性	描述
constructor	对创建该对象的函数的引用
length	字符串的长度
prototype	允许您向对象添加属性和方法

支持的方法如下表所示。

方法	描述
big()	用大号字体显示字符串
blink()	显示闪动字符串
bold()	使用粗体显示字符串
fontcolor()	使用指定的颜色来显示字符串
fontsize()	使用指定的尺寸来显示字符串
italics()	使用斜体显示字符串
link()	将字符串显示为链接
small()	使用小字号来显示字符串

续表

方法	描述
strike()	用于显示加删除线的字符串
sub()	把字符串显示为下标
sup()	把字符串显示为上标
concat()	连接两个或更多字符串，并返回新的字符串
search()	查找与正则表达式相匹配的值
split()	把字符串分割为字符串数组
substr()	从起始索引号提取字符串中指定数目的字符
substring()	提取字符串中两个指定的索引号之间的字符
toLowerCase()	把字符串转换为小写
toUpperCase()	把字符串转换为大写
trim()	去除字符串两边的空白

简单的字符串示例，代码如图 6-40 所示，效果如图 6-41 所示。

```html
<body>
    <script>
        var Mystr;
        Mystr=new String("这是一个测试的字符串");
        //原样输出
        document.write(Mystr+"<br>");
        //显示大号字体
        document.write(Mystr.big()+"<br>");
        //加粗字体
        document.write(Mystr.bold()+"<br>");
        //设置字体大小
        document.write(Mystr.fontsize(2)+"<br>");
        //设置字体颜色
        document.write(Mystr.fontcolor("gree")+"<br>");
    </script>
</body>
</html>
```

图6-40　字符串对象的简单示例代码

图6-41　字符串对象示例的运行效果图

4. window 对象

window 对象表示浏览器中一个打开的窗口。window 对象支持的部分属性如下表所示。

属性	描述
innerHeight	返回窗口的文档显示区的高度
innerWidth	返回窗口的文档显示区的宽度
length	设置或返回窗口中的框架数量
name	设置或返回窗口的名称
outerHeight	返回窗口的外部高度，包含工具条与滚动条
outerWidth	返回窗口的外部宽度，包含工具条与滚动条

window 对象支持的部分方法如下表所示。

方法	描述
alert()	显示带有一段消息和一个确认按钮的警告框
blur()	把键盘焦点从顶层窗口移开
close()	关闭浏览器窗口
confirm()	显示带有一段消息以及确认按钮和取消按钮的对话框
focus()	把键盘焦点给予一个窗口
open()	打开一个新的浏览器窗口或查找一个已命名的窗口
prompt()	显示可提示用户输入的对话框

使用 alert() 方法弹出警告对话框。代码如图 6-42 所示，效果如图 6-43 所示。

```
<body>
    <script>
        alert("Hello!");
    </script>
</body>
</html>
```

图6-42　使用alert方法的示例代码

图6-43　使用alert方法的示例运行效果图

使用 confirm() 方法判断用户选择。代码如图 6-44 所示，效果如图 6-45 所示。

```
<body>
    <script>
        alert("Hello!");

        var Ucheck=confirm("请做出选择!");
        if (Ucheck == true){
            alert("chose yes");
        }else{
            alert("chose no");
        }
    </script>
</body>
</html>
```

图6-44　使用confirm方法的示例代码

图6-45　使用confirm方法的示例运行效果图

使用 open() 方法，新建一个窗口。代码如图 6-46 所示，效果如图 6-47 所示。当我们单击【快点我】链接后，会自动打开一个访问百度的窗口。效果如图 6-48 所示。

```
<body>
    <a onClick="openUrl();" href="javascript:;">快点我</a>
    <script>
    var Uurl="http://www.baidu.com";
    var UuN="百度一下";

    function openUrl(){
        var openScr=window.open(Uurl,UuN);
        openScr.focus();
    }
    </script>
</body>
</html>
```

图6-46　使用open方法的示例代码

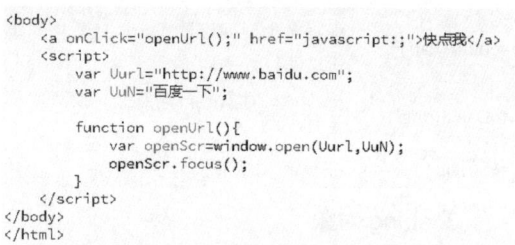

图6-47　使用open方法的示例运行效果图（1）

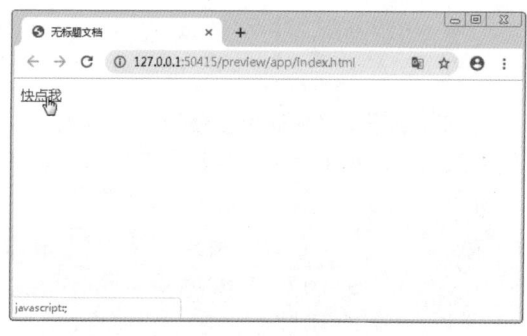

图6-48　使用open方法的示例运行效果图（2）

5. navigator 对象

navigator 对象用来获取浏览器的信息。navigator 对象支持的部分属性如下表所示。

属性	说明
appCodeName	返回浏览器的代码名
appName	返回浏览器的名称
appVersion	返回浏览器的平台和版本信息
cookieEnabled	返回指明浏览器中是否启用 cookie 的布尔值
browserLanguage	返回浏览器的语言
systemLanguage	返回系统的语言
cpuClass	返回浏览器系统的CPU等级
platform	返回运行浏览器的操作系统平台
userAgent	返回由客户机发送服务器的user-agent 头部的值

navigator 对象支持的方法如下表所示。

方法	描述
javaEnabled()	指定是否在浏览器中启用Java
taintEnabled()	规定浏览器是否启用数据污点(data tainting)

简单地获取浏览器信息。代码如图 6-49 所示，效果如图 6-50 所示。

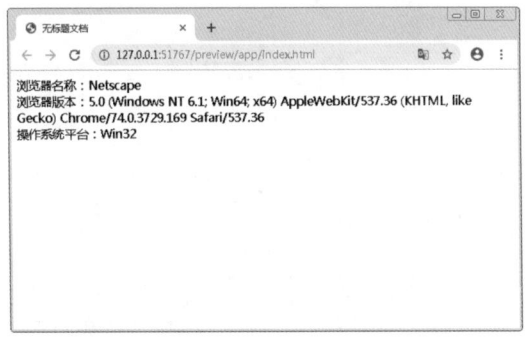

```
<body>
    <script>
        document.write("浏览器名称："+navigator.appName+"<br>");
        document.write("浏览器版本："+navigator.appVersion+"<br>");
        document.write("操作系统平台："+navigator.platform+"<br>");
    </script>
</body>
</html>
```

图6-49　获取浏览器信息的示例代码

图6-50　获取浏览器信息的示例运行效果图

6. document 对象

document 是常用的 JavaScript 对象，用于管理网页文档。前面我们已经介绍了使用 document.write() 方法在文档中输出字符串的方法。在这一小节，我们再简单地介绍一下 document 对象的属性和方法。

document 对象常用的属性如下表所示。

属性	描述
activeElement	返回当前获取焦点元素
anchors	返回对文档中所有 Anchor 对象的引用
applets	返回对文档中所有 Applet 对象的引用
baseURI	返回文档的绝对基础 URI
body	返回文档的body元素
cookie	设置或返回与当前文档有关的所有 cookie
forms	返回对文档中所有 Form 对象的引用
images	返回对文档中所有 Image 对象的引用
links	返回对文档中所有 Area 和 Link 对象的引用
scripts	返回页面中所有脚本的集合
title	返回当前文档的标题
URL	返回文档完整的URL

document 对象支持的部分方法如下表所示。

方法	描述
write()	向文档写 HTML 表达式 或 JavaScript 代码
writeln()	等同于 write() 方法，不同的是在每个表达式之后写一个换行符
open()	打开一个流，以收集来自任何 write() 或 writeln() 方法的输出
close()	关闭用 document.open() 方法打开的输出流，并显示选定的数据
createElement()	创建元素节点
createTextNode()	创建文本节点
getElementById()	返回对拥有指定 id 的第一个对象的引用
getElementsByName()	返回带有指定名称的对象集合
getElementsByTagName()	返回带有指定标签名的对象集合
getElementsByClassName()	返回文档中所有指定类名的元素集合，作为 NodeList 对象

我们获取当前网页的信息。代码如图 6-51 所示，效果如图 6-52 所示。

```
<body>
    <p>这里是测试文本</p>
    <script>
        document.write("文件地址："+document.location+"<br>");
        document.write("文件标题："+document.title+"<br>");
        document.write("文本颜色："+document.fgColor+"<br>");
        document.write("背景颜色："+document.bgColor+"<br>");
    </script>
</body>
</html>
```

图6-51 获取网页信息的示例代码

图6-52 获取网页信息的示例运行效果图

> **提 示**
>
> 后面的两个方法在新版本的浏览器中已经不受支持。

6.2.7 事件

JavaScript 使我们有能力创建动态页面。事件是可以被 JavaScript 侦测到的行为。网页中的每个元素都可以产生某些可以触发 JavaScript 函数的事件。比如说，我们可以在用户单击某按钮时产生一个 onClick 事件来触发某个函数。事件在 HTML 页面中定义。几个常见的事件有：鼠标单击、页面或图像载入、鼠标指针悬浮于页面的某个热点之上、在表单中选取输入框、确认表单、键盘按键等。（注意：事件通常与函数配合使用，当事件发生时函数才会执行）

为了方便读者查找 JavaScript 中的常见事件，以表格的形式对事件进行说明，如下表所示。

	事件	说明
鼠标事件	onClick	当单击时触发，可以用于任何元素
	onMouseOver	当鼠标指针悬浮时触发
	onMouseOut	当鼠标指针离开时触发
	onMouseDown	当鼠标指针按下时触发
	onMouseUp	当鼠标指针弹起时触发
	onMouseMove	当鼠标指针移动时触发

续表

	事件	说明
键盘事件	onkeypress	当键盘按下时触发（要快于 onkeydown）
	onkeydown	当键盘按下时触发（可能捕获功能键，如上下左右）
	onkeyup	当键盘弹起时触发
表单相关事件	onBlur	当失去焦点时触发，常用于 input 表单元素
	onChange	当状态改变时触发，常用于 select 下拉选框
	onFocus	当获得焦点时触发，常用于 input 表单元素
	onReset	当表单重置时触发，常用于 form 表单元素
	onSubmit	当表单提交时触发，常用于 form 表单元素
页面相关事件	onabort	图片在下载时被用户中断
	onbeforeunload	当前页面的内容将要被改变时触发此事件
	onload	页面内容完成时触发此事件
	onresize	当浏览器的窗口大小被改变时触发此事件
	onunload	当前页面将被改变时触发此事件
滚动字幕事件	onbounce	在 Marquee 内的内容移动至 Marquee 显示范围之外时触发此事件
	onfinish	当 Marquee 元素完成需要显示的内容后触发此事件
	onstart	当 Marquee 元素开始显示内容时触发此事件
编辑事件	onbeforecopy	当页面当前的被选择内容将要复制到浏览者系统的剪贴板前触发此事件
	onbeforecut	当页面中的一部分或者全部的内容将被移离当前页面[剪贴]并移动到浏览者的系统剪贴板时触发此事件
	onbeforeeditfocus	当前元素将要进入编辑状态
	onbeforepaste	内容将要从浏览者的系统剪贴板传送[粘贴]到页面中时触发此事件
	onbeforeupdate	当浏览者粘贴系统剪贴板中的内容时通知目标对象

续表

	事件	说明
编辑事件	oncontextmenu	当浏览者按下鼠标右键出现菜单时或者通过键盘的按键触发页面菜单时触发的事件
	oncopy	当页面当前的被选择内容被复制后触发此事件
	oncut	当页面当前的被选择内容被剪切时触发此事件
	ondrag	当某个对象被拖动时触发此事件[活动事件]
	ondragdrop	一个外部对象被鼠标拖进当前窗口或者帧
	ondragend	当鼠标拖动结束时触发此事件,即鼠标的按键被释放了
	ondragenter	当对象被鼠标拖动的对象进入其容器范围内时触发此事件
	ondragleave	当对象被鼠标拖动的对象离开其容器范围内时触发此事件
	ondragover	当某被拖动的对象在另一对象容器范围内拖动时触发此事件
	ondragstart	当某对象将被拖动时触发此事件
	ondrop	在一个拖动过程中,释放鼠标按键时触发此事件
	onlosecapture	当元素失去鼠标指针移动所形成的选择焦点时触发此事件
	onpaste	当内容被粘贴时触发此事件
	onselect	当文本内容被选择时触发此事件
	onselectstart	当文本内容选择将开始发生时触发的事件
数据绑定事件	onafterupdate	当数据完成由数据源到对象的传送时触发此事件
	oncellchange	当数据来源发生变化时触发的事件
	ondataavailable	当数据接收完成时触发的事件
	ondatasetchanged	数据在数据源发生变化时触发的事件
	ondatasetcomplete	当来自数据源的全部有效数据读取完毕时触发此事件
	onerrorupdate	当使用onBeforeUpdate事件触发取消了数据传送时,代替onAfterUpdate事件

续表

	事件	说明
数据绑定事件	onrowenter	当前数据源的数据发生变化并且有新的有效数据时触发的事件
	onrowexit	当前数据源的数据将要发生变化时触发的事件
	onrowsdelete	当前数据记录将被删除时触发此事件
	onrowsinserted	当前数据源将要插入新数据记录时触发此事件
外部事件	onafterprint	当文档被打印后触发此事件
	onbeforeprint	当文档即将打印时触发此事件
	onfilterchange	当某个对象的滤镜效果发生变化时触发的事件
	onhelp	当浏览者按下F1或者浏览器的帮助选择时触发此事件
	onpropertychange	当对象的属性之一发生变化时触发此事件
	onreadystatechange	当对象的初始化属性值发生变化时触发此事件

1. 事件的调用

在进行事件的调用时,主要有两种方式通过对象的事件来指定事件处理程序。

在JavaScript中使用<input>标签,获取节点名字"save",创建对象,通过函数进行调用。示例代码如图6-53所示。

```
<input id="save" name="b_save" type="button" value="保存">
    <script>
    var Save=document.getElementById("save");
        Save.onclick=function(){
            alert("事件调用");
        }
    </script>
```

图6-53 事件调用的示例代码

2. DOM 事件

文档对象模型(Document Object Model,DOM),是W3C组织推荐的处理可扩展标志语言的标准编程接口。在网页上,组织页面(或文档)的对象被组织在一个树形结构中,用来表示文档中对象的标准模型就称为DOM。

1)dom 分层

文档对象模型采用的分层结构为树形结构,以树节点的方式表示文档中的各种内容。

先以一个简单的 HTML 文档说明一下。文档结构如图 6-54 所示，示例代码如图 6-55 所示。

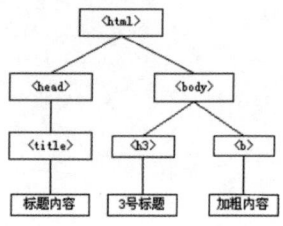

图6-54　文档结构流程图

```
<html>
<head>
<title>标题内容</title>
</head>
<body>
<h3> 3号标题</h3>
<b>加粗内容</b>
</body>
</html>
```

图6-55　简单HTML文档的示例代码

（1）根节点。

在最顶层的 <html> 节点，称为根节点。

（2）父节点。

一个节点之上的节点是该节点的父节点（parent）。例如，<html> 是 <head> 和 <body> 的父节点，<head> 是 <title> 的父节点。

（3）子节点。

位于一个节点之下的节点就是该节点的子节点。例如，<head> 和 <body> 是 <html> 的子节点，<title> 是 <head> 的子节点。

（4）兄弟节点。

如果多个节点在同一个层次，并拥有着相同的父节点，这几个节点就是兄弟节点（sibling）。例如，<head> 和 <body> 是兄弟节点，<h3> 和 <b> 也是兄弟节点。

（5）后代。

一个节点的子节点的结合可以称为该节点的后代（descendant）。例如，<head> 和 <body> 是 <html> 的后代，<h3> 和 <b> 是 <body> 的后代。

（6）叶子节点。

在树形结构最底部的节点称为叶子节点。例如，"标题内容"、"3 号标题"和"加粗内容"都是叶子节点。

2）节点的类型

下面介绍文档对象模型中节点的 3 种类型。

①元素节点：在 HTML，<body>、<p>、<a> 等一系列标签，是这个文档的元素节点。元素节点组成了文档对象模型的语义逻辑结构。

②文本节点：包含在元素节点中的内容部分，如 <p> 标签中的文本等。一般情况下，不为空的文本节点都是可见并呈现于浏览器中的。

③属性节点：元素节点的属性，如 <a> 标签的 href 属性与 title 属性等。一般情况下，大部分属性节点都是隐藏在浏览器背后，并且是不可见的。属性节点总是被包含于元素节点当中。

3）节点的操作

（1）创建节点。

使用 createElement() 方法和 createTextNode() 生成新的元素，并生成文本节点，再使用 appendChild() 方法把新建节点添加到当前节点末尾。示例代码如图 6-56 所示。

```
<body onLoad="createChild()">
    <script>
    function createChild(){
        var b=document.createElement('b');
        var txt=document.createTextNode('创建节点');
        b.appendChild(txt);
        document.body.appendChild(b);
    }
    </script>
</body>
```

图6-56　创建节点的示例代码

① createElement 方 法 的 语 法：document.createElement（元素标签）

功能：创建元素节点。

② createAttribute 方法的语法：document.createAttribute（元素属性）

功能：创建属性节点。

③ createTextNode 方法的语法：document.createTextNode（文本内容）

功能：创建文本节点。

（2）插入节点。

使用 insertBefore() 方法插入节点，将新的子节点插入到当前节点末尾。示例代码如图 6-57 所示。

图6-57 插入节点的示例代码

在文本框中随意插入，单击【前插入】按钮，便会将内容插入页面。效果图如图 6-58、图 6-59 所示。

图6-58 插入节点示例的运行效果图（1）

图6-59 插入节点示例的运行效果图（2）

① appendChild 方法的语法：appendChild（所添加的新节点）

功能：向节点的子节点列表的末尾添加新的节点。

② insertBefore 方法的语法：insertBefore（所要添加的新节点，已知子节点）

功能：在已知的子节点前插入一个新的子节点。

（3）复制节点。

DOM 提供用来复制节点方法。通过 cloneNode() 将 List2 的最后一个节点复制到 List1 节点末尾。示例代码如图 6-60 所示，效果图如图 6-61、图 6-62 所示。

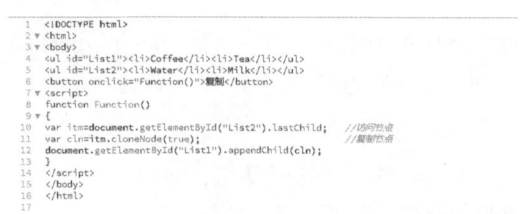

图6-60 复制节点的示例代码

图6-61 复制节点示例的运行效果图（1）

图6-62 复制节点示例的运行效果图（2）

cloneNode() 方法：将为给定节点创建一个副本，这个方法的返回值是一个指向新建克隆节点的引用指针，这个方法只是有一个布尔类型的参数，它的可取值只能是 true 和 false，这个参数决定着是否要把复制节点的子节点也一同复制到新建节点里面去，如果这个参数值是 true，新节点包含着被复制完全一样的子节点。如果这个参数值是 false，新节点将不包括任何子节点，如果被复制节点是一个元素节点，意味着包含在被复制节点里的所有文本将不会被复制，但是属性节点会被复制。cloneNode() 方法所返回的引用指针指向一个节点对象。新节点有着与被复制节点完全一样的 nodeType() 和 nodeName 的属性值。

（4）删除节点。

removeChild 方法的语法：removeChild（要删除的节点），示例代码如图 6-63 所示。

```
<div id="box">
    <p id="p1">第一个段落</p>
    <p id="p2">第二个段落</p>
</div>
<script>
var box=document.getElementById("box");      //找到父元素
var p1=document.getElementById("p1");        //找到子元素
box.removeChild(p1);                         //也可以通过要删除的子节点的父节点删除子节点
p1.parentNode.removeChild(p1);
</script>
```

图6-63　删除节点的示例代码

（5）替换节点。

replaceChild 方法的语法：replaceChild（要插入的新元素，被替换的老元素），示例代码如图 6-64 所示。

```
<div id="box">
    <p id="p1">第一个段落</p>
    <p id="p2">第二个段落</p>
</div>
<script>
var box=document.getElementById("box");       //找到父元素
var p1=document.getElementById("p1");         //找到要替换的元素
var p3=document.createElement('p');           //创建要替换的元素
p3.innerHTML="第三个段落";                     //为创建的元素赋值
box.replaceChild(p3,p1);                      //替换节点
p1.parentNode.replaceChild(p3,p1);            //通过parentNode节点替换
</script>
```

图6-64　替换节点的示例代码

4）获取元素

通过 id 属性获取元素，使用 getElement-ById 获取 id="user" 节点，示例代码如图 6-65 所示。

```
document.getElementById('user');
```

图6-65　获取元素的示例代码

通过 name 属性获取元素，使用 getElements-ByName，使用该方法返回值为数组，如果想获取页面中唯一的元素，可通过获取返回数组中下标值为 0 的元素进行获取。示例代码如图 6-66 所示。

```
<input type="text" name="word" value="足球">
<input type="text" name="word" value="篮球">
<input type="text" name="word" value="乒乓球">
<script>
alert(document.getElementsByName("word")[0].value);
</script>
```

图6-66　获取元素的示例代码

3. 鼠标事件

JavaScript 鼠标事件是指通过鼠标一系列操作（如进入、单击等）来触发的事件。

（1）鼠标单击事件。

单击事件是在鼠标单击时被触发的事件。单击是指鼠标指针停留在对象上，按下鼠标按键，在没有移动鼠标的同时释放鼠标按键的这一完整过程。

（2）鼠标按下或松开事件。

本案例使用 mousedown 和 mouseup 功能，鼠标按键按下时文字改变颜色，鼠标按键抬起时文字恢复颜色。示例代码如图 6-67 所示。

```
<p id="word" style="color: #FF0000" onMouseDown="mousedown()" onMouseup="mouseup()">
鼠标的按下与松开
</p>
<script>
        function mousedown(event){
//        鼠标按下的文字颜色
            var e=window.event;
            var obj=e.srcElement;
            obj.style.color='#000000';
        }
        function mouseup(event){
//        鼠标抬起的文字颜色
            var e=window.event;
            var obj=e.srcElement;
            obj.style.color=' #FF0000';
        }
</script>
```

图6-67　鼠标按下或松开的示例代码

（3）鼠标移动事件。

鼠标移动事件是鼠标指针在页面上进行移动时触发事件的处理程序。

本案例使用 onmousemove 方法，鼠标指针在页面中移动，页面状态栏可显示当前鼠标指针的（x，y）值。示例代码如图 6-68 所示。

```
<script>
var x=0,y=0;
    function Mouse(){
        x=window.event.x;
        y=window.event.y;
        window.status="X:"+x+"   "+"Y:"+y+"   ";
    }
    document.onmousemove=Mouse;
</script>
```

图6-68　鼠标移动事件的示例代码

4. 文档事件

文档事件中主要是指添加给整个文档的事

件。在这一类事件中，绝大部分并不需要用户主动去进行调用，而是通过文档的不同状态来进行自动执行。

下面介绍加载与卸载事件。

Load（加载）事件指的是：节点加载成功时自动发生回调事件。Error（卸载）事件指的是：节点加载失败时自动发生的回调事件。

在 <head> 中为页面元素添加单击事件，通过文档的 onload 事件解决了因网页加载未完成，而导致的获取页面元素失败的问题。示例代码如图 6-69 所示。

```
window.onload = function () {
    var div = document.querySelector('div');
    div.onclick = function () {
        console.log('点击事件');
    }
}
```

图6-69　加载事件的示例代码

元素加载失败时触发的操作，只需要给指定元素一个 .onerror 属性即可。示例代码如图 6-70 所示。

```
var mylink = document.getElementsByTagName("link").item(0);
    mylink.onerror = function () {
        console.log('css文件加载出问题了');
    };
```

图6-70　加载失败的示例代码

5. 表单相关事件

表单事件实际上是对元素失去焦点事件（blur）与获得焦点事件（focus）进行控制。JS当前正在和用户发生交互的节点称为焦点。示例代码如图 6-71 所示。

```
<script>
    function setStyle(x) {
        document.getElementById(x).style.background="yellow";
    }
</script>
用户名: <input type="text" id="fname" onfocus="setStyle(this.id)">
```

图6-71　表单事件的示例代码

当将鼠标指针放入文本框并单击，即获得焦点时，文本框变为黄色，失去焦点时文本框恢复原背景颜色。效果图如图 6-72、图 6-73 所示。

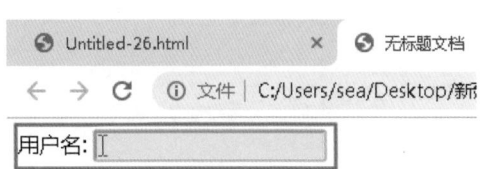

图6-72　表单事件示例的运行效果图（1）

图6-73　表单事件示例的运行效果图（2）

6.2.8　育婴网首页

本案例将通过使用 JavaScript 语言来完善【育婴网首页】的效果，效果如图 6-74 所示。从中可以快速体会到 JavaScript 的特点、重要性。在本案例中，我们通过 JavaScript 实现自定义导航栏动画、自定义图片动画等效果，并通过使用 JavaScript 来提高网页的人性化程度，完善网页的用户体验。

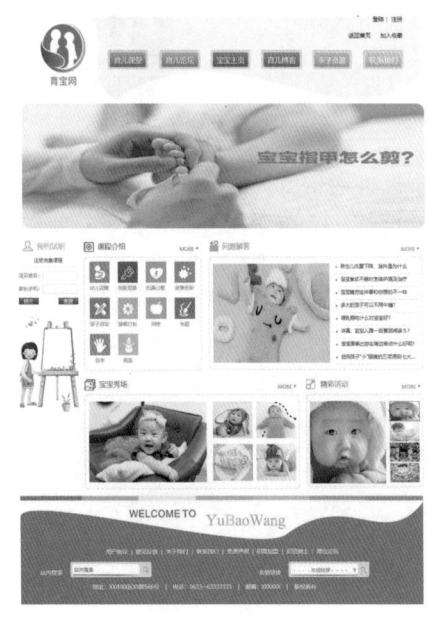

图6-74　育婴网首页

素材	素材\Cha06\1\index.html
场景	场景\Cha06\1\index.html
视频	视频教学\Cha06\6.2.8　育婴网首页.mp4

01 双击 Dreamweaver 软件后，选择菜单栏中的【文件】|【打开】命令，弹出【打开】对话框，选择如图 6-75 所示的素材文件后，单击【打开】按钮，打开素材 html 文件。

图6-75　【打开】对话框

02 在打开的界面中，选择拆分视图之后，按照图 6-76 所示，选择 base.js 文件进行编辑。

图6-76　软件界面

03 此时下方代码视图如图 6-77 所示。此时按功能键 F12 查看网页，将鼠标指针放置到导航栏时没有任何变化，并且下方的轮播图也没有任何的变化。接下来我们要做的就是添加特效。此时网页效果如图 6-78 所示，我们想要的效果如图 6-79 所示。

```
1 ▼ var main = (function () {
2 ▼     function webClick() {
3
4     }
5
6     //页面幻灯效果
7 ▼     function slideBox(){
8         var seLength1=$('.slide .ggBox li').length,
9             seLength2=$('.slide2 .ggBox li').length,
```

图6-77　第3步操作开始的代码

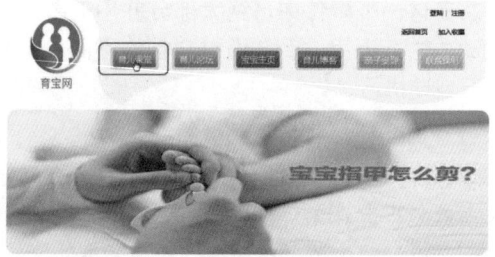

图6-78　第3步操作对应的网页效果图（1）

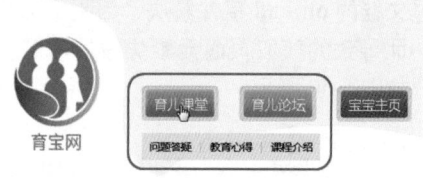

图6-79　第3步操作对应的网页效果图（2）

04 在图 6-77 中，读者可以发现，我们声明了两个函数，分别是 webClick、slideBox，其中 slideBox 函数实现的功能是图片轮播，在本节中不是重点，我们主要填充 webClick 函数。

05 我们先实现导航栏中的效果。我们的思路是，先添加网页元素，然后让下方的元素处于隐藏的模式，当鼠标指针移入时，让隐藏的元素显示，鼠标指针移出时，再次隐藏元素。所以要先获取我们需要的元素。

06 我们切换回【源代码】的视图中，在代码视图中切换到第 29 行，我们定义了两个 <ul> 标签，第一个标签内添加的是第一行导航栏的内容，第二个标签内添加的是第二个导航栏的内容。代码如图 6-80 所示。

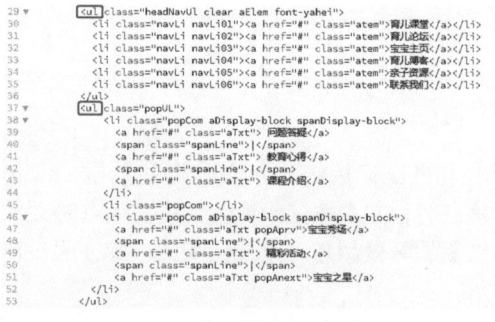

图6-80　第6步操作对应的代码

07 我们主要控制两个 <ul> 标签内 <li> 元素的显示和隐藏。我们切换到 base.js 文件的视图下，添加三个变量，变量名分别为 navLi、popUl、popLi。

08 第一个变量添加的是第一个 <ul> 标签内所有的 <li> 元素，第二个变量要添加的是第二个 <ul>，第三个变量添加的是第二个 <ul> 标签内的所有 <li> 元素。代码如图 6-81 所示。

```
1 ▼ var main = (function () {
2 ▼    function webClick() {
3          var navLi=$("#header .headTop .headNav .headNavUl .navLi");
4          var popUl=$("#header .headTop .headNav .popUL");
5          var popLi=$("#header .headTop .headNav .popUL .popCom");
6      }
7
```

图6-81　第8步操作对应的代码

👤 疑难解答 "$()" 中的内容是什么意思，为什么可以选择相应的内容？

里面的内容和css的选择器类似，这里我们使用的是jquery中的层次选择器。拿第一个navLi变量举例，我们选择了id为 "header" 的元素，然后选择了内部为 "headTop" 的类元素，然后又选择了内部为 "headNav" 的元素，以此类推，我们最后选择了第一个 <ul> 标签内的所有 <li> 元素。

09 当鼠标指针进入第一行的某一个 <li> 标签元素时，我们使用 index() 方法获取匹配 <li> 元素的位置标号，并使用 position().left 方法获取与父元素的相对位置。代码如图 6-82 所示。

```
1 ▼ var main = (function () {
2 ▼    function webClick() {
3          var navLi=$("#header .headTop .headNav .headNavUl .navLi");
4          var popUl=$("#header .headTop .headNav .popUL");
5          var popLi=$("#header .headTop .headNav .popUL .popCom");
6 ▼        navLi.mouseenter(function(){
7              var _index=$(this).index();
8              var _left=$(this).position().left;
9          })
10     }
11
```

图6-82　第9步操作对应的代码

10 我们让第二个 <ul> 标签中所有的 <li> 元素均隐藏，并修改第二个 <ul> 标签的相对位置，然后让第二个 <ul> 标签内匹配的 <li> 元素显示。代码如图 6-83 所示。

```
1 ▼ var main = (function () {
2 ▼    function webClick() {
3          var navLi=$("#header .headTop .headNav .headNavUl .navLi");
4          var popUl=$("#header .headTop .headNav .popUL");
5          var popLi=$("#header .headTop .headNav .popUL .popCom");
6 ▼        navLi.mouseenter(function(){
7              var _index=$(this).index();
8              var _left=$(this).position().left;
9              popLi.hide();
10             popUl.css("left",_left);
11             popLi.eq(_index).show();
12         })
13     }
```

图6-83　第10步操作对应的代码

11 此时效果如图 6-84 所示，但是鼠标指针移出后，第二行的导航栏并不会消失，现在我们进行完善。我们在鼠标指针移出时，隐藏

所有位于第二个 <ul> 标签内的 <li> 标签。代码如图 6-85 所示。

```
9          popLi.hide();
10         popUl.css("left",_left);
11         popLi.eq(_index).show();
12     })
13 ▼ navLi.mouseleave(function(){
14         popLi.hide();
15     })
16
```

图6-84　第11步操作对应的代码

图6-85　第11步操作开始时的效果图

12 接下来我们实现第二个效果，当我们将鼠标指针移入如图 6-86 所示的位置时，旁边的大图片不会跟随鼠标指针移动发生变化，我们要实现的效果是，鼠标指针移动到哪个图片，旁边的大图片就要变成相应的图片。

图6-86　第12步操作对应的效果图

13 我们的思路和上面的差不多，都是声明变量，然后给变量赋相应的元素。此时我们回到【源代码】视图，将光标移动到第 142 行，查看此行代码中的 <div> 标签内定义的元素。部分代码如图 6-87 所示。

```
<div class="indCon indCon1 margin-top-10">
  <div class="imgCom2">
    <div class="indImg2 L">
      <a href="#"><img src="images/slice/con1.jpg" width="195" height="197" /></a>
    </div>
    <ul class="indImgItem R">
      <li class="text-right">
        <a href="#" class="active">
          <img src="images/slice/con1.jpg" width="74" height="46">
        </a>
      </li>
      <li class="text-right">
        <a href="#">
          <img src="images/slice/con2.jpg" width="74" height="46">
        </a>
      </li>
```

图6-87　第13步操作对应的代码

14 我们主要获取第一个 <img> 标签及下方所有的 <a> 标签。此时我们切换到 base.js 的视图中，在 webClick 函数中定义两个变量，变量名分别为 indItemA、indImgCom，并将第一个 <img> 标签赋值给 indItemA 变量，把下方所有的 <a> 标签赋值给 indImgCom 变量。代码如图 6-88 所示。

```
9          popLi.hide();
10         popUl.css("left",_left);
11         popUl.eq(_index).show();
12     })
13 ▼    navLi.mouseleave(function(){
14         popLi.hide();
15     })
16
17     var indItemA=$("#center .centBox .indCom .indCon .indImgItem li a");
18     var indImgCom=$("#center .centBox .indCom .indCon .indImg2 a img");
19 }
20
```

图6-88　第14步操作对应的代码

15 当我们把鼠标指针移动到相应的 <a> 标签时，就会触发 mouseenter 事件。我们在 mouseenter 事件内添加回调代码。首先我们移除所有 <a> 标签内的 active 类，然后在匹配的 <a> 标签内添加 active 类。代码如图 6-89 所示。

```
17     var indItemA=$("#center .centBox .indCom .indCon .indImgItem li a");
18     var indImgCom=$("#center .centBox .indCom .indCon .indImg2 a img");
19 ▼    indItemA.mouseenter(function(){
20         indItemA.removeClass("active");
21         $(this).addClass("active");
22     })
```

图6-89　第15步操作对应的代码

16 此时我们浏览网页，鼠标指针移动到图片会添加一个绿色框的背景图片，但是旁边的图片不会发生变化。效果会变成如图 6-90 所示。

图6-90　第16步操作完成后的效果图

17 接下来我们实现左边图片跟着变化的效果。我们的思想是，获取 <a> 标签内的 <img> 标签中的 src 属性值，然后修改第一个 <img> 标签的 src 属性值，从而实现图片跟着发生变化的效果。

18 首先，我们获取鼠标指针所在的 <a> 元素内的 <img> 标签的 src 属性值。代码如图 6-91 所示。

```
indItemA.mouseenter(function(){
    indItemA.removeClass("active");
    $(this).addClass("active");
    var _src=$(this).find("img").attr("src");
})
```

图6-91　第18步操作对应的代码

19 接下来，我们修改第一个 <img> 标签内的 src 属性值。代码如图 6-92 所示。

```
indItemA.mouseenter(function(){
    indItemA.removeClass("active");
    $(this).addClass("active");
    var _src=$(this).find("img").attr("src");
    indImgCom.attr("src",_src);
})
```

图6-92　第19步操作对应的代码

20 此时效果如图 6-93 所示。

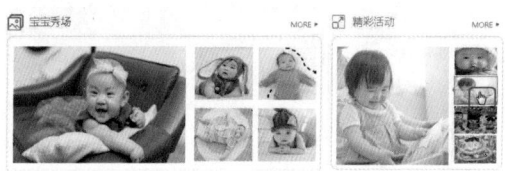

图6-93　第20步操作对应的效果图

21 接下来我们做最后的工作，此时我们浏览网页的最下方，网页效果如图 6-94 所示。

图6-94　第21步操作对应的效果

22 此时我们可以看出，我们已经单击了【站内搜索】，但是里面的提示文字并没有消失，这样不利于用户的体验，我们要做的就是，当用户单击进来之后，提示文字消失，当用户将焦点移动到其他地方时，如果有输入则保留输入，如果没有输入则恢复到原来的提示。

23 我们的思路是，先获取搜索框内的 placeholder 属性值，然后当搜索框获取焦点时清空 placeholder 属性的属性值，当失去焦点时，我们获取搜索框的值，如果值为空，则将 placeholder 属性值设置为最先获取到的 placeholder 属性值，如果值不为空，则将 placeholder 属性值设置为空。

24 首先我们切换到【源代码】下的第 190 行。代码如图 6-95 所示。

图6-95　第24步操作对应的代码

25 我们框选的 \<div\> 标签就是网页效果图中搜索框的代码，我们主要是对 \<div\> 下的 \<input\> 标签做工作，其中我们使用 promptTxt 类来识别 \<input\> 标签。

26 我们切换回 base.js 代码后，在 web Click 下遍历类名为 "promptTxt" 的 \<input\> 元素。代码如图 6-96 所示。

```
17    var indItemA=$("#center .centBox .indCom .indCon .indImgItem li a");
18    var indImgCom=$("#center .centBox .indCom .indCon .indImg2 a img");
19 ▼  indItemA.mouseenter(function(){
20        indItemA.removeClass("active");
21        $(this).addClass("active");
22        var _src=$(this).find("img").attr("src");
23        indImgCom.attr("src",_src);
24    })
25
26    $(".promptTxt").each();
27 }
```

图6-96　第26步操作对应的代码

27 我们在 each 事件内添加函数，并在函数内声明一个变量，变量名为 pVal，并把当前匹配到的元素中 placeholder 属性的属性值赋值给 pVal 变量。代码如图 6-97 所示。

```
25
26 ▼  $(".promptTxt").each(function(){
27        var pVal=$(this).attr("placeholder");
28    });
29 }
30
```

图6-97　第27步操作对应的代码

28 我们在步骤 27 中声明的变量下方，添加两个事件，一个是当前匹配元素获取焦点的事件，一个是当前匹配元素失去焦点的事件。代码如图 6-98 所示。

```
26 ▼  $(".promptTxt").each(function(){
27        var pVal=$(this).attr("placeholder");
28        $(this).focus().blur();
29    });
30 }
```

图6-98　第28步操作对应的代码

> **疑难解答** $(this).focus().blur();是什么意思?
>
> 上面代码的写法实际上等价于下面代码的写法:
>
> ```
> $(this).focus();
> $(this).blur();
> ```
>
> 我们为了方便，将上面的代码合并为了一行，读者可以根据自身的喜好，选择自己喜欢的代码格式。

29 在 focus 事件中，将匹配到元素的 placeholder 属性的属性值变空。代码如图 6-99 所示。

```
$(".promptTxt").each(function(){
    var pVal=$(this).attr("placeholder");
    $(this).focus(function(){
        $(this).attr("placeholder","");
    }).blur();
});
```

图6-99　第29步操作对应的代码

30 在 blur 事件中，我们先声明变量 thisVal，并把匹配到的 val 值赋值给 thisVal。代码如图 6-100 所示。

```
$(".promptTxt").each(function(){
    var pVal=$(this).attr("placeholder");
    $(this).focus(function(){
        $(this).attr("placeholder","");
    }).blur(function(){
        var thisVal=$(this).val();
    });
});
```

图6-100　第30步操作对应的代码

31 接下来判断 thisVal 是否为空，如果不为空的话，说明用户输入了数据，我们把 placeholder 属性的属性值置空，如果为空，说明用户没有进行输入，我们要把最开始遍历获得的 placeholder 属性值赋值给 placeholder。代码如图 6-101 所示。

```
$(".promptTxt").each(function(){
    var pVal=$(this).attr("placeholder");
    $(this).focus(function(){
        $(this).attr("placeholder","");
    }).blur(function(){
        var thisVal=$(this).val();
        if(thisVal!=null){
            $(this).attr("placeholder","");
        }
        else{
            $(this).attr("placeholder",pVal);
        }
    });
});
```

图6-101　第31步操作对应的代码

32 此时网页的效果如图 6-102 所示。

图6-102　第32步操作对应的效果

▶6.3 上机练习——G-Team 培训网站首页

在本案例中，其中有两个效果是比较复杂和有趣的，我们通过讲解这两个效果的工作原理及实现方法，巩固并加深读者对于 JavaScript 的了解，效果如图 6-103 所示。

素材	素材\Cha06\2\index.html
场景	场景\Cha06\2\index.html
视频	视频教学\Cha06\6.3　上机练习——G-Team培训网站首页.mp4

图6-103　G-Team培训网站首页

01 双击 Dreamweaver 软件后，选择菜单栏中的【文件】|【打开】命令，弹出【打开】对话框，选择如图 6-104 所示的素材文件后，鼠标左键单击【打开】按钮，打开素材 html 文件。

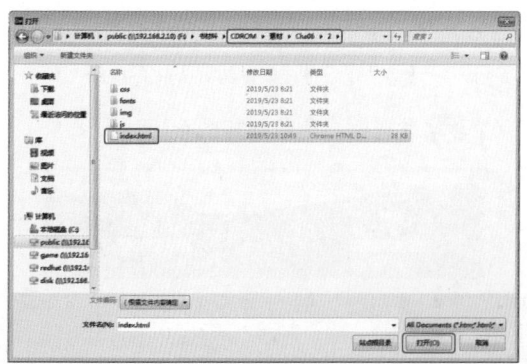

图6-104　【打开】对话框

02 在打开的界面中，选择拆分视图之后，按照图 6-105 所示，选择 index.js 文件进行编辑。

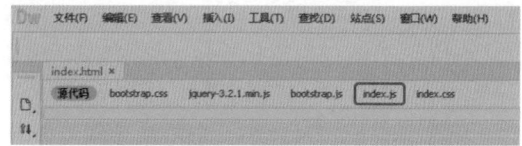

图6-105　选择index.js文件

03 此时视图下方显示的代码如图 6-106 所示，效果如图 6-107 所示。

```
1  $(document).ready(function()
2      {
3
4      });
```

图6-106　第3步操作对应的代码

图6-107　第3步操作对应的效果图

04 我们总共要使用 JS 美化四个地方，首先是首页导航栏的部分。读者打开我们的素材后浏览网页会发现，网页的轮播图不会自动切换到下一张图片，这里我们通过 JS 实现三秒钟之后自动切换下一个图片。

05 我们的思路是通过给 carousel 方法传递参数，设置切换的时间。我们选择 id 为"#my_carousel"的元素，给 carousel 方法传递参数。代码如图 6-108 所示。

```
1  $(document).ready(function()
2      {
3          $('#my_carousel').carousel(
4          {
5              interval : 3000,
6          });
7      });
```

图6-108　第5步操作对应的代码

06 此时网页的轮播图就可以自动切换了，此时切换后的网页效果如图 6-109 所示。

图6-109　第6步操作对应的效果图

07 接下来我们实现顶部导航栏的效果。此时我们浏览网页，并把鼠标指针移动到顶部导航栏后，可以发现效果如图 6-110 所示。

图6-110　第7步操作对应的效果图

08 此时我们要实现的效果是，将鼠标指针移动到导航栏之后，相应的导航会出现一个橙色背景慢慢覆盖的效果。效果如图 6-111 所示。

图6-111　第8步操作对应的效果图

> 🏷 **提　示**
>
> 我们通过 JavaScript 实现的效果均为动态的效果，在这里我们建议您在自己电脑上面实验查看效果。

09 我们的思路是选择所有的导航元素，当鼠标指针移动到上方时，触发相应的函数，当鼠标指针移出时，触发相应的函数。我们先切换到【源代码】中，将鼠标指针移动到第 29 行，可以看到 <ul> 标签，并且 <ul> 标签的 id 属性值为 myNav。代码如图 6-112 所示。

```
<ul class="nav navbar-nav" id="myNav">
    <li><span class="my_nav_shadow"></span><a href="#">首页</a></li>
    <li><span class="my_nav_shadow"></span><a href="#">WEB全栈</a></li>
    <li><span class="my_nav_shadow"></span><a href="#">网络安全</a></li>
    <li><span class="my_nav_shadow"></span><a href="#">服务器</a></li>
    <li><span class="my_nav_shadow"></span><a href="#">WEB后台</a></li>
    <li><span class="my_nav_shadow"></span><a href="#">关于我们</a></li>
</ul>
```

图6-112　第9步操作对应的代码

10 我们先选择所有的导航元素，并绑定两种事件，绑定的事件分别是 mouseover、mouseout。代码如图 6-113 所示。

11 我们在两个事件中的函数中添加 event 参数，并在函数内添加 preventDefault 方法，使事件的默认动作不会触发。代码如图 6-114 所示。

```
$("#myNav").find("li").on("mouseover", function(){

}).on("mouseout", function(){

})
```

图6-113　第10步操作对应的代码

```
$("#myNav").find("li").on("mouseover", function(event){
    event.preventDefault();
}).on("mouseout", function(event){
    event.preventDefault();
})
```

图6-114　第11步操作对应的代码

12 接下来我们在 mouseover 事件中，选择匹配元素中的 <span> 元素，并使用 stop 方法，清空动画队列，但让当前动画执行完毕，然后设置自定义动画，自定义动画的内容是"高度为 75，动画事件为 400ms"。代码如图 6-115 所示，效果如图 6-116 所示。

```
$("#myNav").find("li").on("mouseover", function(event){
    event.preventDefault();
    $(this).find("span").stop(true,true).animate({"height":75}, 400);
}).on("mouseout", function(event){
    event.preventDefault();
})
```

图6-115　第12步操作对应的代码

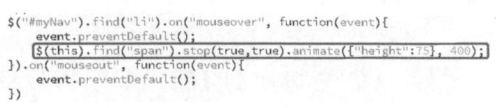

图6-116　第12步操作完成后的效果图

> 👤 **疑难解答**　什么是stop方法和自定义动画？
>
> stop 函数用来停止当前执行的动画。在上面的步骤中，我们传递了两个参数，均为 true，它们的含义分别是"是否清空当前播放动画列表"，"是否继续执行播放的动画"，我们设置的意思是"清空当前播放动画的列表，并继续执行当前播放的动画"。自定义动画使用的是 animate() 方法，此方法我们在前面的案例中已经使用过了，上面的步骤中传递了两个参数，含义分别是设置动画效果和动画的时间。

13 此时我们浏览网页可以发现效果已经基本实现了，但是鼠标指针滑过之后，所有的导航都变成了橙色，接下来我们进行完善。

14 我们在 mouseout 事件内添加和第 12 步类似的代码，仅最后的 animate 自定义效果的方法内部参数不同，这里我们要把高度设置为 0。代码如图 6-117 所示，网页效果如图 6-118 所示。

```
$("#myNav").find("li").on("mouseover", function(event){
    event.preventDefault();
    $(this).find("span").stop(true,true).animate({"height":75}, 400);
}).on("mouseout", function(event){
    event.preventDefault();
    $(this).find("span").stop(true,true).animate({"height":0}, 400);
})
```

图6-117　第14步操作对应的代码

图6-118　第14步操作完成后的效果图

15 接下来我们实现文本框轮播的效果，网页效果如图6-119所示。

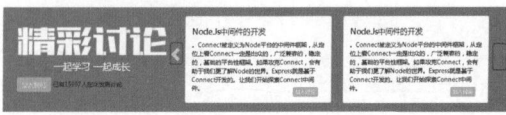

图6-119　第15步操作对应的效果图

16 单击图6-119中红色框选的位置，会触发文本框的移动，并且单击左边的箭头时，左边的会消失，右边的会显示。效果如图6-120所示。

图6-120　第16步操作对应的效果图

17 我们先切换到【源代码】的视图下，将鼠标指针移动到第196行。代码如图6-121所示。

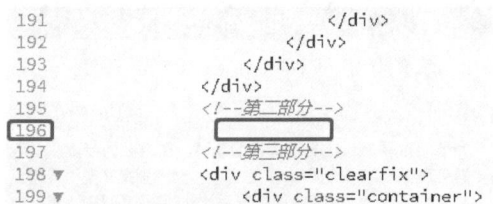

图6-121　第17步操作对应的代码

18 我们在第196行内添加三个 <div> 标签，并且是嵌套关系的 <div> 标签。代码如图6-122所示。

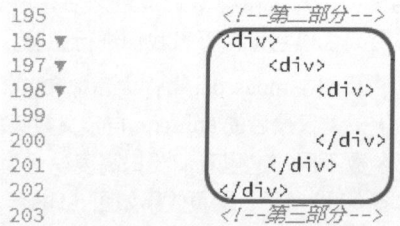

图6-122　第18步操作对应的代码

19 我们在步骤18中添加的三个 <div> 标签内，分别添加类 bg1 clearfix、container、row。代码如图6-123所示。

```
195                    <!--第二部分-->
196 ▼   <div class="bg1 clearfix">
197 ▼       <div class="container">
198 ▼           <div class="row">
199
200
201               </div>
202           </div>
203                    <!--第三部分-->
```

图6-123　第19步操作对应的代码

20 我们在步骤19中添加的类为"row"的 <div> 标签内添加两个 <div> 标签，并分别设置类为"col-sm-6 col-md-4 col-xs-12"、"col-md-8 my_mtab hidden-xs hidden-sm"。代码如图6-124所示。

```
<!--第二部分-->
<div class="bg1 clearfix">
    <div class="container">
        <div class="row">
            <div class="col-sm-6 col-md-4 col-xs-12">

            </div>
            <div class="col-md-8 my_mtab hidden-xs hidden-sm">

            </div>
        </div>
    </div>
</div>
```

图6-124　第20步操作对应的代码

21 我们在第20步中创建的第一个 <div> 标签内添加一个 <img> 标签，添加两个 <p> 标签，在第二个 <div> 内添加三个 <div> 标签并且是嵌套关系。代码如图6-125所示。

```
<div class="bg1 clearfix">
    <div class="container">
        <div class="row">
            <div class="col-sm-6 col-md-4 col-xs-12">
                <img>
                <p></p>
                <p></p>
            </div>
            <div class="col-md-8 my_mtab hidden-xs hidden-sm">
                <div>
                    <div>

                    </div>
                </div>
            </div>
        </div>
    </div>
</div>
```

图6-125　第21步操作对应的代码

22 我们先填充步骤21中的一个 <img> 和两个 <p> 标签的内容。我们在 <img> 标签内添加内联样式，设置上外边距为45px，其他的为0px，并添加类"img-responsive"，链接到网页素材目录下的"img/mch/side-bg.png"图片，设置宽度为380px，高度为69px。代码如图6-126所示。

23 在第一个 <p> 标签内添加内联样式：文字居中、字体大小为22px、上内边距为

10px、颜色为白色，并添加文本内容"一起学习 一起成长"。代码如图 6-127 所示。

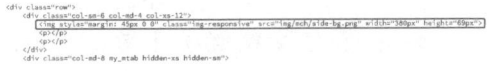

图6-126　第22步操作对应的代码

图6-127　第23步操作对应的代码

24 在第二个 <p> 标签内添加一个 <a> 标签和 <span> 标签。在 <a> 标签内添加类"btn btn-success"，设置链接无效，并添加文本内容"加入我们"。在 <span> 内添加文本内容"已有 15997 人在此发言讨论"。代码如图 6-128 所示，效果如图 6-129 所示。

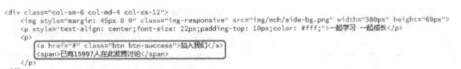

图6-128　第24步操作对应的代码

图6-129　第24步操作完成后的效果图

25 我们在步骤 21 内添加了三个嵌套关系的 <div> 标签，现在我们分别给三个标签添加类 clearfix、clearfix my_mtab_side、panel panel-default my_mtab_ltem，在第一个 <div> 标签内添加 id 属性并设置属性值为"my_mtabs"，在最内层的 <div> 标签内添加一个 <div> 标签并添加类"panel-body"，并在 <div> 内部添加一个 <h4> 标签、一个 <p> 标签、一个 <a> 标签。代码如图 6-130 所示。

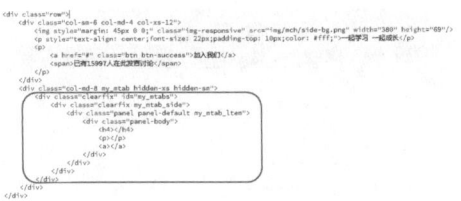

图6-130　第25步操作对应的代码

26 我们在步骤 25 中添加的 <h4>、<p>、<a> 标签内分别添加文本内容"Node.Js 中间件的开发"、"。Connect 被定义为 Node 平台的中间件框架，从定位上看 Connect 一定是出众的，广泛兼容的，稳定的，基础的平台性框架。如果攻克 Connect，会有助于我们更了解 Node 的世界。Express 就是基于 Connect 开发的。让我们开始探索 Connect 中间件。""加入讨论"。代码如图 6-131 所示。

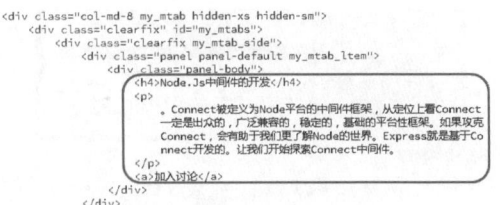

图6-131　第26步操作对应的代码

27 我们给步骤 26 中的 <a> 标签添加类"btn btn-info btn-xs"，并使链接无效。代码如图 6-132 所示，效果如图 6-133 所示。

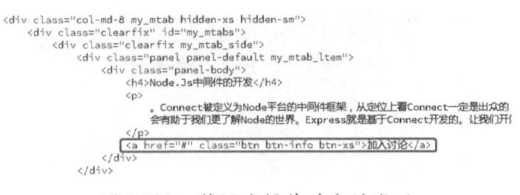

图6-132　第27步操作对应的代码

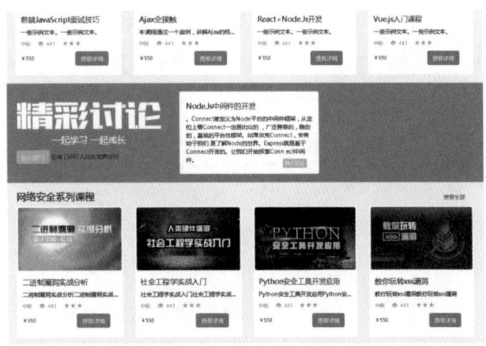

图6-133　第27步操作完成后的效果图

提示

我们为了方便截图，把添加的文本添加了回车换行，我们在截完图之后，会删除回车，回到原来的样式，如果不进行修改，会影响网页的效果。

28 接下来我们复制类为"panel panel-default my_mtab_ltem"的 <div> 标签代码，并粘

贴四份。需要复制的代码如图 6-134 所示，复制完之后的效果如图 6-135 所示。

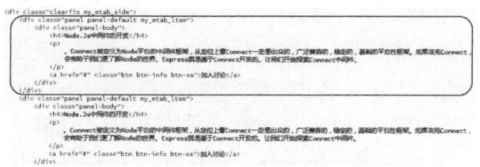

图6-134　第28步操作对应的代码

图6-135　第28步操作完成后的效果图

29 此时我们需要添加左边和右边的箭头。我们用鼠标单击类名为"clearfix my_mtab_slide"的 <div> 标签后，<div> 标签会变成橙色，此时效果如图 6-136 所示。

图6-136　第29步操作对应的代码

30 此时我们向下滑动鼠标指针寻找颜色相同的 <div> 结束标签。代码如图 6-137 所示。

```
<div class="panel panel-default my_mtab_ltem">
    <div class="panel-body">
        <h4>Node.Js中间件的开发</h4>
        <p>。Connect被定义为Node平台的中间件框架，从定位上看Connect一定是出众的，
        广泛兼容的，稳定的，基础的平台性框架。如果攻克Connect，会有助于我们
        更了解Node的世界。Express就是基于Connect开发的，让我们开始探索Conn
        ect中间件。</p>
        <a href="#" class="btn btn-info btn-xs">加入讨论</a>
    </div>
</div>
```

图6-137　第30步操作对应的代码

31 我们在上面步骤中找到的 <div> 结束标签后面添加两个 <a> 标签，并在 <a> 标签内添加 <span> 标签。代码如图 6-138 所示。

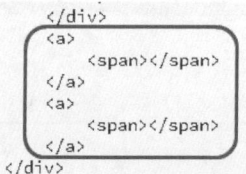

图6-138　第31步操作对应的代码

32 在第一个 <a> 标签内添加类"my_side_left"，在第二个 <a> 标签内添加类"my_side_right"，并添加内联样式"display:none"，两个 <a> 标签均设置链接无效。代码如图 6-139 所示。

```
    </div>
    <a href="#" class="my_side_left">
        <span></span>
    </a>
    <a href="#" class="my_side_right" style="display: none">
        <span></span>
    </a>
</div>
```

图6-139　第32步操作对应的代码

33 我们在第一个 <span> 标签内添加类"glyphicon glyphicon-chevron-left"，我们在第二个 <span> 标签内添加"glyphicon glyphicon-chevron-right"。具体代码如图 6-140 所示。

```
    </div>
    <a href="#" class="my_side_left">
        <span class="glyphicon glyphicon-chevron-left"></span>
    </a>
    <a href="#" class="my_side_right" style="display: none">
        <span class="glyphicon glyphicon-chevron-right"></span>
    </a>
```

图6-140　第33步操作对应的代码

34 此时网页效果已经完成了。网页效果如图 6-141 所示。

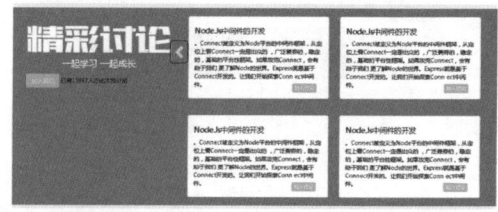

图6-141　第34步操作完成后的效果图

35 接下来我们切换到 index.js 文件，开始实现我们预先想要的效果。切换后的下方代码视图如图 6-142 所示。

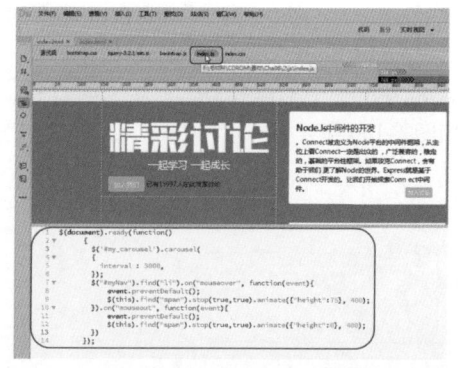

图6-142　选择index.js

36 此时读者可以发现，在 index.js 的第 13 行，前面的代码行数处于红色状态，我们将鼠标指针移动到此处可以看到警告。警告如图 6-143 所示。

图6-143 第36步操作对应的错误提示图

37 在上面的警告图中，告诉我们，没有分号。我们在此行的最后面加上";"并保存，就会发现红色变成了灰色。此时效果如图 6-144 所示。

图6-144 第37步操作对应的效果图

💬 提 示

在第 3 行中也存在类似的问题，请读者根据上面的步骤进行修改，从而拥有修复 Bug 的能力。修改 Bug 的最好法宝就是善用搜索引擎。

38 接下来我们通过 JS 动态地修改轮播图的宽度。我们在 ready() 方法内，添加一个选择类名为 "my_mtab_side" 的选择器，修改其中的 "width" CSS 样式，其中 width 的属性值通过 outerWidth 方法获取一个轮播元素的宽度然后乘以4。具体代码如图 6-145 所示，网页效果如图 6-146 所示。

```
event.preventDefault();
$(this).find("span").stop(true,true).animate(["height":0], 400);
});
$('.mtab_side').css({'width':$('.my_mtab_ltem').outerWidth(true) * $('.my_mtab_ltem').length});
```

图6-145 第38步操作对应的代码

图6-146 第38步操作对应的效果图

39 接下来我们实现，单击左边的箭头实现轮播图自动切换，并且左边的箭头隐藏，右边的箭头显示的效果。我们在刚添加的代码下方，添加一个选择类名为 "my_side_left" 的选择器，并使用 "on" 绑定 click 事件，并添加响应函数及参数 event。代码如图 6-147 所示。

```
$('.my_mtab_side').css({'width':$('.my_mtab_ltem').outerWidth(true) * $('.my_mtab_ltem').length});
});
$('.my_side_left').on("click", function(event){

});
});
```

图6-147 第39步操作对应的代码

40 我们效仿上方步骤，只是添加选择类名为 "my_side_right" 的选择器。代码如图 6-148 所示。

```
$('.my_mtab_side').css({'width':$('.my_mtab_ltem').outerWidth(true) * $('.my_mtab_ltem').length});
});
$('.my_side_left').on("click", function(event){

});
$('.my_side_right').on("click", function(event){

});
});
```

图6-148 第40步操作对应的代码

41 接下来我们添加相应的代码。我们的思路是，先取消触发事件元素的默认行为，然后通过使用自定义动画 animate 来实现移动的动画，然后修改相应箭头的隐藏和显示。代码如图 6-149 所示。

```
$('.my_side_left').on('click', function(event)
event.preventDefault();
$('.my_mtab_side').animate({'marginLeft':-Math.floor($('.my_mtab_ltem').outerWidth(true) * $('.my_mtab_ltem').length / 2)}, 1000);
$('.my_side_left').css('display','none');
$('.my_side_right').css('display','block');
```

图6-149 第41步操作对应的代码

👤 疑难解答 为什么要使用event.preventDefault()方法呢？

如果读者没有使用这个方法取消元素的默认事件的话，当读者单击左边的箭头的时候，网页会直接跳转到最上方，当鼠标指针下滑的时候可以发现，左边的箭头已经消失，右边的箭头显示了。当使用这个方法的时候，读者单击元素时，会发现轮播元素自己向左移动两个元素。

👤 疑难解答 上面步骤中自定义的动画内部的代码是什么意思？

我们使用marginLeft属性，让元素移动在":"后面定义的像素。后面的 "-Math.floor(……)" 的意思是，获取类名为 "my_mtab_ltem" 的宽度，这个和上方的步骤思想是一样的，因为我们仅移动两个，所以我们获取了所有长度之后除以2得到了我们想要的数值，但是因为精确性，我们需要使用浮点，保留小数点，所以使用-Math.floor方法得到浮点数，前面的 "-" 就是负数的意思，因为是向左移动。

42 另外一个函数的内容和上方基本相同，就是 marginLeft 移动的像素变成了 0，并且元素的显示和隐藏于上方的函数相反。具体代码如图 6-150 所示。

```
$(".my_side_right").on("click", function(event){
    event.preventDefault();
    $(".my_mtab_side").animate({"marginLeft":0}, 1000);
    $(".my_side_left").show();
    $(".my_side_right").hide();
});
```

图6-150 第42步操作对应的代码

43 此时我们轮播图的效果就已经实现了，具体的效果请读者自行浏览吧，因为是动态的效果，静态的图片是无法表达的。具体的效果如图6-151所示。

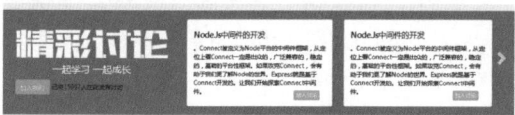

图6-151 第43步操作对应的效果图

44 接下来我们实现最后一个效果，当我们向下拖动网页的时候，在网页的右下角会出现一个箭头，当我们单击箭头的时候，会自动返回网页最上方。网页效果如图6-152所示。

图6-152 第44步操作对应的效果图

45 我们选择代码视图中的【源代码】，然后将下方的代码视图拉到最下方，可以看到一个类名为"gotop"的<div>标签。代码如图6-153所示。

```
<!--右侧-->
<div id="gotop">
    <span class="goshadow"></span>
    <a href="#"><span class="glyphicon glyphicon-chevron-up"></span></a>
</div>
</body>
</html>
```

图6-153 第45步操作对应的代码

46 我们选择代码视图中的index.js，我们在ready()函数内部添加一个选择document的选择器，并用"on"绑定到scroll事件中，并添加响应函数。代码如图6-154所示。

47 我们在响应函数中添加event参数，并取消默认的响应行为，然后当垂直滚动条偏移大于100的时候，我们让id为"gotop"的元素显示，当小于100的时候，我们隐藏id为"gotop"元素的显示。具体代码如图6-155所示。

```
$(".my_side_right").on("click", function(event){
    event.preventDefault();
    $(".my_mtab_side").animate({"marginLeft":0}, 1000);
    $(".my_side_left").show();
    $(".my_side_right").hide();
});
$(document).on("scroll", function(event){
});
});
```

图6-154 第46步操作对应的代码

```
});
$(document).on("scroll", function(event){
    event.preventDefault();
    if ($(window).scrollTop() >= 100){
        $("#gotop").fadeIn(1000);
    }else{
        $("#gotop").fadeOut(1000);
    }
});
});
```

图6-155 第47步操作对应的代码

疑难解答 fadeIn及fadeOut是什么意思，里面的参数是什么意思？

fadeIn是用来实现显示的动画，里面的参数是动画的持续时间。fadeOut是用来实现隐藏的动画，里面的参数是动画的持续时间。

48 接下来我们实现，当鼠标左键单击箭头的时候，会自动跳转到网页的最上方。我们在ready()函数内部添加一个选择id为"gotop"的选择器，并用"on"绑定到click事件上，并添加一个响应函数及event的参数。具体代码如图6-156所示。

```
$(document).on("scroll", function(event){
    event.preventDefault();
    if ($(window).scrollTop() >= 100){
        $("#gotop").fadeIn(1000);
    }else{
        $("#gotop").fadeOut(1000);
    }
});
$("#gotop").on("click", function(event){
});
});
```

图6-156 第48步操作对应的代码

49 我们先取消元素的默认响应事件，然后通过使用animate自定义动画，滚动到网页的最上面。具体代码如图6-157所示。

```
});
$("#gotop").on("click", function(event){
    event.preventDefault();
    $("body,html").animate({"scrollTop": 0}, 400);
});
});
```

图6-157 第49步操作对应的代码

6.4　思考与练习

1. JavaScript 是什么？

2. JavaScript 中管理文档的事件是什么？主要功能是什么？

3. 在网页中，JavaScript 是以什么样的形态参与网页的制作？

第 7 章 餐饮美食类网页——使用 HTML 5绘制图形

绘制图形，即通过控制 <canvas> 标签及其各种属性方法绘制出形式各样的图形，来实现对 2D 或位图进行动态、脚本的渲染。

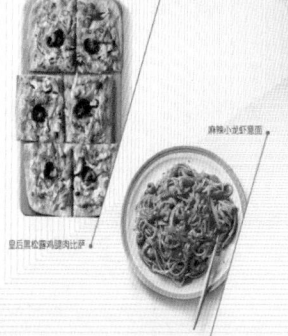

基础知识
- ➤ 绘制矩形
- ➤ 绘制圆形

重点知识
- ➤ 绘制渐变形状
- ➤ 绘制变形图形

提高知识
- ➤ 绘制其他样式的图形
- ➤ 图形的保存与恢复

在本章的学习中，不仅介绍了 <canvas> 标签的各种属性及方法，还有多种方法搭配使用，图像处理技术以及文件保存。通过 HTML 5 实现对图像的控制，表达出开发者所要表达的思想，使用户可以直观清晰地感受其特点，搭配 JavaScript 的使用能达到更好的表现效果。

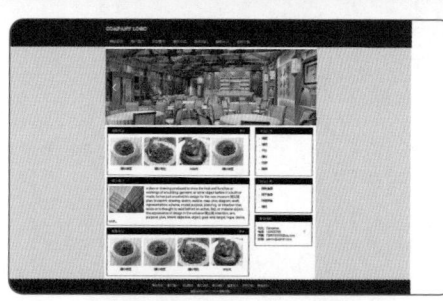

7.1 使用HTML 5绘制图形

HTML 5 呈现了很多新特性，这在之前的 HTML 中是不可见到的，其中一个最值得提及的特征是 HTML 中的 <canvas> 标签，可以对 2D 或位图进行动态、脚本的渲染。canvas（画布）是一个矩形区域，使用 JavaScript 可以控制其每一个元素。

7.1.1 绘制基本形状

本节将介绍如何绘制基本形状，通过本节的学习，可以对绘制基本形状有个简单的了解。

1. 绘制矩形

单独的一个 <canvas> 标签只是在页面中定义了一块矩形区域，并无特别之处，开发人员只有配合使用 JavaScript 脚本，才能够完成各种图形、线条及复杂的图形变换操作。与基于 SVG 来实现同样绘图效果来比较，使用 canvas 对象绘图是一种像素级别的位图绘图技术，而 SVG 则是一种矢量绘图技术。

使用 canvas 和 JavaScript 绘制一个矩形，可能会涉及一个或多个方法，这些方法如下表所示。

方法	功能
fillRect	绘制一个矩形，这个矩形区域没有边框，只有填充色。这个方法有四个参数，前两个表示左上角的坐标位置，第三个参数为长度，第四个参数为高度
strokeRect	绘制一个带边框的矩形，该方法的四个参数的解释同上
clearRect	清除前一个矩形区域，被清除的区域将没有任何线条。该方法的四个参数解释同上

使用 canvas 绘制矩形，代码如图 7-1 所示。

```
<body>
    <canvas id="myCanvas" width="300" height="200" style="border:1px solid #39C8E5">
        您的浏览器不支持canvas这个标签！
    </canvas>
<script type="text/javascript">
    var c =document.getElementById("myCanvas");
    var cxt=c.geyContext("2d");
    cxt.fillStyle="rgb(0,0,200)";
    cxt.fillRect(10,20,100,100);
</script>
</body>
</html>
```

图7-1 绘制矩形的示例代码

在上面的代码中，首先定义了一个画布对象，其 id 为 myCanvas，其高度和宽度都为 500 像素，并定义了画布边框的显示样式。

在 JavaScript 代码中，首先获取画布对象，然后使用 getContext 方法获取当前二维 (2d) 的上下文对象，并使用 fillRect 方法绘制一个矩形，其中涉及一个 fillStyle 属性，fillStyle 用于设定填充的颜色、透明度等。

在谷歌浏览器中预览上述代码，预览效果如图 7-2 所示。

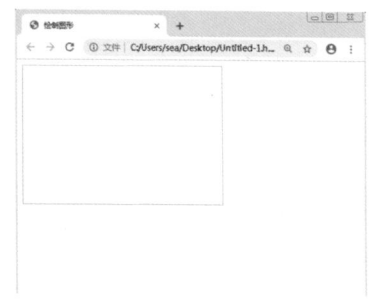

图7-2 绘制矩形的效果图

2. 绘制圆形

基于 canvas 的绘图不是直接在 <canvas> 标签所创建的绘图画面上进行各种绘图操作，而是依赖画面所提供的渲染上下文，所有的绘图命令和属性都定义在渲染上下文当中。在通过"canvas id"获取对应的 DOM 对象之后首先要做的事情就是获取渲染上下文对象。渲染上下文与 canvas 对象一一对应，无论对同一 canvas 对象调用几次 getContext() 方法，都将返回同一个上下文对象。

在画布中绘制圆形，可能要涉及下面几个方法。

方法	功能
beginPath ( )	开始绘制路径
arc (x,y,radius,startAngle endAngle,anticlockwise)	x 和 y 定义的是圆的原点；radius是圆的半径；startAngle是弧度，不是度数；anticlockwise是用来定义圆的方向，值是true或false
closePath ( )	结束路径的绘制
fill ( )	进行填充
stroke ( )	设置边框

路径是绘制自定义图形的好方法，在canvas 对象中通过 beginPath() 方法开始绘制路径，这个时候就可以绘制直线、曲线等，绘制完成后调用 fill() 和 stroke() 方法完成填充和设置边框，通过 closePath() 方法结束路径的绘制。

使用 <canvas> 标签绘制圆形，示例代码如图 7-3 所示。使用谷歌浏览器预览上述网页，预览效果如图 7-4 所示。

```
<title>绘制图形</title>
</head>
<body>
<canvas id="myCanvas" width="200" height="100" style="bord
您的浏览器不支持 HTML5 canvas 标签。</canvas>
<script>
var c=document.getElementById("myCanvas");
var ctx=c.getContext("2d");
ctx.beginPath();
ctx.arc(95,50,40,0,2*Math.PI);
```

图7-3 绘制圆形的示例代码

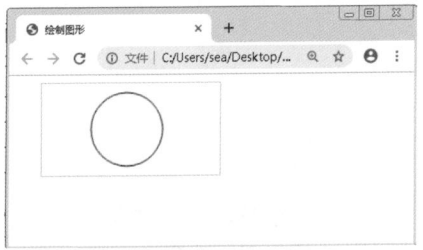

图7-4 绘制圆形的效果图

3. 绘制直线

在 canvas 对象中都拥有一个 path 对象，创建自定义图形的过程就是不断地对 path 对象进行操作的过程。每当开始一次新的图形绘制任务，都需要先使用 beginPath() 方法来重置 path 对象至初始状态，进而通过一系列对 moveTo/lineTo 等画线方法的调用，绘制期望的路径，其中 moveTo（x,y）方法设置绘图起始坐标，而 lineTo（x,y）等画线方法可以从当前起点绘制直线、圆弧及曲线到目标位置。最后一步，也是可选的步骤，使用 closePath() 方法将自定义的图形进行闭合，该方法将自动创建一条从当前坐标到初始坐标的直线。

绘制直线常用的方法是 moveTo 和 lineTo，其含义如下表所示。

方法或属性	功能
moveTo(x,y)	不绘制，只是将当前位置移动到新目标坐标（x,y），并作为线条开始点

续表

方法或属性	功能
lineTo(x,y)	绘制线条到指定坐标（x,y）并且在两个坐标之间画一条直线。不管调用它们哪一个，都不会真正画出图形，因为还没有调用 stroke（绘制）和 fill（填充）函数。当前，只是在定义路径的位置，以便后面绘制时使用
strokeStyle	指定线条的颜色
lineWidth	设置线条的粗细

使用 moveTo 与 lineTo 绘制直线实例，代码如图 7-5 所示。

```
<body>
<canvas id="myCanvas" width="200" height="100" style="border:1px solid #d3d3d3;">
您的浏览器不支持 HTML5 canvas 标签。</canvas>
<script>
var c=document.getElementById("myCanvas");
var ctx=c.getContext("2d");
ctx.moveTo(0,0);
ctx.lineTo(200,100);
ctx.stroke();
</script>
</body>
</html>
```

图7-5 绘制直线的示例代码

使用谷歌浏览器预览上述网页，预览效果如图 7-6 所示。

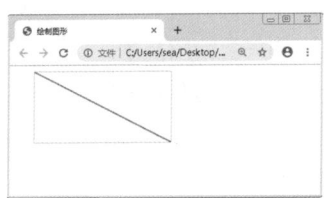

图7-6 绘制直线的效果图

7.1.2 绘制渐变形状

渐变是两种或更多颜色的平滑过渡，是指在颜色集上使用逐步抽样算法，并将结果应用于描边样式和填充样式中。canvas 对象的绘图上下文支持两种类型的渐变：线性渐变和放射性渐变，其中放射性渐变也称为径向渐变。

创建一个简单的渐变，非常容易，可能比使用 Photoshop 还要快。使用渐变需要以下三个步骤。

01 创建渐变对象。

02 为渐变对象设置颜色，指明过渡方式。

03 在 context 上为填充样式或者描边样式设置渐变。

上述代码如图 7-7 所示。

```
//创建渐变对象
var gradient=ctx.createLinearGradient(0,0,0,canvas.height);
//为渐变对象设置颜色
gradient.addColorStop(0,'#fff');
gradient.addColorStop(1,'#fff');
//在【context】上为填充样式或者描边样式设置渐变
ctx.fillStyle=gradient;
```

图7-7　绘制渐变图形的示例代码

要设置显示颜色，在渐变对象上使用addColorStop函数即可。除了可以变换成其他颜色外，还可以为颜色设置 alpha 值，并且 alpha 值是可以变化的。为了达到这样的效果，需要使用颜色值的另一种表示方法，如内置 alpha 组件的 CSSrgba 函数。

绘制线性渐变使用到的方法如下表所示。

方法	功能
addColorStop	函数允许指定两个参数：颜色和偏移量。颜色参数是指开发人员希望在偏移位置描边或填充时所使用的颜色。偏移量是一个0.0到1.0之间的数值，代表沿着渐变线渐变的距离有多远
createLinearGradient (x0,y0,x1,y1)	沿着直线从 (x0,y0) 至 (x1,y1) 绘制渐变

1. 绘制线性渐变图形

绘制线性渐变图形，代码如图 7-8 所示。

```
<canvas id="myCanvas" width="200" height="100" style="border:1px solid #d3d3d3;">
您的浏览器不支持 HTML5 canvas 标签。</canvas>
<script>
var c=document.getElementById("myCanvas");
var ctx=c.getContext("2d");
// Create gradient
var grd=ctx.createLinearGradient(0,0,200,0);
grd.addColorStop(0,"red");
grd.addColorStop(1,"white");
// Fill with gradient
ctx.fillStyle=grd;
ctx.fillRect(10,10,150,80);
</script>
</body>
</html>
```

图7-8　绘制线性渐变图形的示例代码

使用谷歌浏览器预览上述网页，预览效果如图 7-9 所示。

图7-9　绘制线性渐变图形的效果图

2. 绘制径向渐变图形

除了线性渐变以外，HTML 5 Canvas API 还支持放射性渐变。所谓放射性渐变就是颜色会介于两个指定圆间的锥形区域平滑变化。放射性渐变和线性渐变使用的颜色终止点是一样的。如果要实现放射性渐变，即径向渐变，需要使用的方法是 createRadialGradient。

createRadialGradient（x0,y0,r0,x1,y1,r1）方法表示沿着两个圆之间的锥面绘制渐变。其中前三个参数代表开始的圆，圆心为 (x0,y0)，半径为 r0；后三个参数代表结束的圆，圆心为 (x1,y1)，半径为 r1。

绘制径向渐变图形，代码如图 7-10 所示。

```
<head>
<meta charset="utf-8">
<title>HTML5创建一个径向/圆渐变</title>
<script type="text/javascript">
    function drawCircle()
    {
        var canvas = document.getElementById("canvas");
        var ctx = canvas.getContext("2d");
        var gradient = ctx.createRadialGradient(200,200,5,90,60,200);
        gradient.addColorStop(0,"yellow");
        gradient.addColorStop(1,"blue");
        tx.fillStyle = gradient;
        ctx.fillRect(40,20,600,400);
    }
</script>
</head>
<body onLoad="drawCircle();">
    <canvas id="canvas" width="1000" height="800"></canvas>
</body>
</html>
```

图7-10　绘制径向渐变图形的示例代码

使用谷歌浏览器预览上述网页，预览效果如图 7-11 所示。

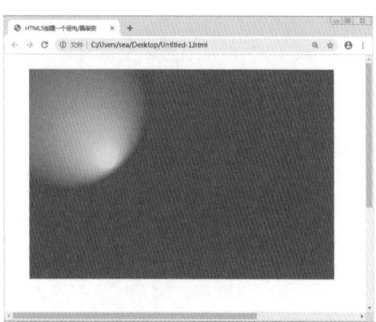

图7-11　绘制径向渐变图形的效果图

7.1.3　绘制变形图形

画布（canvas）不但可以使用 moveTo 这样的方法来移动画笔，绘制图形和线条，还可以使用变换来调整画笔下的画布。变换的方法包括旋转、缩放、变形和平移。

1. 变换原点坐标

平移，即将绘图区相对于当前画布的左上角进行平移。如果不进行变形，绘图区原点和画布原点是会重叠的，绘图区相当于画图软件里的热区或当前图层。如果进行变形，则坐标位置会移动到一个新的位置。

如果要对图形实现平移，需要使用方法translate（x,y），该方法表示在平面上平移。即以原来的原点为参考，然后以偏移后的位置作为坐标原点。

绘制变换原点坐标的图形，示例代码如图7-12所示。使用谷歌浏览器预览上述代码，预览效果如图7-13所示。

```
<html>
<head>
<meta charset="utf-8">
<title>HTML5创建一个径向/圆渐变</title>
<script type="text/javascript">
    function draw(id)
    {
        var canvas = document.getElementById(id);
        if(canvas==null)
        return false;
        var context=canvas.getContext("2d");
        context.fillStyle="#eeeeff";
        context.fillRect(0,0,400,300);
        context.translate(200,50);
        context.fillStyle='rgba(255,0,0,0.25)';
        for(var i=0;i<=10;i++){
            context.translate(25,25);
            context.fillRect(0,0,100,50);
        }
    }
</script>
</head>
<body onLoad="draw('canvas')">
    <canvas id="canvas" width="1000" height="800"></canvas>
</body>
</html>
```

图7-12　绘制变换坐标原点图形的示例代码

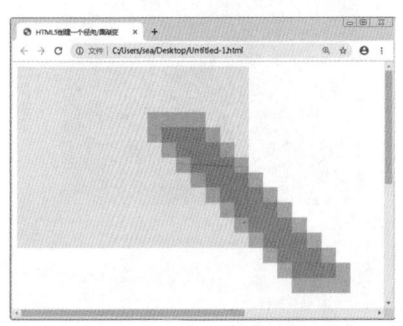

图7-13　绘制变换坐标原点图形的效果图

在draw函数中，使用fillRect方法绘制了一个矩形，在下面使用translate方法平移到一个新位置，并从新位置开始，使用for循环，连续多次移动坐标原点，即多次绘制矩形。

2. 图形缩放

对变形图形来说，其中常用的方式，就是对图形进行缩放，即以原来的图形为参考，放大或缩小图形，从而增加效果。

如果要实现图形缩放，需要使用scale（x,y）函数，该函数带有两个参数，分别代表在x,y两个方向上的值。每个参数在canvas显示图像的时候，向其传递在本方向轴上图像要放大（或者缩小）的量。如果x的值为2，就代表所绘图像中全部元素都会变成2倍宽。如果y值为0.5，绘制出来的图像全部元素都会变成之前的一半高。

绘制图形缩放，示例代码如图7-14所示。使用谷歌浏览器预览上述网页，预览效果如图7-15所示。

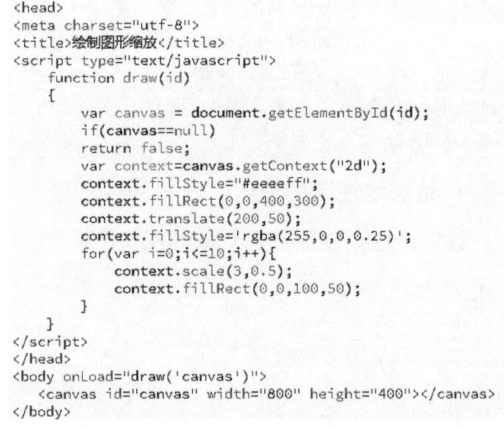

图7-14　绘制图形缩放的示例代码

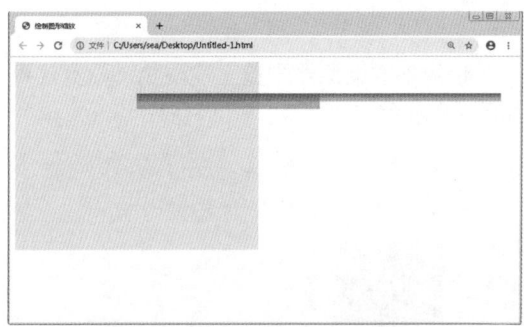

图7-15　绘制图形缩放的效果图

3. 旋转图形

变换操作并不限于缩放和平移，还可以使用函数context.rotate（angle）来旋转图像，甚至可以直接修改底层变换矩阵以完成一些高级操作，如剪裁图像的绘制路径。

rotate()方法默认的从最上端的（0,0）开始旋转，通过指定一个角度，改变了画布坐标和Web浏览器中的canvas元素的像素之间的映射，使得任意后续绘图在画布中都显示为了旋转的。它并没有旋转canvas元素本身。

绘制旋转图形，示例代码如图7-16所示。使用谷歌浏览器预览上述网页，预览效果如图7-17所示。

```
<html>
<head>
<meta charset="utf-8">
<title>旋转</title>
<script type="text/javascript">
    function draw(id)
    {
        var canvas = document.getElementById(id);
        if(canvas==null)
        return false;
        var context=canvas.getContext("2d");
        context.fillStyle="#eeeeff";
        context.fillRect(0,0,400,300);
        context.translate(200,50);
        context.fillStyle='rgba(255,0,0,0.25)';
        for(var i=0;i<=20;i++){
            context.rotate(Math.PI/10);
            context.fillRect(0,0,100,50);
        }
    }
</script>
</head>
<body onLoad="draw('canvas')">
    <canvas id="canvas" width="800" height="400"></canvas>
</body>
</html>
```

图7-16 绘制旋转图形的示例代码

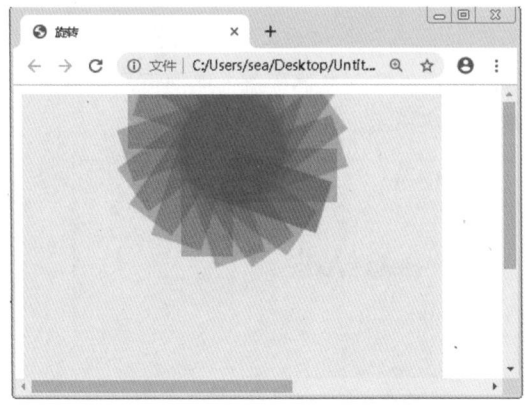

图7-17 绘制旋转图形的效果图

下面的案例，就是使用这三种变换方式共同实现的，代码如图7-18所示。使用谷歌浏览器预览上述网页，预览效果如图7-19所示。

```
<html>
<head>
    <meta http-equiv="Content-Type" content="text/html; charset=gb2312">
    <title>三种变换方式整合</title>
        <script type="text/javascript">
        window.onload = function()
        {
            var canvas = document.getElementById("W3Cfuns_canvas");
            var context = canvas.getContext("2d");
            context.fillStyle = "#d4d4d4";
            context.fillRect(0, 0, 400, 300);
            context.translate(200, 25);
            context.fillStyle = "rgba(0, 0, 255, 0.25)";
            for(var i = 0; i < 50; i++)
            {
                context.translate(25, 25);
                context.scale(0.95, 0.95);
                context.rotate(Math.PI / 10);
                context.fillRect(0, 0, 100, 50);
            }
        }
    </script>
</head>
<body>
    <canvas id="W3Cfuns_canvas" width="600" height="400"></canvas>
</body>
</html>
```

图7-18 三种变换方式整合的示例代码

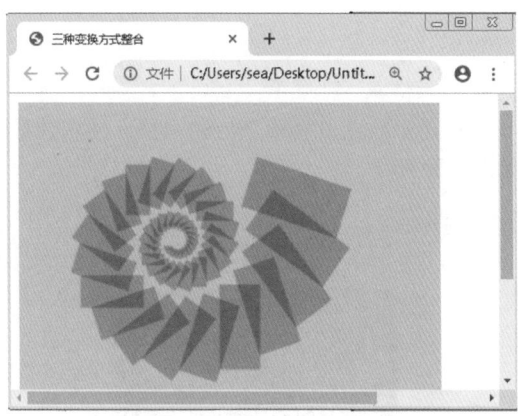

图7-19 使用三种变换方式的效果图

7.1.4 绘制其他样式的图形

使用<canvas>标签的其他属性还可以绘制其他样式的图形，如将绘制的基本形状进行组合，绘制带有阴影的图形、绘制文字等。

1. 绘制带阴影的图形

在画布(canvas)上绘制带有阴影效果的图形非常简单，只需要设置几个属性即可。这几个属性分别为shadowOffsetX、shadowOffsetY、shadowColor和shadowBlur。其属性shadowColor表示阴影颜色，其值和CSS颜色值一致。shadowBlur表示设置阴影模糊程度，此值越大，阴影越模糊。shadowOffsetX和shadowOffsetY属性表示阴影的x和y偏移量，单位是像素。

绘制带阴影的图形，代码如图7-20所示。

```
<html>
 <head>
    <meta charset="utf-8">
    <title>Canvas</title>
 </head>
 <style type="text/css">
    body{margin:20px auto; padding:0; width:800px; }
    canvas{border:dashed 2px #CCC}
 </style>
 <script type="text/javascript">
    function $$(id){
        return document.getElementById(id);
    }
    function pageLoad(){
        var can = $$('can');
        var cans = can.getContext('2d');
        cans.fillStyle = 'green';
        cans.shadowOffsetX = 5;
        cans.shadowOffsetY = 5;
        cans.shadowColor = '#333';
        cans.shadowBlur = 10;
        cans.fillRect(200,300,400,200);
    }
 </script>
 <body onload="pageLoad();">
    <canvas id="can" width="800px" height="600px"></canvas>
 </body>
</html>
```

图7-20　绘制带阴影图形的示例代码

使用谷歌浏览器预览上述网页,预览效果如图7-21所示。

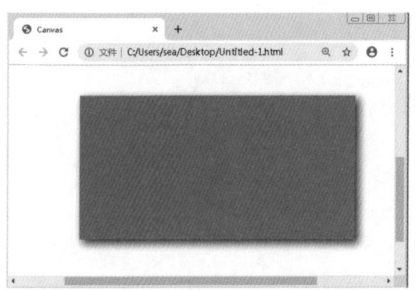

图7-21　绘制带阴影图形的效果图

2. 绘制文字

在画布中绘制字符串(文字)的方式,操作其他路径对象方式相同,可以描绘文本轮廓和填充文本内部。所有能够用于其他图形的变换和样式都能用于文本。

文本绘制功能由两个函数组成,如下表所示。

方法	说明
fillText(text, x, y, maxwidth)	绘制带fillText填充文字。文本参数及用于指定文本位置的坐标参数。maxwidth是可选参数,用于限定字体大小,它会将文本字体强制收缩到指定尺寸
torke Text(text, x, y, maxwidth)	绘制有strokeStyle边框的文字,其参数含义和上一个方法相同
measure Text	该函数会返回一个度量对象,其包含了在当前context环境下指定文本的实际显示宽度

为了保证文本在各浏览器下都能正常显示,在绘制上下文里有以下字体属性。

(1) font 可以是 CSS 字体规则中的任何值。包括字体样式、字体变种、字体大小与粗细、行高和字体名称。

(2) textAlign 控制文本的对齐方式。它类似于(但不完全相同)CSS 中的 "text-align"。可能的取值为 "start" "end" "right" 和 "center"。

(3) textBaseline 控制文本相对于起点的位置。可能的取值为 "top" "hanging" "middle" "alphabetic" "ideographic" 和 "bottom"。对于简单的英文字母,可以放心地使用 "top" "middle" 或 "bottom" 作为文本基线。

绘制文字,代码如图 7-22 所示。

```
<html>
<head>
<meta charset="utf-8">
<title>绘制文字</title>
</head>
<body>
<canvas id="myCanvas" width="200" height="100"
        style="border:1px solid #d3d3d3;">
您的浏览器不支持 HTML5 canvas 标签。</canvas>
<script>
var c=document.getElementById("myCanvas");
var ctx=c.getContext("2d");
ctx.font="30px Arial";
ctx.strokeText("Hello World",10,50);
</script>
</body>
</html>
```

图7-22　绘制文字的示例代码

使用谷歌浏览器预览上述网页,预览效果如图7-23所示。

图7-23　绘制文字的效果图

3. 绘制图像

画布(canvas)有一项功能就是可以引入图像,它可以用于图片合成或者制作背景等,而目前尽可以在图像中加入文字。只要是 Geck 支持的图像(如 PNG、GIF、JPEG 等),都可以引入到 canvas 中,而且其他 canvas 元素也可以作为图像的来源。

要在画布(canvas)上绘制图像，需要先有一个图片。这个图片可以是已经存在的 <img> 元素，或者通过 JS 创建。无论采用哪种方式，都需要在绘制 canvas 之前，完成加载这张图片。浏览器通常会在页面脚本执行的同事异步加载图片。如果试图在图片未完全加载之前就将其呈现在 canvas 上，那么 canvas 将不会显示任何图片。

捕获和绘制图形完全是通过 drawImage 方法完成的，它可以接受不同的 HTML 参数，具体含义如下表所示。

方法	说明
drawImage（image, dx,dy）	接受一个图片，将之画到canvas中，给出的坐标（dx,dy）代表图片的左上角
drawImage（image, dx,dy,dw,dh）	接受一个图片，将其缩放为宽度dw和高度dh，然后把它画到canvas上的（sx,sy）位置
drawImage（image, sx,sy,sw,sh, dx,dy,dw,dh）	接受一个图片，通过参数（sx,sy,sw,sh）指定图片裁剪的范围，缩放到（dw,dh）的大小，最后把它画到canvas上的（dx,dy）位置

绘制图像，代码如图 7-24 所示。

```
<html>
<head>
<meta charset="utf-8">
<title>绘制图像(runoob.com)</title>
</head>
<body>
<p>Image to use:</p>
<img id="scream" src="a.jpg" alt="The Scream" width="220" height="277"><p>Canvas:</p>
<canvas id="myCanvas" width="250" height="300" style="border:1px solid #d3d3d3;">
您的浏览器不支持 HTML5 canvas 标签。</canvas>
<script>
var c=document.getElementById("myCanvas");
var ctx=c.getContext("2d");
var img=document.getElementById("scream");

img.onload = function() {
    ctx.drawImage(img,10,10);
}
</script>
</body>
</html>
```

图7-24　绘制图像的示例代码

使用谷歌浏览器预览上述网页，预览效果如图 7-25 所示。

4. 图像平铺

使用画布（canvas）绘制图像，有很多种用处，其中一个用处就是将绘制的图像作为背景图片使用。在做背景图片时，如果显示图片的区域大小不能直接设定，通常以平铺的方式显示。

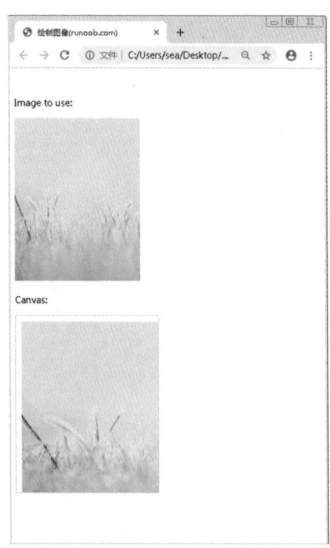

图7-25　绘制图像的效果图

HTML 5 Canvas API 支持图片平铺，此时需要调用 createPattern 函数，即调用 createPattern 函数来替代之前的 drawImage 函数。其语法格式如图 7-26 所示。

createPattern(image,type)

图7-26　createPattern函数的语法格式

其中 image 表示要绘制的图像，type 表示平铺的类型，函数具体含义如下表所示。

参数值	说明
no-repeat	不平铺
repeat-x	横方向平铺
repeat-y	纵方向平铺
repeat	全方向平铺

图像平铺案例，代码如图 7-27 所示。

在图 7-27 所示代码中，使用 fillRect 方法创建了一个宽度为 400、高度为 300、左上角位置为（0,0）的矩形，下面创建了一个 Image 对象，src 表示链接一个图像源，然后使用 createPattern 函数绘制一个图像，其方式是以完全平铺，并将这个图像作为一个模式填充到矩形中，最后绘制这个矩形，此矩形大小完全覆盖原来的图形。

使用谷歌浏览器预览上述网页，预览效果如图 7-28 所示。在显示页面上绘制了一个图像，其图像以平铺的方式充满整个矩形。

```html
<html>
<head>
<meta charset="utf-8">
<title>绘制图像平铺(runoob.com)</title>
</head>
<body onLoad="draw('canvas');">
<h1>图形平铺</h1>
<canvas id="canvas" width="400" height="300">
您的浏览器不支持 HTML5 canvas 标签。</canvas>
<script>
    function draw(id){
        var canvas=document.getElementById(id);
        if (canvas==null){
            return false;
        }
        var context=canvas.getContext('2d');
        context.fillStyle="#eeeeff";
        context.fillRect(0,0,400,300);
        var img=new Image();
        img.src="a.jpg";
        img.onload=function(){
            var ptrn =context.createPattern(img,'repeat');
            context.fillStyle= ptrn;
            context.fillRect(0,0,400,300);
        }
    }
</script>
</body>
</html>
```

图7-27　绘制图像平铺的示例代码

图7-28　绘制图像平铺的效果图

5. 图像裁剪

在处理图像时经常会遇到裁剪这种需求，即在画布上裁剪出一块区域，这块区域是在裁剪动作（clip）之前，由绘图路径设定的，可以是方形、圆形、五角形和其他任何可以绘制的轮廓形状。所以，裁剪路径其实就是绘图路径，只不过这个路径不是拿来绘图的，而是设定显示区域和遮挡区域的一个分界线。

完成对图像的裁剪，可能要用到clip方法。clip方法表示给canvas设置一个剪辑区域，在调用clip方法之后的代码只能对这个设定的剪辑区域有效，不会影响其他地方。这个方法在要进行局部更新时很有用。在默认情况下，剪辑区域是一个左上角在（0,0），宽和高

分别等于canvas元素的宽和高的矩形。

设置图像裁剪，代码如图7-29所示。预览效果如图7-30所示。

```html
<body>
<div id="canvas-warp">
    <canvas id="canvas">
        你的浏览器居然不支持Canvas？！赶快换一个吧！！
    </canvas>
</div>
<script>
    window.onload = function(){
        var canvas = document.getElementById("canvas");
        canvas.width = 800;
        canvas.height = 600;
        var context = canvas.getContext("2d");
        context.fillStyle = "#FFF";
        context.fillRect(0,0,800,600);
        context.fillStyle = "black";
        context.fillRect(10,10,200,200);
        context.save();
        context.beginPath();
        context.rect(0,0,50,50);
        context.clip();
        context.beginPath();
        context.strokeStyle = "red";
        context.lineWidth = 5;
        context.arc(100,100,100,0,Math.PI * 2,false);
        context.stroke();
        context.closePath();
        context.restore();
        context.beginPath();
        context.rect(0,0,500,500);
        context.clip();
        context.beginPath();
        context.strokeStyle = "blue";
        context.lineWidth = 5;
        context.arc(100,100,50,0,Math.PI * 2,false);
        context.stroke();
        context.closePath();
    };
</script>
</body>
```

图7-29　设置图像裁剪的示例代码

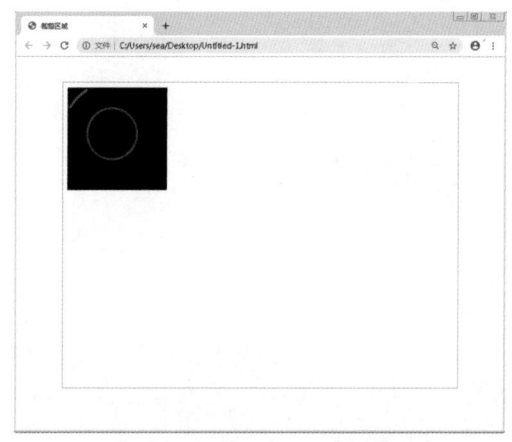

图7-30　设置图像裁剪的效果图

6. 像素处理

在电脑屏幕上可以看到色彩斑斓的图像，其实这些图像都是由一个个像素点组成的。一个像素对应着内存中的一组连续的二进制位，由于是二进制位，每个位上的取值只能是0或

者1。这样，这组连续的二进制位就可以由0和1排列组合出很多种情况，而每一种排列组合就决定了这个像素的一种颜色。因此，每个像素点由四个字节组成。

这四个字节代表的含义分别是，第一个字节决定像素的红色值；第二个字节决定像素的绿色值；第三个字节决定像素的蓝色值；第四个字节决定像素的透明值。

在画布中，可以使用 ImageData 对象来保存图像像素值，它有 width、height 和 data 三个属性，其中 data 属性就是一个连续数组，图像的所有像素值其实是保存在 data 数组里面的。

data 属性保存像素值的方法如图 7-31 所示。

```
imageData.data=[index*4 +0]
imageData.data=[index*4 +1]
imageData.data=[index*4 +2]
imageData.data=[index*4 +3]
```

图7-31　保存像素值的方式

上面取出了 data 数组中连续相邻的四个值，这四个值分别代表了图像中第 index+1 个像素的红色、绿色、蓝色和透明度的大小。需要注意 index 从0开始，图像中总共有 width × height 个像素，数组中总共保存了 width × height × 4 个数值。

画布对象有三个方法来创建、读取和设置 ImageData 对象，如下表所示。

方法	说明
createImageData (width,height)	在内存中创建一个指定大小的ImageData对象（即像素数组），对象中的像素点都是黑色透明的，即rgba（0,0,0,0）
getImageData (x,y,width, height)	返回一个ImageData对象，这ImageData对象中包含了指定区域的像素数组
putImageData (data,x,y)	将ImageData对象绘制到屏幕的指定区域上

7.1.5　制作必胜客网页

我们已经学习了 canvas 标签和 JavaScript 了，所以接下来我们通过使用相应的知识点完成下面的案例，将理论和实践相结合，确保读者能够深入理解 canvas 标签的知识点。效果如图 7-32 所示。

素材	无
场景	场景\Cha07\1\index.html
视频	视频教学\Cha07\7.1.5　制作必胜客网页.mp4

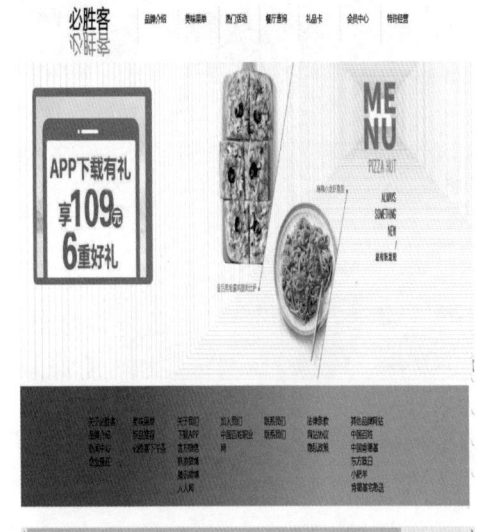

图7-32　必胜客网页的效果图

01 双击 Dreamweaver 图标，打开 Dreamweaver 软件后，选择菜单栏中的【文件】|【新建】命令，弹出【新建文档】对话框，在【标题】文本框中输入"BiShengKe"后，单击【创建】按钮，创建完成之后选择【拆分】视图，【新建文档】对话框如图 7-33 所示，效果如图 7-34 所示。

02 使用 Ctrl+S 组合键，弹出【另存为】对话框，选择目录为"素材\Cha07\1"后，将【文件名】修改为 index.html，单击【保存】按钮。具体操作如图 7-35 所示。

图7-33　【新建文档】对话框

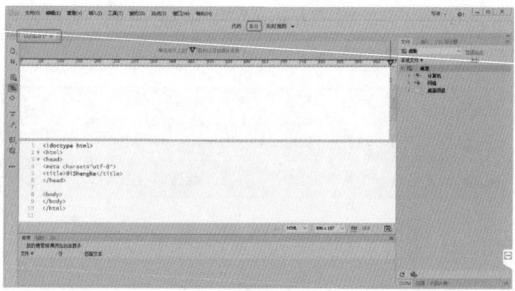

图7-34　效果图

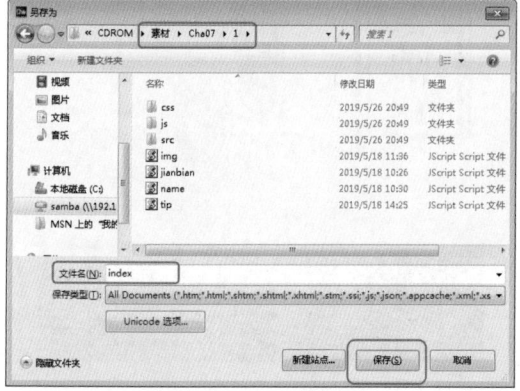

图7-35　【另存为】对话框

03 观察整个页面，共分为三部分：头部（head），中间的海报（body），尾部（foot）。效果如图7-36所示。

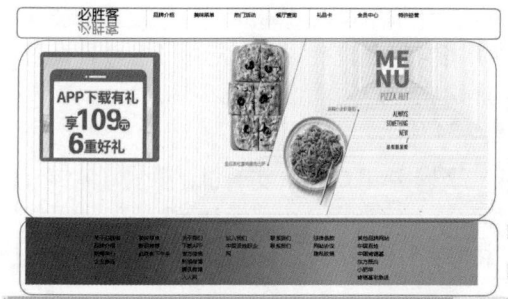

图7-36　页面不同部分的效果图

🏷 **提　示**

我们首先将\<body\>标签中的属性值进行定义，固定整个页面的长度，使其居中。若不先进行定义，在不同电脑或浏览器下预览，因其窗口缩放数值不同，会造成页面变形。具体代码写法如下：

\<body style= "width: 1360px;margin: 0px auto;"\>

\</body\>

04 头部（head）部分分为一个Logo和导航栏，首先添加一个\<div\>标签，在\<div\>中添加类为"head"，然后Logo我们使用\<canvas\>画布标签，添加一个\<canvas\>标签，在标签内添加id名为"myCanvas"并设置属性（长度height、宽度width）及属性值90、200，最后导航栏使用\<ul\>、\<li\>标签，在\<canvas\>标签后添加\<ul\>标签并添加类名"ulone"，在"ulone"内添加7个\<li\>并添加类名"lione"。示例代码如图7-37所示，效果如图7-38所示。

```
<div class="head">
    <canvas id='myCanvas' height=90 width=200></canvas>
    <ul class="ulone">
        <li class="lione">品牌介绍</li>
        <li class="lione">美味菜单</li>
        <li class="lione">热门活动</li>
        <li class="lione">餐厅查询</li>
        <li class="lione">礼品卡</li>
        <li class="lione">会员中心</li>
        <li class="lione">特许经营</li>
    </ul>
</div>
```

图7-37　第4步操作对应的代码

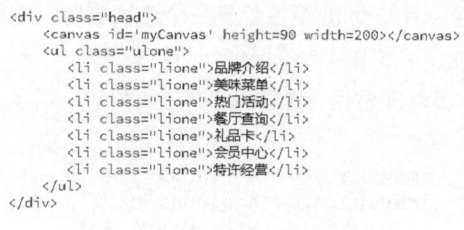

- 品牌介绍
- 美味菜单
- 热门活动
- 餐厅查询
- 礼品卡
- 会员中心
- 特许经营

图7-38　第4步操作完成后的效果图

05 Logo的制作，我们选用Context. setTransform() 方法实现文字倒影效果，我们将JS代码进行外部引入。代码如图7-39所示，效果如图7-40所示。

```
<script src="name.js"></script>
```

图7-39　第5步操作对应的代码

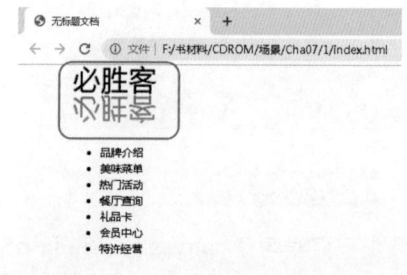

- 品牌介绍
- 美味菜单
- 热门活动
- 餐厅查询
- 礼品卡
- 会员中心
- 特许经营

图7-40　第5步操作对应的效果图

在JS文件中的代码主要实现的是添加文本和实现倒影的效果。我们的步骤如下：

（1）首先定义字符串"必胜客"的坐标值为(0,35)，然后调用ctx.setTransform进行对角线上的渐变，进行变形处理。

（2）调用"ctx.setTransform（1,0,0,-1,0,2）"进行对角线上的渐变，进行变形处理。按变形公式：

X=1*x+0*y+0=x

Y=0*x+（-1）*y+2=-y+2

即X坐标不变，Y坐标取反得到倒影，参数dy的作用是让文字和倒影间产生空隙。

（3）addColorStop() 方法规定 gradient 对象中的颜色和位置。gradient.addColorStop(stop,color)中的参数如下表所示。

参数	描述
stop	介于 0.0 与 1.0 之间的值，表示渐变中开始与结束之间的位置
color	在结束位置显示的 CSS 颜色值

添加文本和实现倒影的示例代码如图7-41所示。

```
function draw(){
    var ctx=document.getElementById('myCanvas').getContext('2d');
    ctx.fillStyle="black";
    ctx.font="30pt Helvetica";
    ctx.fillText("必胜客",0,35);
    ctx.setTransform(1,0,0,-1,0,2);
    var Colordiagonal=ctx.createLinearGradient(0,-10,0,-200);
    Colordiagonal.addColorStop(0,"#555");
    Colordiagonal.addColorStop(1,"white");
    ctx.fillStyle=Colordiagonal;
    ctx.fillText("必胜客",0,-45)
}
window.addEventListener("load",draw,true);
```

图7-41 添加文本和实现倒影的示例代码

提 示
可以多次调用 addColorStop() 方法来改变渐变。如果不对 gradient 对象使用该方法，那么渐变将不可见。为了获得可见的渐变，需要创建至少一个色标。

06 对 Logo 和导航栏进行 css 属性的书写，主要使用标签为 <hover>、<position>，若页面定位不合适，还需对 margin、position 属性值进行调整。首先在 <head> 标签内添加 <style> 标签，在 <style> 标签中，添加 "*" 为所有标签添加属性 "padding;0;margin:0"，添加类 "ulone"，并设置 width、height、margin-left 属性及属性值 1500px、40px、100px。然后添加类 "lione"，设置 "lione" 的宽度 width、高度 height、左边框 border-left、浮动 float、圆点取消 list-style、内边距 padding 等属性及其属性值 80px、40px、1px solid #ede7d8、left、none、10px 20px。最后 <hover> 标签显示的效果是鼠标指针进入时进行变色，属性

为背景 background 及属性值为 "red"。代码如图 7-42、图 7-43 所示，效果如图 7-44 所示。

```
*{
    padding:0;margin: 0;
}
.ulone{
    width: 1500px;
    height: 40px;
    margin-left:100px;
}
.lione{
    width: 80px;
    height: 40px;
    border-left:1px solid #ede7d8;
    float: left;
    list-style: none;
    padding:10px 20px;
}
.lione:hover{
    background: red;
}
```

图7-42 第6步操作对应的代码（1）

```
#myCanvas{
    margin-left:150px;
    float: left;
}
```

图7-43 第6步操作对应的代码（2）

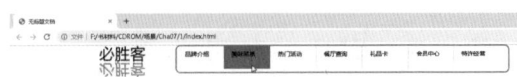

图7-44 第6步操作对应的效果图

提 示
在此获取画布名称"myCanvas"，并设置画布左边距（margin-left）、浮动（float）属性及属性值为 150px、左浮 left。

07 下面是对 body 部分的代码编写，主要构成元素是 canvas（画布）、自动轮播以及背景图。首先在 <body> 结束标签之前添加一个 <div> 标签，并在标签内添加类 "body"，在类名是 "body" 的 <div> 标签内添加一个 <canvas> 标签及四个 <div> 标签，其次在 <canvas> 标签中添加 id 属性 "canvastwo"，设置属性为 "宽度 width=400 高度 height=500"，然后在 <canvas> 标签下的 <div> 标签中设置类名为 "main"，最后在 <main> 标签的下级标签 <div> 设置类名为 "box"，设置完成后在 <box> 标签的下级标签 <div> 设置类名为 "on"，on 元素下填充两个图片元素 img 并用 <div> 进行承载。代码如图 7-45 所示。

```
<div class="body">
    <canvas id='canvastwo' width=400 height=500></canvas>
    <div class="main">
    <!--
    <div class="box">
    <div class="on"><img src="src/homebanner.jpg"></div>
    <div><img src="src/xiazai.jpg"></div>
    </div>
    -->
    </div>
    </div>
```

图7-45　第7步操作对应的代码

💬 提示

此处将自动轮播图片的代码进行注释，主要目的在于方便将画布进行定位。等到完成第8、9、10三步时需要对注释进行取消，即右击选中注释部分，按住 Ctrl+?，进行注释取消操作，或将"<!--"和"!-->"进行删除。

08 对画布（canvas）进行编写，在 <body> 标签中添加 <script> 标签，引入 JS 代码设置 src 属性为 tip.js。代码如图 7-46、图 7-47 所示，效果如图 7-48 所示。

```
<script src="tip.js"></script>
```

图7-46　第8步操作对应的代码（1）

```
function drawaa(){
    var c=document.getElementById("canvastwo");
    var ctx=c.getContext("2d");
    ctx.lineWidth=20;
    ctx.strokeStyle="#686868";
    ctx.lineJoin="round";
    ctx.strokeRect(50,50,330,290);
}
window.addEventListener("load",drawaa,true);
```

图7-47　第8步操作对应的代码（2）

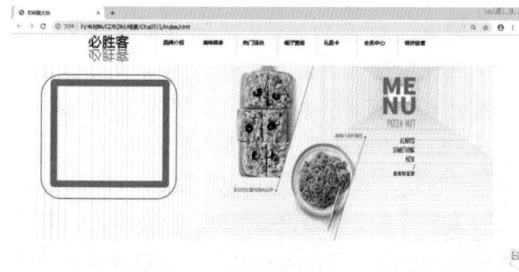

图7-48　第8步操作对应的效果图

👤 疑难解答 JS中strokeRect（ ）方法的语法和取值是什么？

strokeRect() 方法的语法为：strokeRect(x, y, width, height)，参数含义与rect()方法的参数相同，区别在于此方法不需要使用beginPath()和stroke()即可绘制。

值	描述
bevel	创建斜角
round	创建圆角
miter	默认，创建尖角

09 自动轮播，通过 CSS 部分对图片进行隐藏和定位，然后通过 JS 实现自动轮播，当图片播放到最后一张，使其下标变换到第一张下标。CSS 部分使用 <overflow> 标签使图片隐藏，这个属性定义溢出元素内容区的内容会如何处理。如果值为 scroll，不论是否需要，用户代理都会提供一种滚动机制。因此，有可能即使元素框中可以放下所有内容也会出现滚动条。

值	描述
visible	默认值。内容不会被修剪，会呈现在元素框之外
hidden	内容会被修剪，并且其余内容是不可见的
scroll	内容会被修剪，但是浏览器会显示滚动条以便查看其余的内容
auto	如果内容被修剪，则浏览器会显示滚动条以便查看其余的内容
inherit	规定应该从父元素继承 overflow 属性的值

10 首先添加 body 的样式，设置 body 的属性 width、height、margin、background、background-size、float 及其属性值为 100%、500px、0 auto、url(src/a.jpg)no-repeat、100% 100%、left，其中使 body 居中，将图片采用背景嵌入并且图片设置为不平铺。其次添加 main 的样式，设置属性 width、height、position、margin-top、margin-left 及其属性值为 321px、285px、absolute、-450px、50px。添加 box 的样式，设置属性 width、height、float 及其属性值为 321px、285px、left。给"box div"添加属性 width、height、overflow、top、left、display 及其属性值 321px、285px、hidden、0、0、none，overflow 属性将图片叠放在第一张后面。然后给"box div img"添加属性 width、height 及其属性值为 100% 100%，图片大小完全依赖"box div"的大小。最后给"box div .on"添加属性 display 及其属性值为 block，display 设置轮播的第一张照片。代码如图 7-49、图 7-50 所示。

```
.body{
    width: 100%;
    height: 500px;
    margin:0 auto;
    background: url(src/a.jpg)no-repeat;
    background-size: 100% 100%;
    float: left;
}
.main{
width: 321px;
height: 285px;
position: absolute;
margin-top:-450px;
margin-left:50px;
}

.box{
width: 321px;
height: 285px;
float: left;
}
```

图7-49   第10步操作对应的代码（1）

```
.box div{
    width: 321px;
    height: 285px;
    overflow: hidden;
    top:0;
    left: 0;
    display: none;
}
.box div img{
    width: 100%;
    height: 100%;
}
.box div.on{
display: block;
}
```

图7-50   第10步操作对应的代码（2）

疑难解答 为什么需要将自动轮播移到画布中，不可以将自动轮播代码嵌套在<canvas>标签里面吗？

canvas里面不允许嵌套div，如果在里面嵌套了div，会被自动忽略。如果想让div在canvas上面覆盖显示，可以将div放在canvas的同级，然后将div设置成position:absolute或fixed，通过left和top进行定位。

[11] 自动轮播，JS 部分使用定时器setInterval（）方法，通过 <script> 标签将外部 js 引入 img.js 文件。JS 文件代码如图 7-51 所示。

```
var box=document.getElementsByClassName("box")[0];
var oDiv=document.getElementsByClassName("box")[0].getElementsByTagName("div");
var nu=0;
var time;
    for(var i=0;i<oDiv.length;i++){
        for(var j=0;j<oDiv.length;j++){
            oDiv[j].className="";
        }
        oDiv[nu].className = "on";
    }
    var time=setInterval(function(){
    nu++;
    if(nu==2){
        nu=0;
    }
    console.log(nu)
    for(var i=0;i<oDiv.length;i++){
        oDiv[i].className="none"
    }
    oDiv[nu].className="on"
},2000)
```

图7-51   第11步操作对应的代码

疑难解答 JS中如何使用定时器setInterval（）方法实现自动轮播？

setInterval() 方法可按照指定的周期（以毫秒计）来调用函数或计算表达式。

setInterval() 方法会不停地调用函数，直到 clearInterval() 被调用或窗口被关闭。由 setInterval() 返回的 ID 值可用作 clearInterval() 方法的参数。setInterval （）函数语法为 setInterval(code, millisec[，"lang"])。其中参数如图7-51下方的表格所示。

参数	描述
code	必需。要调用的函数或要执行的代码串
millisec	必需。周期性执行或调用 code 之间的时间间隔，以毫秒计

它的返回值是一个可以传递给 Window.clearInterval() 从而取消对 code 的周期性执行的值。

[12] 对底部元素进行编写，使用了渐变条作为背景颜色，<ul>、<li> 标签写最后链接。首先写入标签 <canvas> 并添加 id 属性为 "canvasone"，设置宽度 width、高度 height 属性及属性值为 1333、200，然后添加一个 <ul> 标签，添加类名为 "foot"，"foot" 下嵌套 7 个子元素 <li>，文字中间使用属性 "换行 br" 对文字进行换行操作。代码如图 7-52 所示。

```
<canvas id='canvasone' width=1333 height=200></canvas>
    <ul class="foot">
        <li>关于必游宴<br>品牌介绍<br>新闻中心<br>企业责任</li>
        <li>美味菜品<br>新品推荐<br>必游宴<br>招牌菜</li>
        <li>关于我们<br>下载APP<br>官方微信<br>新浪微博<br>腾讯微博<br>人人网</li>
        <li>加入我们<br>中国西部就业网</li>
        <li>联系我们<br>联系我们</li>
        <li>法律条款<br>网站协议<br>隐私政策</li>
        <li>其他品牌网站<br>中国百姓<br>中国餐馆家<br>东方饮白<br>小肥羊<br>育婴基宅急运</li>
    </ul>
```

图7-52   第12步操作对应的代码

[13] canvas（画布）内的内容同样通过外部 JS 引入，在 <body> 标签的结束标签之前添加 <script> 标签，设置 src 属性为 "jianbian.js"。代码如图 7-53 所示。

```
<script src="name.js"></script>

<script src="tip.js"></script>

<script src="img.js"></script>

<script src="jianbian.js"></script>
```

图7-53   第13步操作对应的代码

[14] 使用三色的直线渐变颜色填充一个矩形。

[15] 以线性颜色渐变方式创建

CanvasGradient 对象。代码如图 7-54 所示，效果如图 7-55 所示。

```
function gradient(){
    var c=document.getElementById("canvasone");
    var ctx=c.getContext("2d");
    var Colordiagonal=ctx.createLinearGradient(300,10,900,10);
    Colordiagonal.addColorStop(0,"#494949");
    Colordiagonal.addColorStop(0.5,"#716d6d");
    Colordiagonal.addColorStop(1,"#a69f9e");

    ctx.fillStyle=Colordiagonal;
    ctx.fillRect(0,10,1333,200);
    ctx.stroke();
}
window.addEventListener("load",gradient,true);
```

图7-54　第15步操作对应的代码

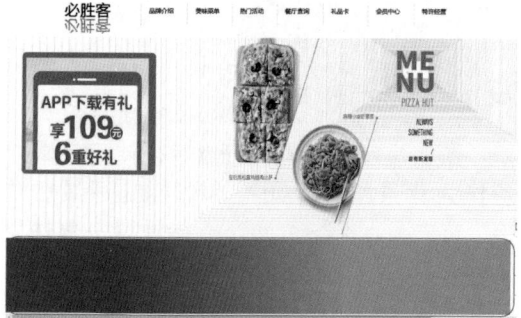

图7-55　第15步操作对应的效果图

16 对底部的 <ul> <li> 的样式进行编写，首先添加 foot 的样式，属性 width、height 的属性值分别为 981px、178px，属性 position 对 <ul> 进行相对定位，设置属性值为 "absolute"，改变属性 margin 的值，使居中显示，设置属性值为 -150px、200px，然后添加 "foot li" 的样式，添加每个小 <li> 的属性为 width、height、margin-right、float、list-style、font-color、list-style，并设置属性值为 100px、178px、30px、left、none、white，其中 list-style：none 将无序列表中的小圆点消除。代码如图 7-56 所示，效果如图 7-57 所示。

```
.foot{
    width: 981px;
    height: 178px;
    position: absolute;
    margin:-150px 200px;
}
.foot li{
    width: 100px;
    height: 178px;
    margin-right:30px;
    float: left;
    list-style: none;
    font-color:white;
}
```

图7-56　第16步操作对应的代码

图7-57　第16步操作完成后的效果图

使用CanvasRenderingContext2D对象createLinearGradient() 方法可以用线性颜色渐变方法创建 CanvasGradient 对象。createLinearGradient方法的参数是(x1, y1, x2, y2)，其中x1和y1是起点坐标，x2和y2是终点坐标。通过不同的坐标值，可以生成从上至下、从左到右的渐变等。

7.2　图形的保存与恢复

在画布对象绘制图形或图像时，可以将这些图形或者图形的状态进行改变，即永久保存图形或图像。

7.2.1　保存与恢复状态

在画布对象中，由两个方法管理绘制状态的当前栈，save 方法把当前状态压入栈中，而 restore 方法从栈顶弹出状态。其中 save 用来保存 canvas 的状态。save（保存）之后，可以调用 canvas 的平移、缩放、旋转、错切、裁剪等操作。restore 方法用来恢复 canvas 之前保存的状态，防止 save 后对 canvas 执行的操作对后续的绘制有影响。save 和 restore 方法要配对使用（restore 可以比 save 少，但不能多），如果 restore 方法调用次数比 save 方法多，会引发 Error（错误）。

保存与恢复图像状态实例，代码如图 7-58 所示，使用谷歌浏览器预览此网页效果如图 7-59 所示。

大家可以看到，在最上面的时候在 canvas 中画了一个矩形，而且是虚线矩形，红色，线宽为 5，后来又画了一个圆形。

```html
<html>
<head lang="en">
    <meta charset="UTF-8">
    <title></title>
    <style>
        canvas{
            border: 1px solid #000;
        }
    </style>
</head>
<body>
    <canvas width="800" height="600"></canvas>
    <script>
        var canvas=document.querySelector('canvas');
        var ctx=canvas.getContext('2d');
        ctx.save();//状态的保存
        ctx.setLineDash([5]);
        ctx.lineWidth=4;
        ctx.strokeStyle='red';
        ctx.strokeRect(50,50,300,300);
        ctx.restore();//状态的恢复
        ctx.arc(400,300,150,0,2*Math.PI);
        ctx.stroke();
    </script>
</body>
</html>
```

图7-58　保存与恢复状态的示例代码（1）

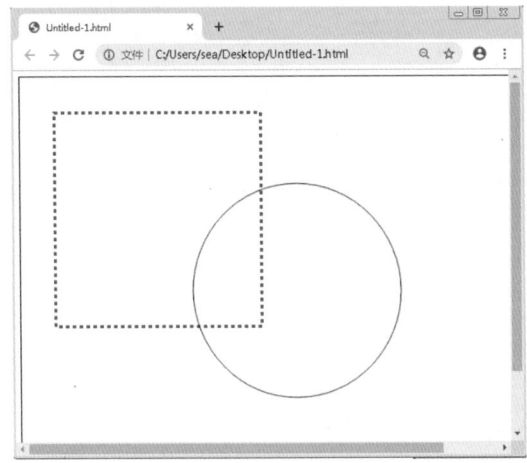

图7-59　保存与恢复状态的示例预览效果图（1）

注意并没有开辟新路径，这个圆保持了canvas默认的状态，黑色实线1px线宽，这是为什么呢？

就是因为在定义了 ctx 以后，我们用了save()保存了初始的状态，在我们画圆的时候用restore恢复了初始的状态，所以为黑色实线。

再看下面这个例子。将上面的代码简单做了改变，但是效果却不一样了，示例代码如图7-60所示。使用谷歌浏览器预览此网页，预览效果如图7-61所示。

圆圈变成了虚线，并且线宽也是4了，

但是颜色没有变，为什么呢？就是因为使用canvas 中 save() 方法时，先执行的虚线和线宽的代码，也就是在保存的时候已经把虚线和线宽保存了，所以后来在执行恢复的时候就会恢复上。

```html
<html>
<head lang="en">
    <meta charset="UTF-8">
    <title></title>
    <style>
        canvas{
            border: 1px solid #000;
        }
    </style>
</head>
<body>
    <canvas width="800" height="500"></canvas>
    <script>
        var canvas=document.querySelector('canvas');
        var ctx=canvas.getContext('2d');
        ctx.setLineDash([5]);
        ctx.lineWidth=4;
        ctx.save();//状态的保存，-----改变了保存的位置
        ctx.strokeStyle='red';
        ctx.strokeRect(50,50,300,300);
        ctx.restore();//状态的恢复
        ctx.arc(400,300,150,0,2*Math.PI);
        ctx.stroke();
    </script>
</body>
</html>
```

图7-60　保存与恢复状态的示例代码（2）

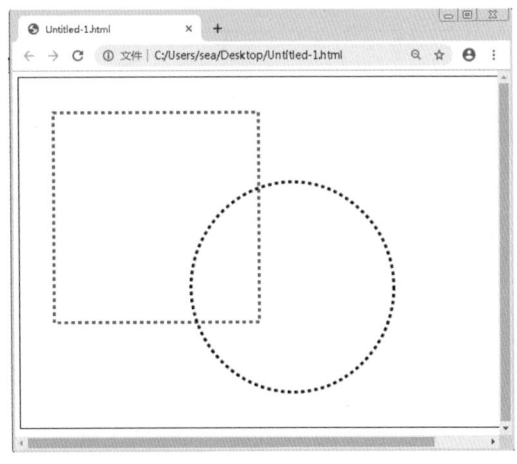

图7-61　保存与恢复状态的示例预览效果图（2）

不过还有一个问题是，如果进行多次保存并且多次恢复的时候，那又是什么样子的呢？示例代码如图 7-62 所示。使用谷歌浏览器预览上述网页，预览效果如图 7-63 所示。

所以，看到这个效果时想到了什么？恢复功能为什么每个都不同？其实这是因为它符合内存中的栈的规律：先保存的，后恢复；后保存的，先恢复。

```
<html>
<head lang="en">
    <meta charset="UTF-8">
    <title></title>
    <style>
        canvas{
            border: 1px solid #000;
        }
    </style>
</head>
<body>
    <canvas width="800" height="600"></canvas>
    <script>
        var canvas=document.querySelector('canvas');
        var ctx=canvas.getContext('2d');
        ctx.save();//第一次保存
        ctx.setLineDash([5]);
        ctx.lineWidth=4;
        ctx.strokeStyle='red';
        ctx.strokeRect(50,50,100,100);
        ctx.save();//第二次保存
        ctx.setLineDash([10,5,15]);
        ctx.lineWidth=8;
        ctx.strokeStyle='blue';
        ctx.strokeRect(100,100,100,100);
        ctx.save();//第三次保存
        ctx.restore();//恢复第一次
        ctx.strokeRect(500,300,100,100);
        ctx.restore();//恢复第二次
        ctx.strokeRect(600,400,100,100);
        ctx.restore();//恢复第一次
        ctx.strokeRect(700,500,100,100);
    </script>
</body>
</html>
```

图7-62　保存与恢复状态的示例代码（3）

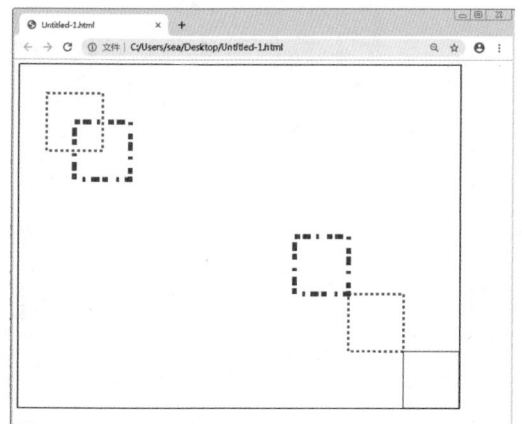

图7-63　保存与恢复状态的示例预览效果图（3）

知识链接：关于栈的存储

栈（stack）又名堆栈，它是一种运算受限的线性表。其限制是仅允许在表的一端进行插入和删除运算。这一端被称为栈顶，相对地，把另一端称为栈底。向一个栈插入新元素又称作进栈、入栈或压栈，它是把新元素放到栈顶元素的上面，使之成为新的栈顶元素；从一个栈删除元素又称作出栈或退栈，它是把栈顶元素删除，使其相邻的元素成为新的栈顶元素。

可以把栈的存储规律理解成洗盘子，最后洗的盘子放在最上面，用的时候首先使用。

7.2.2　保存文件

当绘制出漂亮的图形时，有时需要保存这些劳动成果。这时可以将当前的画布元素（而不是2D环境）的当前状态导出数据URL。导出很简单，可以调用toDataURL方法完成，它可以不同的图片格式来调用。目前，.png格式才是规范定义的格式，其他浏览器还支持其他格式。

它以一个元素data开始，然后是mine类型，之后是编码和base64，最后是原始数据。这些原始数据就是画布元素所要导出的内容，并且浏览器能够将数据编码为真正的资源。

保存图像文件实例，代码如图7-64所示。

图7-64　保存文件的示例代码

使用谷歌浏览器预览上述网页，预览效果如图7-65所示。

图7-65　保存文件示例的运行效果图

7.2.3 制作餐厅网页

在这个案例中，我们使用框架来完成【餐厅网页】的制作，帮助读者进一步了解框架。通过引入框架中原本定义的模块，轻松地完成一个简单、大方的餐厅首页。效果如图 7-66 所示。

素材	无
场景	场景\Cha07\2\index.html
视频	视频教学\Cha07\7.2.3　制作餐厅网页.mp4

图7-66　餐厅网页

01 双击 Dreamweaver 图标，打开 Dreamweaver 软件后，选择菜单栏中的【文件】|【新建】命令，弹出【新建文档】对话框，在【标题】文本框中输入"index"后，单击【创建】按钮，如图 7-67 所示。创建完成之后选择【拆分】视图，效果如图 7-68 所示。

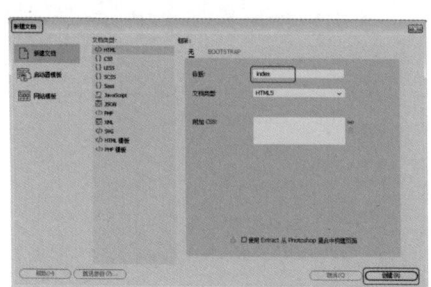

图7-67　导入文件

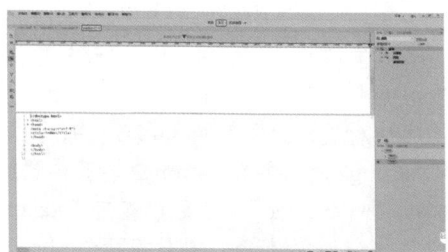

图7-68　软件界面

02 使用 Ctrl+S 组合键，弹出【另存为】对话框，选择目录为"素材\Ch07\2"后，将【文件名】修改为"index.html"，单击【保存】按钮。具体操作如图 7-69 所示。

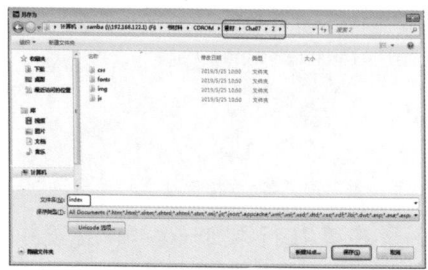

图7-69　素材位置

03 在 DW 软件视图的下半部分代码视图中，移动到第 6 行 <head> 标签中，引入 CSS 与 JS 结构。具体代码如图 7-70 所示。

```
<link href="css/bootstrap.css" rel="stylesheet" type="text/css">
<link href="css/index.css" rel="stylesheet" type="text/css">
<script src="js/jquery-3.2.1.min.js"></script>
<script src="js/bootstrap.js"></script>
<script src="js/index.js"></script>
```

图7-70　第3步操作对应的代码

04 在 <head> 中引入完应使用的结构后，移动到 <body> 标签中，在第 14 行添加一个 <div> 标签并添加类 "container-fluid"。之后在第 15 行嵌套一个 <div> 标签并添加类 "row-fluid"。具体代码如图 7-71 所示。

```
<body>
  <div class="container-fluid">
    <div class="row-fluid">

    </div>
  </div>
</body>
</html>
```

图7-71　第4步操作对应的代码

05 在第 16 行添加一个 <div> 标签并为其添加类 "col-md-2"。之后在第 17 行添加一个 <img> 标签，设置其 alt 属性为 "140×140"，之后再链接到当前目录下的 "img/banner.png" 文件，最后给标签添加一个 "img-rounded" 类。具体代码如图 7-72 所示。

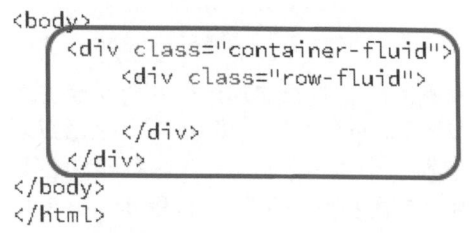

图7-72　第5步操作对应的代码

06 在第 19 行添加一个 <div> 标签并添加类"col-md-8"。之后在第 20 行添加一个 <ul> 标签并为其添加类"nav nav-tabs"。具体代码如图 7-73 所示。

```
<div class="col-md-8">
    <ul class="nav nav-tabs">

    </ul>
</div>
```
图7-73　第6步操作对应的代码

07 在第 21 行添加一个 <li> 标签并添加类"active"，之后在第 22 行添加一个 <a> 标签并为其添加文字内容"最新消息"。在之后的第 24～29 行，是对上述内容的重复，修改的地方仅是 <li> 标签去掉了类以及 <a> 标签中的文字内容，共添加三个 <li> 标签。具体代码如图 7-74 所示。

```
<li class="active">
    <a href="#">最新消息</a>
</li>
<li>
    <a href="#">募集情报</a>
</li>
<li>
    <a href="#">人才招募</a>
</li>
```
图7-74　第7步操作对应的代码

08 在第 30 行添加一个 <li> 标签并为其添加类"dropdown""pull-right"。之后在第 31 行添加一个 <a> 标签。在 <a> 标签中，我们添加文字内容为"下拉"，设置 data-toggle 为 dropdown，类为"dropdown-toggle"，设置链接无效。最后我们在 <a> 标签中再嵌套一个 <strong> 标签并为其设置类为"caret"。具体代码如图 7-75 所示。

```
<li class="dropdown pull-right">
    <a href="#" data-toggle="dropdown" class="dropdown-toggle">下拉<strong class="caret"></strong></a>
</li>
```
图7-75　第8步操作对应的代码

疑难解答 有关data-toggle与data-target的作用。

因为Bootstrap为这些元素都绑定上事件，而终止了链接默认行为，data-toggle指以什么事件触发，常用的如modal、popover、tooltips等，data-target指是事件的目标。

09 在第 32 行添加一个 <ul> 标签，并添加类"dropdown-menu"。之后在 <ul> 标签中添加三个 <li> 标签并在每个 <li> 标签中添加一个 <a> 标签并设置链接无效。<a> 标签中的内容分别为"操作""设置栏目""更多设置"。具体代码如图 7-76 所示。

```
<ul class="dropdown-menu">
    <li>
        <a href="#">操作</a>
    </li>
    <li>
        <a href="#">设置栏目</a>
    </li>
    <li>
        <a href="#">更多设置</a>
    </li>
</ul>
```
图7-76　第9步操作对应的代码

10 在第 42 行添加一个 <li> 标签并添加类"divider"，之后在第 44 行添加一个 <li> 标签，最后在第 45 行 <li> 标签中添加一个 <a> 标签，并添加文字内容"分割线"。具体代码如图 7-77 所示，具体效果如图 7-78 所示。

```
<li class="divider">
</li>
<li>
    <a href="#">分割线</a>
</li>
```
图7-77　第10步操作对应的代码

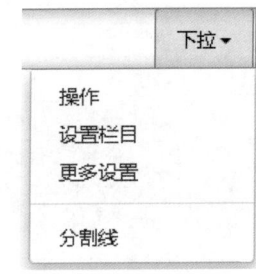
图7-78　第10步操作完成后的效果图

11 在第 51 行添加 <div> 标签并添加类"col-md-2"，接着在第 52 行添加一个 <address> 标签，之后在 <address> 中，先添加一个 <strong> 标签并在 <strong> 标签中添加文字内容"Twitter, Inc."，之后接着在"address"中添加三个
 标签，并且每两个
 标签中分别添加文字内容"795 Folsom Ave, Suite 600"与"San Francisco, CA 94107",接着在 \<address\> 中添加一个 \<abbr\> 标签并设置 title 为"Phone"以及文字内容为"P:",最后在 \<address\> 中添加文字内容"(123) 456-7890"。具体代码如图 7-79 所示,具体效果如图 7-80 所示。

```
<div class="col-md-2">
<address> <strong>Twitter, Inc.</strong><br /> 795 Folsom Ave, Suite 600<br /> San francisco, CA 94107<br /> <abbr title="Phone">P:</abbr> (123) 456-7890</address>
</div>
```

图7-79 第11步操作对应的代码

Twitter, Inc.
795 Folsom Ave, Suite 600
San Francisco, CA 94107
P:(123) 456-7890

图7-80 第11步操作对应的效果图

12 在第 56 行添加一个 \<div\> 标签并添加类"container",之后在第 57 行嵌套一个 \<div\> 标签,并设置 id 为"myCarousel",类为"carousel slide"。具体代码如图 7-81 所示。

```
<div class="container">
    <div id="myCarousel" class="carousel slide">
    </div>
</div>
```

图7-81 第12步操作对应的代码

13 在第 58 行设置注释代码,轮播指标。在第 59 行添加一个 \<ol\> 标签并设置类"carousel-indicators"。之后在第 60~62 行添加三个 \<li\> 标签,并且设置每个 \<li\> 的 data-target 为"#myCarousel",以及分别设置每个标签的 data-slide-to 为"0""1""2"。最后给第 60 行的 \<li\> 标签添加类"active"。具体代码如图 7-82 所示。

```
<!-- 轮播(Carousel)指标 -->
<ol class="carousel-indicators">
    <li data-target="#myCarousel" data-slide-to="0" class="active"></li>
    <li data-target="#myCarousel" data-slide-to="1"></li>
    <li data-target="#myCarousel" data-slide-to="2"></li>
</ol>
```

图7-82 第13步操作对应的代码

14 在第 65 行添加注释轮播项目。在第 66 行添加一个 \<div\> 标签并添加类"carousel-inner"。在第 67 行添加一个 \<div\> 标签并添加类"item active"。之后在第 68 行添加一个 \<img\> 标签,之后再链接到当前目录下的"img/a8b9d722ed1a41d5a8571e42f88297a6.jpg"文件,并设置

alt 为"First slide"。具体代码如图 7-83 所示。

```
<!-- 轮播(Carousel)项目 -->
<div class="carousel-inner">
    <div class="item active">
        <img src="img/a8b9d722ed1a41d5a8571e42f88297a6.jpg" alt="First slide">
    </div>
</div>
```

图7-83 第14步操作对应的代码

15 第 70~75 行基本是对第 67~69 行代码的重复,仅是把 \<div\> 的类修改为了"item",\<img\> 中的 alt 分别改为了"Second slide"、"Third slide"以及引入的图片发生了修改,在这里就不再重复。具体代码如图 7-84 所示。

```
<!-- 轮播(Carousel)项目 -->
<div class="carousel-inner">
    <div class="item active">
        <img src="img/a8b9d722ed1a41d5a8571e42f88297a6.jpg" alt="First slide">
    </div>
    <div class="item">
        <img src="img/e6b3276ebf4341ad894120a8d39c1ae6.jpg" alt="Second slide">
    </div>
    <div class="item">
        <img src="img/adImg21557886876.jpg" alt="Third slide">
    </div>
</div>
```

图7-84 第15步操作对应的代码

16 在第 77 行添加注释"轮播导航"。在第 78 行添加一个 \<a\> 标签。之后设置 \<a\> 的类为"left carousel-control",href 为"#myCarousel",role 为"button",以及 data-slide 为"prev"。之后在第 79 行与第 80 行分别添加一个 \<span\> 标签,并分别添加类"glyphicon glyphicon-chevron-left"、"sr-only",之后设置第 79 行中的 \<span\> 的 aria-hidden 为 true,最后添加给第 80 行中的 \<span\> 标签添加内容"Previous"。具体代码如图 7-85 所示。

```
<!-- 轮播(Carousel)导航 -->
<a class="left carousel-control" href="#myCarousel" role="button" data-slide="prev">
    <span class="glyphicon glyphicon-chevron-left" aria-hidden="true"></span>
    <span class="sr-only">Previous</span>
</a>
```

图7-85 第16步操作对应的代码

17 第 82~85 行基本是对步骤 16 中内容的重复,仅是把步骤 16 中的所有的"left"改为了"right",把所有的"prev"改为了"next",以及最后把"Previous"改为了"Next"。具体代码如图 7-86 所示。

```
<!-- 轮播(Carousel)导航 -->
<a class="left carousel-control" href="#myCarousel" role="button" data-slide="prev">
    <span class="glyphicon glyphicon-chevron-left" aria-hidden="true"></span>
    <span class="sr-only">Previous</span>
</a>
<a class="right carousel-control" href="#myCarousel" role="button" data-slide="next">
    <span class="glyphicon glyphicon-chevron-right" aria-hidden="true"></span>
    <span class="sr-only">Next</span>
</a>
```

图7-86 第17步操作对应的代码

18 对上面的图片的播放,采用轮播的方式。分别表示开始、暂停、下一张图片、上一

张图片、第一张图片、第二张图片、第三张图片。具体的代码如图 7-87 所示。

```
<!-- 控制按钮 -->
<div style="text-align:center;">
    <input type="button" class="btn start-slide" value="Start">
    <input type="button" class="btn pause-slide" value="Pause">
    <input type="button" class="btn prev-slide" value="Previous Slide">
    <input type="button" class="btn next-slide" value="Next Slide">
    <input type="button" class="btn slide-one" value="Slide 1">
    <input type="button" class="btn slide-two" value="Slide 2">
    <input type="button" class="btn slide-three" value="Slide 3">
</div>
```

图7-87　第18步操作对应的代码

19 对于轮播的实现，采用了 JS 中的 Bootstrap 轮播（Carousel）的插件。在 <head> 中已经引入了该插件，在 <body> 中直接使用即可。轮播的各种功能与步骤 18 中的按钮相对应，第一个按钮对应的是轮播的开始，单击后每三秒轮播一张图片，第二个按钮对应的是暂停轮播，第三、四个按钮分别对应的是轮播到上一个项目与下一个项目，最后的三个按钮对应的则是轮播到特定的帧数，即第几张图片。具体的代码如图 7-88 所示，具体效果如图 7-89 所示。

```
<script>
    // 初始化轮播
    $(".start-slide").click(function(){
        $("#myCarousel").carousel('cycle');
    });
    // 停止轮播
    $(".pause-slide").click(function(){
        $("#myCarousel").carousel('pause');
    });
    // 循环轮播到上一个项目
    $(".prev-slide").click(function(){
        $("#myCarousel").carousel('prev');
    });
    // 循环轮播到下一个项目
    $(".next-slide").click(function(){
        $("#myCarousel").carousel('next');
    });
    // 循环轮播到某个特定的帧
    $(".slide-one").click(function(){
        $("#myCarousel").carousel(0);
    });
    $(".slide-two").click(function(){
        $("#myCarousel").carousel(1);
    });
    $(".slide-three").click(function(){
        $("#myCarousel").carousel(2);
    });
</script>
```

图7-88　第19步操作对应的代码

图7-89　第19步操作完成后的效果图

20 在第 126 行添加一个 <div> 标签并添加类"container"，之后在第 127 行添加一个 <div> 标签并添加类"row"。之后在第 128 行添加一个 <div> 标签并添加类"col-md-8"，最后在第 129 行再嵌套一个 <div> 标签。具体代码如图 7-90 所示。

```
<div class="container">
    <div class="row">
        <div class="col-md-8">
            <div>

            </div>
        </div>
    </div>
</div>
```

图7-90　第20步操作对应的代码

21 在第 130 行添加一个 <h1> 标签并添加文字内容"企业简介"，在第 133 行添加一个 <p> 标签并在 <p> 中添加文字内容"「回转餐台」是第一个认识争鲜回转寿司品牌特征，创造美食当前顾客与美食零距离，优先以回台取餐的便利性及送餐速度，掳获顾客可立即用餐不需等候的服务优势。"，之后在第 135 行添加一个 <p> 标签，之后在 <p> 第 136 行添加一个 <a> 标签并添加类 btn、btn-primary、btn-large 以及文字内容"参看更多"。最后在第 139 行添加 <img> 标签，之后再链接到当前目录下的"img/28dc2a080c3940b3bc36ad2bcc802b3c.jpg"文件，设置 width 为 100%。具体代码如图 7-91 所示，具体效果如图 7-92 所示。

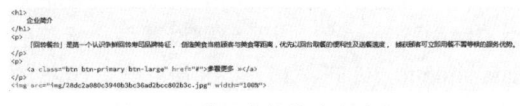

图7-91　第21步操作对应的代码

图7-92　第21步操作完成后的效果图

22 在第 142 行添加一个 <div> 标签并添

加类"col-md-4"，在第 143 行添加一个 <div> 标签并添加类"page-header"。之后在第 144 行添加一个 <h1> 标签并添加文字内容"最新消息"。具体代码如图 7-93 所示。

```
<div class="col-md-4">
    <div class="page-header">
        <h1>
            最新消息
        </h1>
    </div>
</div>
```

图7-93　第22步操作对应的代码

23 在第 148 行添加一个 <div> 标签并添加类"panel-group"以及设置 id 为"accordion"。在第 149 行嵌套一个 <div> 标签并添加类"panel、panel-default"。在第 150 行添加一个 <div> 标签并添加类"panel-heading"。之后在第 151 行添加一个 <h4> 标签并添加类"panel-title"，最后在第 152 行添加一个 <a> 标签并为其添加类"collapse"，设置其 data-parent 为"#accordion"，href 为"#collapseOne"，以及文字内容"Mini 丼"。具体代码如图 7-94 所示。

```
<div class="panel-group" id="accordion">
    <div class="panel panel-default">
        <div class="panel-heading">
            <h4 class="panel-title">
                <a data-toggle="collapse" data-parent="#accordion"
                   href="#collapseOne">
                    Mini丼
                </a>
            </h4>
        </div>
    </div>
</div>
```

图7-94　第23步操作对应的代码

24 在第 158 行添加一个 <div> 标签并添加类"panel-collapse collapse"，设置 id 为"collapseOne"。之后在第 159 行添加一个 <div> 标签并添加类"panel-body"，最后在这个 <div> 标签中添加文字内容。由于文字内容过多且无用，不在这里书写了，详情见具体代码。具体代码如图 7-95 所示。

```
<div id="collapseOne" class="panel-collapse collapse">
    <div class="panel-body">
        Nihil anim keffiyeh helvetica, craft beer labore wes anderson cred
        nesciunt sapiente ea proident. Ad vegan excepteur butcher vice
        lomo.
    </div>
</div>
```

图7-95　第24步操作对应的代码

25 第 166~216 行，基本是对步骤 24 中内

容的重复，修改的仅是第 149、166、183、200 行中的 <div> 标签的类以及其嵌套的 <div> 的 id 和 <a> 与 <h4> 中的文字内容，基本的内容没有发生改变，这里就不再重复了。具体代码如图 7-96、图 7-97 所示。

```
<div class="panel panel-info">
    <div class="panel-heading">
        <h4 class="panel-title">
            <a data-toggle="collapse" data-parent="#accordion"
               href="#collapseThree">
                大西洋干手蟹
            </a>
        </h4>
    </div>
    <div id="collapseThree" class="panel-collapse collapse">
        <div class="panel-body">
            Nihil anim keffiyeh helvetica, craft beer labore wes anderson cred
            nesciunt sapiente ea proident. Ad vegan excepteur butcher vice
            lomo.
        </div>
    </div>
</div>
<div class="panel panel-warning">
    <div class="panel-heading">
        <h4 class="panel-title">
            <a data-toggle="collapse" data-parent="#accordion"
               href="#collapseFour">
                牡丹虾
            </a>
        </h4>
    </div>
    <div id="collapseFour" class="panel-collapse collapse">
        <div class="panel-body">
            Nihil anim keffiyeh helvetica, craft beer labore wes anderson cred
            nesciunt sapiente ea proident. Ad vegan excepteur butcher vice
            lomo.
        </div>
    </div>
</div>
```

图7-96　第25步操作对应的代码（1）

```
<div class="panel panel-success">
    <div class="panel-heading">
        <h4 class="panel-title">
            <a data-toggle="collapse" data-parent="#accordion"
               href="#collapseTwo">
                海豚寿司
            </a>
        </h4>
    </div>
    <div id="collapseTwo" class="panel-collapse collapse">
        <div class="panel-body">
            Nihil anim keffiyeh helvetica, craft beer labore wes anderson cred
            nesciunt sapiente ea proident. Ad vegan excepteur butcher vice
            lomo.
        </div>
    </div>
</div>
```

图7-97　第25步操作对应的代码（2）

26 对于上面文字的显示方式，采用的是折叠显示。折叠显示采用的是 JS 中的 Bootstrap 折叠（Collapse）插件，在 <head> 中已经引入了该插件，在 <body> 中直接使用即可。在折叠栏中，设置第一个折叠栏为"toggle：false"，表示激活内容为可折叠元素，接受一个可选的 options 对象；第二个折叠栏为"toggle"，表示切换显示 / 隐藏可折叠元素；第三个折叠栏为"show"，表示显示可折叠元素；第四个折叠栏为"hide"，表示隐藏折叠栏。具体代码如图 7-98 所示，具体效果如图 7-99 所示。

```
<script type="text/javascript">
    $(function () { $('#collapseFour').collapse({
        toggle: false
    })});
    $(function () { $('#collapseTwo').collapse('show')});
    $(function () { $('#collapseThree').collapse('toggle')});
    $(function () { $('#collapseOne').collapse('hide')});
</script>
```

图7-98　第26步操作对应的代码

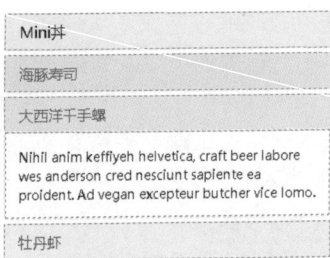

图7-99　第26步操作完成后的效果图

27　在第226行添加一个<ul>标签并添加类"pager"，在第227与228行分别添加一个<li>并各添加类"previous"、"next"。之后在第227与228行的<div>标签中各添加一个<a>标签，并各自添加文字内容"Older""Newer"。具体代码如图7-100所示。

```
<ul class="pager">
    <li class="previous"><a href="#">&larr; Older</a></li>
    <li class="next"><a href="#">Newer &rarr;</a></li>
</ul>
```

图7-100　第27步操作对应的代码

28　在第233行添加一个<div>标签并添加id为"gotop"，之后在第234行添加一个<span>标签，并添加类"goshadow"。在第235行添加一个<a>标签并设置href为"javascript:;"，之后在<a>标签中嵌套一个<span>标签并添加类"glyphicon、glyphicon-chevron-up"。具体代码如图7-101所示。

```
<div id="gotop">
    <span class="goshadow"></span>
    <a href="javascript:;"><span class="glyphicon glyphicon-chevron-up"></span></a>
</div>
```

图7-101　第28步操作对应的代码

29　在第237行添加一个<div>标签，并设置id为"footer"。在第238行添加一个<div>标签并添加类为"container"。之后在第239行添加一个<p>标签。接着在第240~250行每行分别添加一个<a>标签，并且分别添加文字内容"企业合作""人才招聘""联系我们""意见反馈""协同育人""帮助中心"。最后在第247行添加一个<p>标签并添加文字内容"©2017 www.xxxx.com　京ICP备13046642号-2"。具体代码如图7-102所示，具体效果如图7-103所示。

```
<div id="footer">
    <div class="container">
        <p>
            <a href="#">企业合作</a>
            <a href="#">人才招聘</a>
            <a href="#">联系我们</a>
            <a href="#">意见反馈</a>
            <a href="#">协同育人</a>
            <a href="#">帮助中心</a>
        </p>
        <p>
            &copy;2017 www.xxxx.com　京ICP备 13046642号-2
        </p>
    </div>
</div>
```

图7-102　第29步操作对应的代码

企业合作　　人才招聘　　联系我们　　意见反馈　　协同育人　　帮助中心
©2017 www.xxxx.com 京ICP备 13046642号-2

图7-103　第29步操作完成后的效果图

7.3　上机练习——制作餐厅首页

在制作【餐厅首页】的实训案例中，我们巩固一下前面所学的知识，在不使用框架的前提下，制作一个餐厅的首页。效果如图7-104所示，通过这个案例，读者可以了解网页的基本配色和结构布局，通过一个很小的图片来制作一个网页的背景等较为实用的知识点。

素材	无
场景	场景\Cha07\3\index.html
视频	视频教学\Cha07\7.3　上机练习——制作餐厅首页.mp4

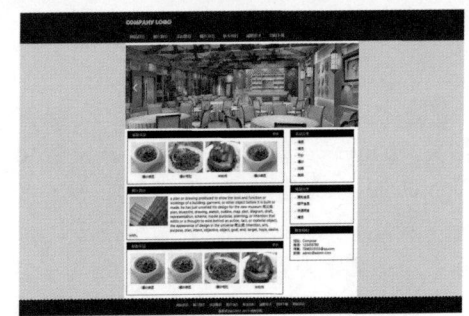

图7-104　餐厅首页

01　双击Dreamweaver图标，打开Dreamweaver软件后，选择菜单栏中的【文件】|【新建】命令，弹出【新建文档】对话框，在【标题】文本框中输入【餐厅】后，单击【创建】按钮，如图7-105所示，创建完成之后选择【拆分】视图，效果如图7-106所示。

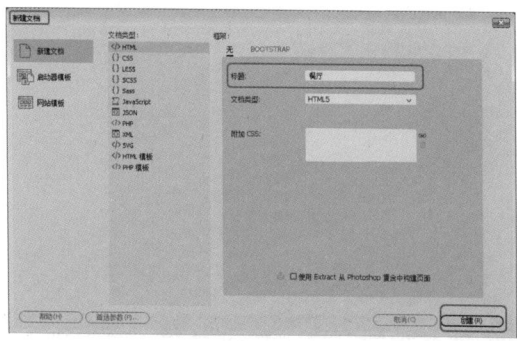

图7-105 导入文件

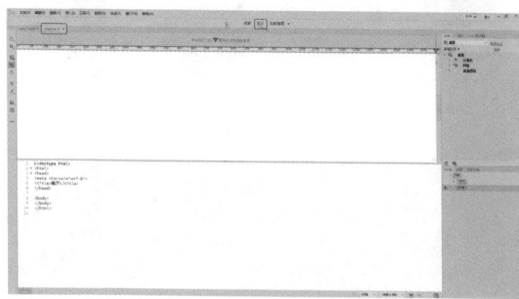

图7-106 软件界面

02 使用 Ctrl+S 组合键,弹出【另存为】对话框,选择目录为"素材 \Ch07\3"后,将【文件名】修改为"index.html",单击【保存】按钮。具体操作如图 7-107 所示。

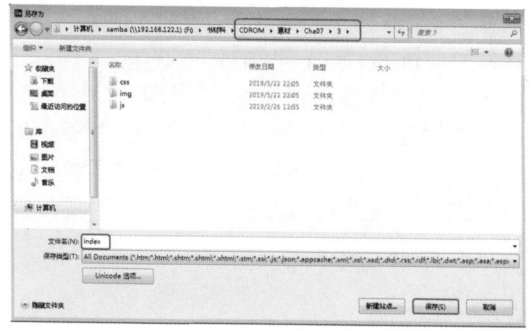

图7-107 素材位置

03 在 DW 软件视图的下半部分代码视图中,移动到第 6 行 <head> 标签中,引入 CSS 结构。具体代码如图 7-108 所示。

```
3 ▼ <head>
4       <meta charset="UTF-8">
5       <title>餐厅</title>
6       <link rel="stylesheet" type="text/css" href="css/index.css">
7 ▲ </head>
8 ▼ <body>
```

图7-108 第3步操作对应的代码

04 在第 9 行添加一个 <div> 标签,然后在其中再嵌套一个 <div> 标签,然后分别添加

类"top""top-box"。具体代码如图 7-109 所示。

```
9  ▼        <div class="top">
10 ▼            <div class="top-box">
11
12                </div>
13            </div>
```

图7-109 第4步操作对应的代码

05 在第 11 行添加一个 <div> 标签,并添加类"top-box-1",然后在第 12 行添加一个 <img> 标签,并链接到当前目录下的"img\logo.png"文件。具体代码如图 7-110 所示。

```
8  ▼ <body>
9  ▼        <div class="top">
10 ▼            <div class="top-box">
11                  <div class="top-box-1">
12                      <img src="img/logo.png">
13                  </div>
14                </div>
15            </div>
16    </body>
```

图7-110 第5步操作对应的代码

06 在第 14 行添加一个 <div> 标签,并添加类"top-box-2",然后在第 15 行添加 <ul> 标签,在第 16~22 行,每行添加一个带有"li-style1"的 <li> 标签,并在 <li> 标签中嵌套一个 <a> 标签,<a> 标签中的内容分别为"网站首页""餐厅简介""菜品推荐""餐厅动态""联系我们""诚聘英才""资料下载"。具体代码如图 7-111 所示,其效果如图 7-112 所示。

```
14 ▼        <div class="top-box-2">
15 ▼            <ul>
16                  <li class="li-style1"><a href="#">网站首页</a></li>
17                  <li class="li-style1"><a href="#">餐厅简介</a></li>
18                  <li class="li-style1"><a href="#">菜品推荐</a></li>
19                  <li class="li-style1"><a href="#">餐厅动态</a></li>
20                  <li class="li-style1"><a href="#">联系我们</a></li>
21                  <li class="li-style1"><a href="#">诚聘英才</a></li>
22                  <li class="li-style1"><a href="#">资料下载</a></li>
23                </ul>
24            </div>
25        </div>
```

图7-111 第6步操作对应的代码

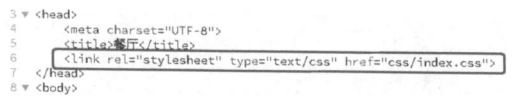

图7-112 第6步操作对应的效果图

07 在第 28 行添加一个 <div> 标签并添加类"box",在 29、30 行分别嵌套一个 <div> 标签,并分别添加图片 img01、类"box-box"。具体的代码如图 7-113 所示。

08 在第 31 行添加一个 <div> 标签并添加类"left",之后在第 32 行嵌套一个 <div> 标签,并添加类"zxcp"。具体代码如图 7-114 所示。

```
27
28 ▼    <div class="box">
29          <div class="img01"></div>
30 ▼        <div class="box-box">
31
32          </div>
33      </div>
34  </body>
35  </html>
```

图7-113　第7步操作对应的代码

```
30 ▼    <div class="box-box">
31 ▼        <div class="left">
32 ▼            <div class="zxcp">
33
34            </div>
35        </div>
36    </div>
```

图7-114　第8步操作对应的代码

09 在第 33 行添加一个 <div> 标签并添加类 "title"，在第 34 行添加一个 <span> 标签并添加类 "title01" 以及内容 "最新菜品"。在第 35 行添加标签 <span> 并添加类 "title02"，之后在第 36 行再嵌套一个 <a> 标签，并添加内容 "更多"。具体代码如图 7-115 所示。

```
33 ▼    <div class="title">
34          <span class="title01">最新菜品</span>
35 ▼        <span class="title02">
36              <a href="#">更多</a>
37          </span>
38      </div>
```

图7-115　第9步操作对应的代码

10 在第 39 行添加一个 <div> 标签并添加类 "content"。在第 40 行添加一个 <div> 标签并添加类 "content-img"，之后在第 41 行一个 <span> 标签并添加类 "span01"，在第 42 行嵌套一个 <img> 标签，并链接到当前目录下的 "mg/1.png" 文件，设置图片的高为 120 像素，宽为 150 像素。最后在第 44 行添加一个 <span> 标签并给标签添加类 "span02" 以及内容 "爆炒绿豆"。具体代码如图 7-116 所示。

```
39 ▼    <div class="content">
40 ▼        <div class="content-img">
41 ▼            <span class="span01">
42                  <img src="img/1.png" height="130px" width="150px">
43              </span>
44 ▼            <span class="span02">
45                  爆炒绿豆
46              </span>
47          </div>
48      </div>
```

图7-116　第10步操作对应的代码

11 第 48~71 行的内容，多为对步骤 10 中内容的重复，所变内容仅是图片的名字与文字的内容，在此不再过多地重复。具体代码如图 7-117 所示，效果如图 7-118 所示。

```
48 ▼    <div class="content-img">
49 ▼        <span class="span01">
50              <img src="img/2.png" height="130px" width="150px">
51          </span>
52          <span class="span02">
53              爆炒毛肚
54          </span>
55 ▼    </div>
56 ▼        <span class="span01">
57              <img src="img/3.png" height="130px" width="150px">
58          </span>
59          <span class="span02">
60              米粉肉
61          </span>
62 ▼    <div class="content-img">
63 ▼        <span class="span01">
64              <img src="img/4.png" height="130px" width="150px">
65          </span>
66          <span class="span02">
67              爆炒绿豆
68          </span>
69      </div>
70
71
```

图7-117　第11步操作对应的代码

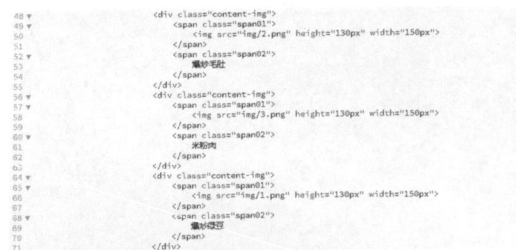

图7-118　第11步操作完成后的效果图

疑难解答　为什么代码的书写要遵循规范？
(1) 规范的代码可以促进团队合作。
(2) 规范的代码可以减少Bug处理。
(3) 规范的代码可以减少维护成本。
(4) 规范的代码有助于代码的审查。
(5) 养成代码规范的习惯，有助于程序员自身的成长。

12 在第 76 行添加一个 <div> 标签并添加类 "zxcp"，之后嵌套两个 <div> 标签并分别添加类 "title01"、"content"。在第 78 行添加一个 <span> 标签并添加类 "title01" 以及内容 "餐厅简介"。在第 83 行添加一个 <img> 标签，并链接到当前目录下的 "./img/jianjie.png" 文件，并设置其位置属性。在第 84 行添加一个 <p> 标签并添加类 "content-font"。由于 <p> 标签中的内容过于长，并且无实用价值，在这里就不列举出来了。具体代码如图 7-119 所示，具体效果如图 7-120 所示。

图7-119　第12步操作对应的代码

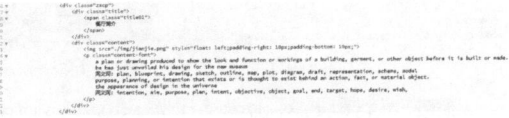

图7-120　第12步操作对应的效果图

13 第 95~136 行的内容与步骤 10 和步骤 11 中的内容基本相同，改变内容仅是图片的名字与文字的内容，在此不再过多地进行重复。具体代码如图 7-121 所示，具体效果如图 7-122 所示。

图7-121　第13步操作对应的代码

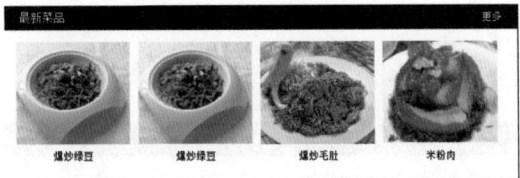

图7-122　第13步操作完成后的效果图

14 在第 141 行添加一个 <div> 标签并添加类"right"。在第 142 行再添加一个 <div> 标签并添加类"cpfl"。在第 143 行添加一个 <div> 标签并添加类"title"，最后在第 145 行添加一个 <span> 标签并添加类"title01"以及内容"菜品分类"具体代码如图 7-123 所示。

```
141 ▼          <div class ="right">
142 ▼              <div class="cpfl">
143 ▼                  <div class="title">
144                        <span class="title01">菜品分类</span>
145                    </div>
146                </div>
147          </div>
```

图7-123　第14步操作对应的代码

15 在第 146 行添加一个 <div> 标签并添加类"cpfl-style"。在第 147 行添加一个 <ul> 标签，之后在第 148 行添加一个 <li> 标签并在里面添加一个 <a> 标签并添加内容"清蒸"，第 153~177 行，是对第 148~152 行内容的重复，修改的仅是文字内容，在这里就不再过多地重复。具体代码如图 7-124 所示，具体效果如图 7-125 所示。

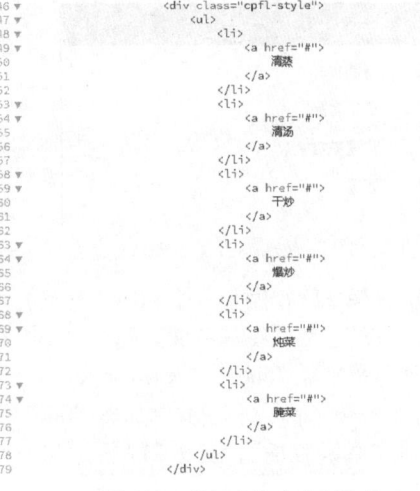

图7-124　第15步操作对应的代码

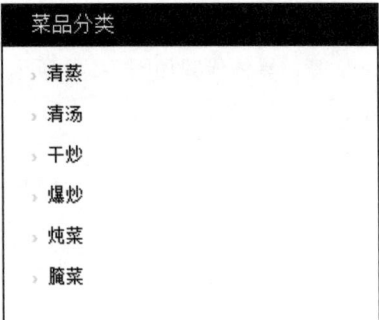

图7-125　第15步操作完成后的效果图

16 在第 182 行添加一个 <div> 标签并添加类"ctdt"。从第 183~209 行的内容和步骤 14 与步骤 15 中的内容基本相同，修改的仅是文字内容，在这里就不再过多地重复。具体代码如图 7-126 所示，具体效果如图 7-127 所示。

图7-126　第16步操作对应的代码

菜品分类

› 腌制食品

› 晒干食品

› 快速粮食

› 清汤

图7-127 第16步操作完成后的效果图

17 在第222行添加一个 <div> 标签并添加类"lxwm"，之后在其中嵌套两个 <div> 标签，并分别添加类"title"、"lxwm-style"。在第214行添加一个 <span> 标签并添加类"title01"以及内容"联系我们"。在第217行添加一个 <p> 标签，并添加内容"地址：Compose""电话：123456789""传真：7288333333@qq.com""邮箱：admin@admin.com"，并且每个内容后面添加一个
 标签。具体代码如图7-128所示，具体效果如图7-129所示。

```
212 ▼          <div class="lxwm">
213 ▼              <div class="title">
214                    <span class="title01">联系我们</span>
215              </div>
216 ▼              <div class="lxwm-style">
217 ▼                  <p>
218                        地址：Compose<br>
219                        电话：123456789    <br>
220                        传真：7288333333@qq.com <br>
221                        邮箱：admin@admin.com <br>
222                    </p>
223              </div>
224          </div>
```

图7-128 第17步操作对应的代码

联系我们

地址：Compose
电话：123456789
传真：7288333333@qq.com
邮箱：admin@admin.com

图7-129 第17步操作对应的效果图

18 在第230行添加一个 <footer> 标签，在第231行添加一个 <div> 标签并添加类"footerstyle"，在第232行添加一个 <p> 标签。在第234~240行每行均添加一个 <a> 标签，并分别添加内容"网站首页""餐厅简介""菜品推荐""餐厅动态""联系我们""诚聘英才""资料下载""网站首页"。最后在第242行添加一个 <p> 标签并添加内容"版权所有 ©2017-2019 德州学院"。具体代码如图7-130所示，具体效果如图7-131所示。

```
230 ▼      <footer>
231 ▼          <div class="footerstyle">
232 ▼              <p>
233                    <a href="#">网站首页</a>    
234                    <a href="#">餐厅简介</a>    
235                    <a href="#">菜品推荐</a>    
236                    <a href="#">餐厅动态</a>    
237                    <a href="#">联系我们</a>    
238                    <a href="#">诚聘英才</a>    
239                    <a href="#">资料下载</a>    
240                    <a href="#">网站首页</a>
241                </p>
242 ▼              <p>
243                    版权所有©2017-2019 德州学院
244                </p>
245          </div>
246      </footer>
```

图7-130 第18步操作对应的代码

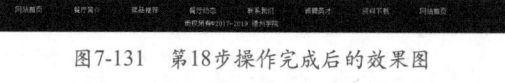

图7-131 第18步操作完成后的效果图

7.4 思考与练习

1. 图形的保存与恢复状态中，恢复遵循什么规律？

2. HTML 中常见的长度单位有哪些？

第 8 章

电子商务类网页——HTML 5中的文件与拖放

文件与拖放，及在网页中控制文件的上传下载以及各种拖放形式实现同样的功能，在传统的技术中对文件的操作古板生硬，只能按部就班完成。在 HTML 5 中可以通过各种方法和属性的应用和设置实现通过拖放完成相应的功能。

基础知识
- ➢ 选择单个文件
- ➢ 选择多个文件

重点知识
- ➢ 认识文件拖放的过程
- ➢ 在网页中拖放图片

提高知识
- ➢ 在网页中拖放文字

在本章的学习中，不仅介绍了如何对文件进行操作，还讲解了拖动的各种功能及实现方式，以及浏览器的支持情况。前端开发的过程中浏览器的兼容性问题是首当其冲的大问题，是每个开发者都必须要思考的问题，必须按照用户需求进行开发测试。

8.1 选择文件

在 HTML 5 中，可以创建一个 file 类型的 \<input\> 元素实现文件的上传功能，只是在 HTML 5 中该类型的 \<input\> 元素添加了一个 multiple 属性，如果将属性的值设为 true，则可以在一个元素中实现多文件的上传。

8.1.1 选择单个文件

在 HTML 5 中，当需要创建一个 file 类型的 \<input\> 元素上传文件时，可以定义只选择一个文件。

通过 file 对象选择单个文件，代码如图 8-1 所示。

```
<html>
<head>
  <title>选择文件</title>
  <meta charset="utf-8">
</head>
<body>
  <form>
    <h4>请选择文件：</h4>
    <p>
        <input type="file" id="fileload"  />
    </p>
  </form>
</body>
</html>
```

图8-1　选择单个文件的示例代码

使用谷歌浏览器预览上述代码，预览效果如图 8-2 所示。单击【选择文件】按钮，会弹出浏览文件对话框，效果如图 8-3 所示，可以选择文件上传。

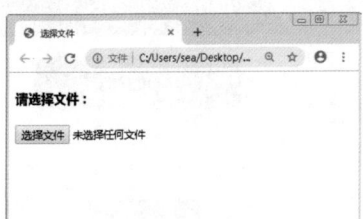

图8-2　选择单个文件的效果图（1）

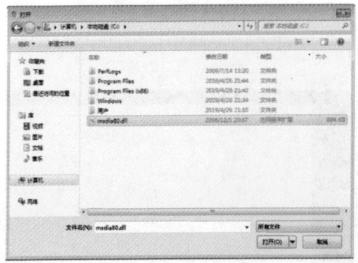

图8-3　选择单个文件的效果图（2）

8.1.2 选择多个文件

在 HTML 5 中，除了可以选择单个文件，还可以通过添加元素的 multiple 属性，实现选择多个文件的功能。

通过 file 对象选择多个文件，代码如图 8-4 所示。

```
<html>
<head>
  <title>选择文件</title>
  <meta charset="utf-8">
</head>
<body>
  <form>
    <h4>请选择文件：</h4>
    <p>
        <input type="file" id="fileload" multiple  />
    </p>
  </form>
</body>
</html>
```

图8-4　选择多个文件的示例代码

使用谷歌浏览器预览上述网页，预览效果如图 8-5 所示。单击【选择文件】按钮，会弹出选择文件对话框。可以发现这次可以同时选择多个文件，效果如图 8-6 所示。

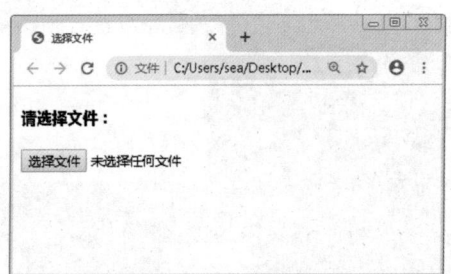

图8-5　选择多个文件的效果图（1）

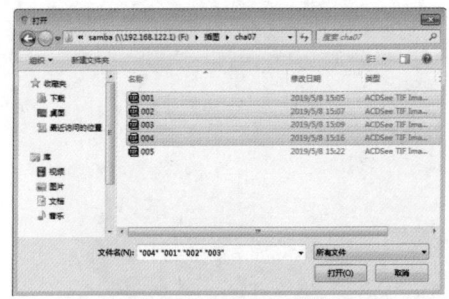

图8-6　选择多个文件的效果图（2）

8.1.3 制作建站服务商城网页

在制作【建站服务商城】网页的实训案例中，我们把理论知识和能力相结合，制作一个完整的网页案例，效果如图 8-7 所示。这个案例内容丰富、排版合理，通过编写这个案例，读者可以进一步掌握网页的样式排版和网页框架的设计。

素材	无
场景	场景\Cha08\1\index.html
视频	视频教学\Cha08\8.1.3　制作建站服务商城网页.mp4

图8-7　建站服务商城

01 开发准备。首先双击桌面上的 Dreamweaver 图标，打开 Dreamweaver 软件。

02 打开 Dreamweaver 软件以后，选择【文件】|【新建】命令，会弹出【新建文件】对话框，这样就可以建立一个 HTML 文件，如图 8-8 和图 8-9 所示。

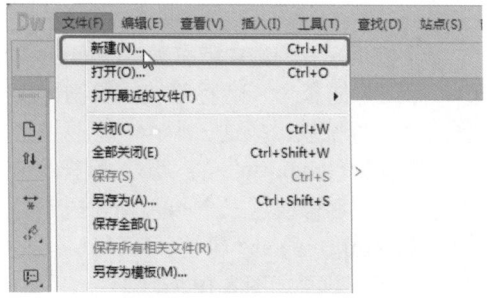

图8-8　选择命令以新建文件

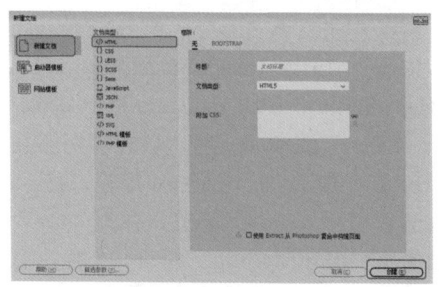

图8-9　建立HTML文档

03 先引入我们的 CSS 文件。在 <head> 标签的结束标签之前添加 <link> 标签，并为其添加值为 "css/index.css" 的 href 属性，继续添加值为 "text/css" 的 type 属性、值为 "stylesheet" 的 rel 属性。然后按 Ctrl+S 组合键把新建的 HTML 文档保存到 "素材 \Cha08\1" 文件夹中。代码如图 8-10 所示。

```
1  <!DOCTYPE html>
2 ▼ <html lang="en">
3 ▼ <head>
4      <meta charset="UTF-8">
5      <title>Title</title>
6      <link href="css/index.css" type="text/css" rel="stylesheet">
7  </head>
```

图8-10　第3步操作对应的代码

04 我们要先搭建一个页面布局。在 <body> 标签内部添加两个带有类 "bg" 的 <div> 标签，在第二个 <div> 标签内部添加六个带有类 "align-center" 的 <div> 标签。HTML 代码如图 8-11 所示。

```
17 ▼ <body>
18 ▼ <div class="bg">
19
20   </div>
21 ▼ <div class="bg">
22
23 ▼   <div class="align-center">
24
25     </div>
26
27 ▼   <div class="align-center">
28
29     </div>
30
31 ▼   <div class="align-center">
32
33     </div>
34
35 ▼   <div class="align-center">
36
37     </div>
38
39 ▼   <div class="align-center">
40
41
42     </div>
43
44 ▼   <div class="align-center">
45
46     </div>
47   </div>
48 </body>
49 </html>
```

图8-11　第4步操作对应的HTML代码

05 在带有类"bg"的第一个 <div> 标签上添加值为"background-image: url(img/bg-img.png);height: 486px;background-position: center;text-align: center;"的 style 属性,并在其内部添加一个 href 属性值为"#"的 <a> 标签,在 <a> 标签内部添加一个 <img> 标签,并为 <img> 标签添加值为"img/top.png"的 src 属性。代码如图 8-12 所示,添加后的效果如图 8-13 所示。

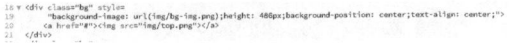

图8-12　第5步操作对应的代码

图8-13　第5步操作完成后的效果图

06 下面我们将添加一个过渡线条,在带有类"align-center"的第一个 <div> 标签中添加一个 <div> 标签,给这个 <div> 标签添加类"ac-title",并在这个 <div> 标签内部添加一个 <span> 标签,在 <span> 标签内部添加文字"产品价格 > > >",并在 <span> 标签下面添加一条长虚线,长虚线后面添加"<<"。HTML 代码如图 8-14 所示,效果如图 8-15 所示。

图8-14　第6步操作对应的代码

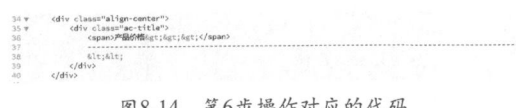

图8-15　第6步操作对应的效果图

07 在带有类"ac-title"的 <div> 标签后面添加一个 <div> 标签,然后给这个新添加的 <div> 标签添加上类"chanpin",并在这个 <div> 标签内部添加一个 href 属性值为"#"的 <a> 标签,在 <a> 标签内部添加一个带有类"ac-4b"的 <div> 标签,然后在带有类"ac-4b"的 <div> 标签里面添加四个 <div> 标签,分别给这四个 <div> 标签添加类"ac-logo""ac-subtitle-1""ac-subintro-1""ac-buy",在带有类"ac-logo"的 <div> 内部添加带有值为"chanpin/1.png"的

src 属性的 <img> 标签,在类为"ac-subtitle-1"和"ac-subintro-1"的 <div> 标签里面添加一些文字信息,在类为"ac-buy"的 <div> 标签内部添加一个带有类"ac-price"的 <span> 标签和一个带有类"ac-btn"的 <span> 标签,然后分别在这两个 <span> 标签的内部添加文字信息"980元/年起""立即购买"。我们将这个带有类"chanpin"的 <div> 标签下的 <a> 标签作为一个模板,下面我们会在这个 <a> 的基础上做改变。HTML 代码如图 8-16 所示,效果如图 8-17 所示。

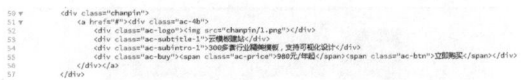

图8-16　第7步操作对应的代码

图8-17　第7步操作完成后的效果图

> **提 示**
> 下面我们会重复利用这些样式,一定要注意 HTML 代码不要写错,不然会影响整个 <div> 标签块的样式。

08 接下来我们选中带有类"chanpin"的 <div> 标签下的整个 <a> 标签块,复制出三个这样的 <a> 标签块,把这三个 <a> 标签块全部添加到带有类"chanpin"的 <div> 标签的结束标签之前,然后修改这三个 <a> 标签内部的文字信息和 <img> 的 src 属性。HTML 代码如图 8-18 所示,效果如图 8-19 所示。

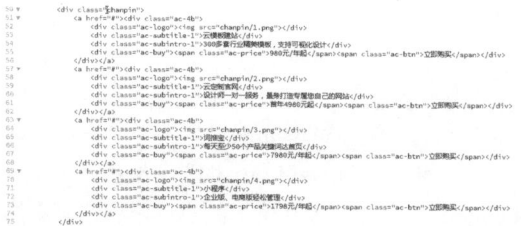

图8-18　第8步操作对应的代码

图8-19　第8步操作对应的效果图

09 然后我们复制带有类"align-center"的 <div> 标签块，复制到带有"bg"的第二个 <div> 的结束标签之前，并把里面的 <a> 标签块删除到剩下三个，然后把带有类"ac-title"的 <div> 标签内部的 <span> 标签里面的文字修改为"云模板网站上线流程 >>"，把带有类"ac-chanpin"的 <div> 标签的类修改为"ac-content"，把带有类"ac-4b"的 <div> 标签的类修改为"ac-3b"，分别把 <img> 标签的 src 属性值修改为"img/1.png""img/2.png""img/3.png"。把类"ac-subtitle-1"修改为"ac-subtitle-2"，把类"ac-subintro-1"修改为"ac-subintro-2"，并修改带有这两个类的 <div> 内部的文字，最后把带有类"ac-buy"的 <div> 标签内部内容全部删除掉。HTML 代码如图 8-20 所示。

图8-20　第9步操作对应的代码

10 在第三个带有类"align-center"的 <div> 标签内部添加两个 <div> 标签，第一个 <div> 标签添加上类"ac-title-2"，第二个 <div> 标签添加上类"ac-content-pic"。在带有类"ac-title-2"的 <div> 标签内部添加文字信息，在带有类"ac-content-pic"的 <div> 标签内部添加八个

href 属性值为"#"的 <a> 标签，并分别在 <a> 标签内部添加一个带有类"ac-4b"的 <div> 标签，继续在这个 <div> 标签里面添加一个带有类"ac-logo"的 <div> 标签，再继续在刚添加的 <div> 标签内部添加一个 <img> 标签，给 <img> 标签添加上 src 属性，注意每一个 <img> 的 src 属性值都不同。HTML 代码如图 8-21 所示。

图8-21　第10步操作对应的代码

11 复制图 8-20 中第 105 行的 <div> 标签块，添加到带有类"bg"的第二个 <div> 的结束标签之前，修改其中的文字信息和 <img> 标签的 src 属性值，代码如图 8-22 所示，效果如图 8-23 所示。

12 再次复制图 8-20 中第 105 行的 <div> 标签块，添加到带有类"bg"的第二个 <div> 的结束标签之前，修改其中的文字信息和 <img> 标签的 src 属性值。HTML 代码如图 8-24 所示，效果如图 8-25 所示。

图8-22　第11步操作对应的代码

图8-23 第11步操作对应的效果图

```
191 ▼    <div class="align-center">
192          <div class="ac-title-2">· 标准化流程贯穿始终 ·</div>
193 ▼        <div class="ac-content">
194 ▼            <a href=""><div class="ac-4b">
195                  <div class="ac-logo"><img src="img/111.png"></div>
196                  <div class="ac-subtitle-3">分析需求</div>
197                  <div class="ac-subintro-2">收集建站资料，确认需求</div>
198                  <div class="ac-buy"></div>
199              </div></a>
200 ▼            <a href=""><div class="ac-4b">
201                  <div class="ac-logo"><img src="img/222.png"></div>
202                  <div class="ac-subtitle-3">首页设计</div>
203                  <div class="ac-subintro-2">资深设计师原创设计</div>
204                  <div class="ac-buy"></div>
205              </div></a>
206 ▼            <a href=""><div class="ac-4b">
207                  <div class="ac-logo"><img src="img/333.png"></div>
208                  <div class="ac-subtitle-3">框架制作</div>
209                  <div class="ac-subintro-2">架构搭建，资料填充</div>
210                  <div class="ac-buy"></div>
211              </div></a>
212 ▼            <a href=""><div class="ac-4b">
213                  <div class="ac-logo"><img src="img/444.png"></div>
214                  <div class="ac-subtitle-3">网站上线</div>
215                  <div class="ac-subintro-2">绑定域名，推广指导</div>
216                  <div class="ac-buy"></div>
217              </div></a>
218          </div>
219      </div>
```

图8-24 第12步操作对应的代码

· 标准化流程贯穿始终 ·

图8-25 第12步操作完成后的效果图

▶▶ 知识链接：<div>标签元素

　　<div>标签元素是用来为 HTML 文档内大块（block-level）的内容提供结构和背景的元素，其中所包含元素的特性由 <div> 标签的属性来控制，所以我们可以称那些每一块样式都类似的网页元素为 <div> 标签块。

　　13 然后复制图 8-20 中第 105 行的 <div> 标签块，添加到带有类"bg"的第二个 <div> 的结束标签之前，在带有类"ac-content"的 <div> 添加上值为"text-align:center"的 style 属性，复制出一个 <a> 标签块添加到该 <div> 结束标签之前。现在是四个 <a> 标签块，我们把每一个 <a> 标签内部做这样的修改，把类"ac-3b"修改为"ac-4b"，并给带有"ac-4b"的

<div> 标签添加值为"width: 279px;border-right: 1px solid #000;"的 style 属性，把 <img> 标签的 src 属性值修改掉，分别修改成"img/1111.png""img/2222.png""img/3333.png""img/4444.png"，把类"ac-subintro-2"修改为"ac-subintro-3"，并在含有该类的 <div> 标签上添加值为"height: 130px;vertical-align: middle; display: table-cell;text-align: left;padding:0 30px;"的 style 属性，并修改这个 <div> 里面的文字信息，删除掉含有类"ac-subtitle-2"的 <div> 标签内部的所有内容，然后把类"ac-buy"修改为"ac-small"，并在含有类"ac-small"的 <div> 标签内部添加一个 src 属性值为"img/11111.png"的 <img> 标签，将最后一个 <a> 标签下带有类"ac-4b"的 <div> 标签的 style 属性值修改为"width:250px;"。HTML 代码如图 8-26 所示，最终效果如图 8-27 所示。

图8-26 第13步操作对应的代码

图8-27 第13步操作对应的最终效果图

8.2 使用HTML 5实现文件的拖放

拖放是一种常见的操作，也就是用鼠标指针抓取一个对象，将其拖放到另一个位置。例如，在 Windows 中，可以将一个对象拖放到回收站中。过去，在 Web 应用程序中实现拖放功能的应用并不多。在 HTML 5 中，拖放已经是标准的一部分，任何元素都能够拖放。可以拖放网页中的元素，也可以从桌面拖放到网页中。应用拖放特性实现的网页将更新颖、更方便，比如直接从本地拖放到网页以上传文件。

8.2.1 认识文件拖放的过程

拖放可以分为两个动作，即拖曳（drag）和放开（drop）。拖曳就是移动鼠标指针到指定对象，按下左键，然后拖动对象；放开就是放开鼠标左键，放下对象。当开始拖曳时，可以提供如下信息。

（1）被拖曳的数据。这可以是多种不同格式的数据，例如，包含字符串数据的文本对象。

（2）在拖曳过程中显示在鼠标指针旁边的反馈图像。用户可以自定义此图像，但大多数时候只能使用默认图像。默认图像将基于按下鼠标按键时鼠标指针指向的元素。

（3）运行的拖曳效果。可以是以下三种拖曳效果。

① copy：被拖曳的数据将从当前位置复制到放开的位置。

② move：被拖曳的数据将从当前位置移动到放开的位置。

③ link：指在源位置和放开的位置之间将建立某种关系或链接。

> **提 示**
>
> 在拖曳的过程中，也可以修改拖曳的效果，以表明在某个特定的位置允许某种拖曳效果。

8.2.2 浏览器支持情况

浏览器兼容性问题又被称为网页兼容性或网站兼容性问题，指网页在各种浏览器上的显示效果可能不一致而产生浏览器和网页的兼容问题。在网页设计和制作中，做好浏览器兼容，才能够让网站在不同浏览器下都正常显示。而对于浏览器软件的开发和设计，浏览器对标准更好地兼容能够给用户最好的使用体验。兼容性与 W3C 最吻合的是谷歌浏览器和火狐浏览器，但是在浏览器竞争激烈的今天，如何做好网页的兼容性问题依然是一个非常重要需求。

比如开发需求是给办公设备偏老的公司开发系统时，可能还需要考虑 IE 6 甚至更低版本的浏览器兼容性问题。浏览器的兼容性问题是前端工程师必须要考虑的开发中非常重要的问题。

文件通过拖曳方式实现上传是 HTML 5 实现的，不可能做到所有浏览器都兼容。最有把握的处理办法就是做成既可以单击上传又可以拖曳的模式。或者根据用户群体的使用情况尽可能选择合适的浏览器。

8.2.3 在网页中拖放图片

首先要定义是网页中的元素可以被拖放，可以通过将元素的 draggable 属性设置为 true 实现此功能。

在网页中定义一个可拖放的图片，代码如图 8-28 所示。

```
<body>
    <img src="a.jpg" draggable="true" />
</body>
```

图8-28 定义可拖放图片的示例代码

使用谷歌浏览器预览上述网页，预览效果如图 8-29 所示。拖曳图片到桌面，可以发现此图片可以直接通过拖曳的方式从浏览器保存至本地，效果如图 8-30 所示。

图8-29 设置可拖放图片的示例运行效果图（1）

图8-30　设置可拖放图片的示例运行效果图（2）

当拖放一个元素时，会触发一系列事件。对这些事件进行处理就可以实现各种拖放效果。拖放事件如下表所示。

事件	说明	作用对象
dragstart	开始拖动对象时触发	被拖动的对象
dragenter	当对象第一次被拖动到目标对象上时触发，同时表示该目标对象允许执行"放"的动作	目标对象
dragover	当对象拖动到目标对象时触发	当前目标对象
dragleave	在拖动过程中，当被拖动对象离开目标对象时触发	先前目标对象
drag	每当对象被拖动时就会触发	被拖动对象
drop	每当对象被放开时就会触发	当前目标对象
dagend	在拖放过程中，松开鼠标按键时触发	被拖动对象

当拖放一个元素时，拖放事件被触发的顺序为 dragstart → dragenter → dragover → drop → dagend。

在定义元素时，可以指定拖放事件的处理函数。例如，在网页中定义一个可拖放的图片，并指定其 dragstart 事件的处理函数为 drag，代码如图 8-31 所示。

```html
<html>
<head>
  <title>文件拖曳</title>
  <meta charset="utf-8">
  <script type="text/javascript">
    function drag(ev)
    {
        //处理dragstart事件的代码
    }
  </script>
</head>
<body>
    <img src="a.jpg" draggable="true" ondragstart="drag(event)" />
</body>
</html>
```

图8-31　定义拖放事件的示例代码

每个拖放事件的处理函数都有一个 Event 对象作为参数。Event 对象代表事件的状态，比如发生事件中的元素、键盘按键的状态、鼠标指针的位置、鼠标按键的状态。

仅仅将网页中的元素设置为可拖放是不够的，在实际应用中还需要实现拖曳数据的传递，可以使用 dataTransfer 对象来实现此功能。dataTransfer 对象是 Event 对象的一个属性。

1. dataTransfer 对象的属性

dataTransfer 对象包含 dropEffect 和 effectAllowd 两个属性。

1）dropEffect 属性

dropEffect 属性用于获取和设置拖放操作的类型以及光标的类型（形状）。dropEffect 属性的可能取值如下表所示。

取值	说明
copy	显示copy光标
link	显示link光标
move	显示move光标
none	默认值，即没有指定光标

2）effectAllowd 属性

effectAllowd 属性用于获取和设置被拖放的源对象允许执行何种数据传输操作。effectAllowd 属性的可能取值如下表所示。

取值	说明
copy	允许执行复制操作
link	将源对象链接到目的地
move	将源对象移动到目的地
copyLink	可以是copy或link，取决于目标对象的默认值
copyMove	可以是copy或move，取决于目标对象的默认值
linkMove	可以是link或move，取决于目标对象的默认值
all	允许所有数据传输操作
none	没有数据传输操作，即放开（drop）时不执行任何操作
uninitializd	表明没有为effectAllowd属性设置值，执行默认的操作拖放，默认值

2. dataTransfer 对象的方法

dataTransfer 对象包含 getData()、setData() 和 clearData() 三个方法。

1）getData() 方法

getData() 方 法 用 于 dataTransfer 对 象中以指定的格式获取数据，语法如图8-32 所示。

```
sertrievedate = Object.getData(sdataformat)
```

图8-32 获取格式数据的语法

参数 sdataformat 是指定数据格式的字符串，可以是下面的值。

- Text：以文本格式获取数据。
- URL：以 URL 格式获取数据。

getData() 方法的返回值是从 dataTransfer 对象中获取的数据。

2）setData() 方法

setData() 方法用于以指定的格式设置 dataTransfer 对象中的数据，语法如图8-33 所示。

```
bsuccess = Object.setData(sdataformat,sdata)
```

图8-33 设置格式数据的语法

参数 sdataformat 是指定数据格式的字符串，可以是下面的值。

- Text：以文本格式保存数据。
- URL：以 URL 格式保存数据。

参数 sdata 是指定要设置的数据的字符串。

如果设置数据成功，则 setData() 方法返回 true；否则返回 false。

3）ClearData() 方法

ClearData() 方法用于 dataTransfer 对象中的删除数据，语法如图8-34 所示。

```
pret = Object.clearData([sdataformat])
```

图8-34 删除数据的语法

参数 sdataformat 是指定要删除的数据格式的字符串，也可以是下面的值。

- Text：删除文本格式数据。
- URL：删除 URL 格式数据。
- File：删除文件格式数据。

- HTML：删除 HTML 格式的数据。
- Image：删除图像格式的数据。

如果不指定参数 sdataformat，则清空 dataTransfer 对象中的所有数据。

在网页中定义一个可拖放的图片，代码如图 8-35 所示。

```
<html>
<head>
  <title>文件拖曳</title>
  <meta charset="utf-8">
  <script type="text/javascript">
    function drag(ev)
    {
        ev.dataTransfer.setData("Text",ev.target.id);
    }
  </script>
</head>
<body>
    <img src="a.jpg" draggable="true" ondragstart="drag(event)" />
</body>
</html>
```

图8-35 在网页中定义可拖放图片的示例代码

参数 ev 为 Event 对象。ev.target 表示被拖动的 HTML 元素。ev.target.id 表示被拖动的 HTML 元素的 ID。程序调用 ev.dataTransfer. setData() 方法将 ev.target.id 以文本格式保存在 dataTransfer 对象中，以便在放开 HTML 元素时获取被拖动的 HTML 元素的 ID。

定义一个 <div> 元素，用于接收被拖动的 <img> 元素，代码如图 8-36 所示。

```
<html>
<head>
  <title>文件拖曳</title>
  <meta charset="utf-8">
  <script type="text/javascript">
    function allowDrop(ev)
    {
        ev.preventDefault();
    }
    function drop(ev)
    {
        ev.preventDefault();
        var data=ev.dataTransfer.getData("Text");
        ev.target.appendChild(document.getElementById(data));
    }
  </script>
</head>
<body>
    <div id="div1" ondrop="drop(event)" ondragover="allowDrop(event)" ></div>
</body>
</html>
```

图8-36 接收被拖动图片的示例代码

使用谷歌浏览器预览上述网页，预览效果如图 8-37 所示。从本地拖曳图片到网页，效果如图 8-38 所示。

图8-37 预览效果图（1）

图8-38　预览效果图（2）

8.2.4　在网页中拖放文字

在了解了 HTML 5 的拖放技术后，定义一个网页，在网页中实现拖放文字的功能。代码如图 8-39 所示，其中 CSS 样式如图 8-40 所示。

```
<body>
<div class="drag" draggable="true" ondragstart="dragstarthandler(event)">drag me!</div>
<div class="drop" ondragenter="dragenterhandler(event)" ondragover="dragoverhandler(event)"
    ondrop="drophandler(event)">drop here!</div>
<script>
function dragstarthandler(event){
event.dataTransfer.setData("Text",event.target.textContent);
event.effectAllowed="move";//拖子拖拽元素时有dropeffect,此处表示"move"
}
//dragenter事件
function dragenterhandler(event){
if(event.dataTransfer.types.contains("Text"))
    if(event.preventDefault)
        event.preventDefault();//取消在可放处拖放被移动的数据
}
//dragover事件
function dragoverhandler(event){
event.dataTransfer.dropEffect="copy";
if(event.preventDefault)
    event.preventDefault();//取消在可放处拖放被移动的数据
}
//drop事件
function drophandler(event){
var data=event.dataTransfer.getData("Text");
var li=document.createElement("li");
li.textContent=data;
event.target.lastChild.appendChild(li);
}
</script>
</body>
```

图8-39　拖放文字的示例代码（1）

```
<style>
body{
font-family: "微软雅黑";
}
div.drag{
background-color: #acf;
border:1px solid #666;
cursor:move;
    cursor:pointer;
height:100px;
width:100px;
margin:10px;
float:left;
}
div.drop{
background-color: #eee;
border:1px solid #666;
cursor:pointer;
height:150px;
width:150px;
margin:10px;
float:left;
}
</style>
```

图8-40　拖放文字的示例代码（2）

使用 IE 浏览器预览上述网页，预览效果如图 8-41 所示。选中左边矩形中的元素，将其

拖曳到右边的方框中，释放鼠标按键可以看到效果。

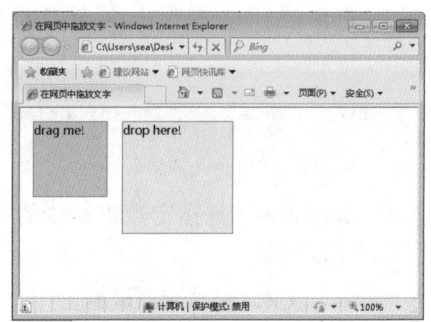

图8-41　拖放文字的示例运行效果图

8.2.5　制作产品介绍界面

在这个案例中，我们通过制作一个计算机产品的介绍页面来进一步巩固网页的知识点，我们准备了丰富的文字、图片来填充网页，使网页变得栩栩如生，让用户有眼前一亮的感觉，效果如图 8-42 所示。

素材	无
场景	场景\ Cha08\2\index.html
视频	视频教学\Cha08\8.2.5　制作产品介绍界面.mp4

图8-42　产品介绍界面

01 双击 Dreamweaver 图标，打开 Dreamweaver 软件后，选择【文件】|【新建】命令，弹出【新建文档】对话框，在【标题】文本框中输入"index"后，单击【创建】按钮，如图 8-43 所示，创建完成之后选择【拆分】视图，效果如图 8-44 所示。

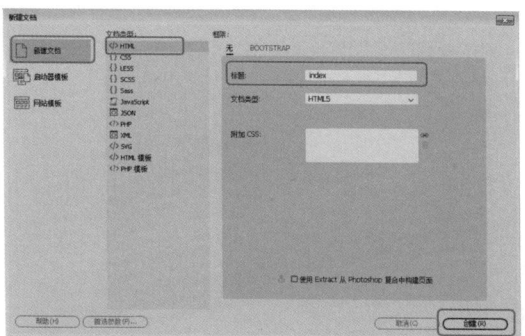

图8-43 【新建文档】对话框

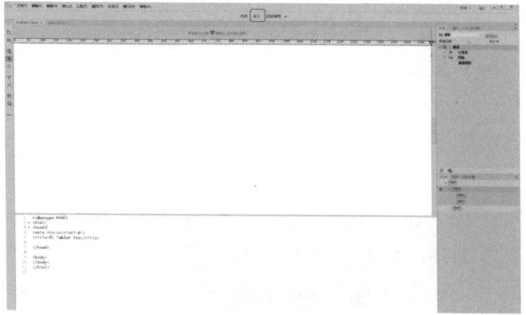

图8-44 拆分视图

02 使用 Ctrl+S 组合键，弹出【另存为】对话框，将【文件名】修改为"index.html"，单击【保存】按钮，如图8-45所示。

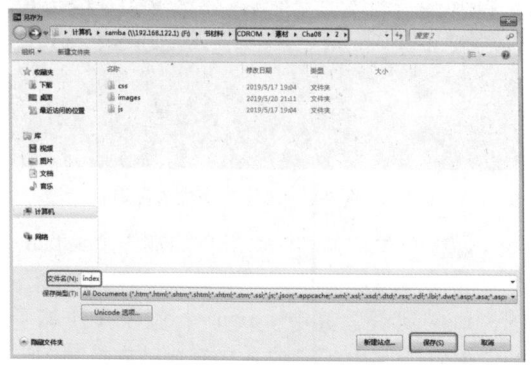

图8-45 【另存为】对话框

03 在 <head> 标签的结束标签之前添加 <link> 标签，其中 <link> 标签的 href 属性的地址值为"css/css.css"，<link> 标签的 type 属性值为"text/css"，<link> 标签的 rel 属性值为"stylesheet"，在 <link> 标签后添加两个 <script> 标签，设置 type 属性为"text/javascript"，src 属性分别设置为"js/jquery-1.4a2.min.js、js/jquery.SuperSlide.2.1.1.js"。在 DW 软件视图的下半部

分代码视图中，将光标移动到第 22 行代码，添加一个 <div> 标签，并添加 id "layer"，在刚添加的 <div> 标签中嵌套一个 <div> 标签，在添加的 <div> 标签中添加一个 <img> 标签，在标签中添加 id "Logo" 与图片路径 "images/Logo.png"。代码如图 8-46 所示，效果如图 8-47 所示。

提示
在制作网页的过程当中，由于各个工作人员的开发习惯不同，可能会导致图片中的代码序号不对应。如影响阅读，可忽略图片中的代码序号。

```
23 ▼    <div id="layer1">
24 ▼       <div id="Logo">
25             <img src="images/Logo.png"/>
26          </div>
27       </div>
28
```

图8-46 第3步操作对应的代码

图8-47 第3步操作对应的效果图

04 在第 26 行添加一个 <div> 标签，并添加 id "Logobtn"，代码如图 8-48 所示。

```
21 ▼ <body>
22 ▼    <div id="layer1">
23 ▼       <div id="Logo">
24             <img src="images/Logo.png"/>
25          </div>
26 ▼       <div id="Logobtn">
27
28          </div>
29       </div>
30 </body>
```

图8-48 第4步操作对应的代码

05 在添加类 "Logobtn" 的 <div> 标签中，添加十个 <a> 标签，并添加类 "Logobtn"，其中第 28、31、32 行代码的添加 <a> 标签设置属性为 href="#"，文本内容分别为"搜索本站""微博关注""在线客服""寻求合作""选择产品""暑期新搭档""产品驱动下载""论坛""保修政策""联系我们"，第 29 行代码和第 30 行 JS 分别为 onClick="alert(' 请致电 0531-80868086 以寻求帮助 ')"、onClick="alert(' 请致电 152-6600-6575 咨询 ')"。代码如图 8-49 所示，效果如图 8-50 所示。

```
25
26 ▼    <div id="Logobtn">
27         <a class="Logobtn">搜索本站</a>
28         <a class="Logobtn" href="#">微博关注</a>
29         <a class="Logobtn" onClick="alert('请致电 0531-80868086 以寻求帮助');">在线咨询</a>
30         <a class="Logobtn" onClick="alert('请致电 152-6600-6575 咨询');">寻求合作</a>
31         <a class="Logobtn" href="#">选择产品</a>
32         <a class="Logobtn" href="#">暑期限购价 Surface Book</a>
33         <a class="Logobtn">产品最动下载</a>
34         <a class="Logobtn">论坛</a>
35         <a class="Logobtn">保修政策</a>
36         <a class="Logobtn">联系我们</a>
37     </div>
38 </div>
```

图8-49　第5步操作对应的代码

图8-50　第5步操作对应的效果图

06 在第 40 行添加一个 <div> 标签，并添加类 "body" 和 id "layer2"，代码如图 8-51 所示。

```
37        </div>
38    </div>
39
40 ▼   <div id="layer2" class="body">
41
42    </div>
43 </body>
```

图8-51　第6步操作对应的代码

07 在第 41 行添加一个 <h1> 标签，标签中的文本内容为"微软 Surface Pro 平板电脑焕新登场"，并添加类 "intro"。在第 42 行添加一个 <h2> 标签，标签中的文本内容"随心所欲，百变菁英"，并添加类 "intro"。在第 43 行添加一个 <p> 标签，标签中的文本内容"为几乎能在任何地方创作、学习、工作和娱乐。超轻盈的 Surface Pro 比以往更出色，它能让您体验完整的移动生产力、全天的电池续航，以及带圆润边角的更柔和的超便携设计"。并添加类 intro。代码如图 8-52 所示，效果如图 8-53 所示。

```
40 ▼ <div id="layer2" class="body">
41        <h1 class="intro">微软 Surface Pro 平板电脑焕新登场</h1>
42        <h2 class="intro">随心所欲，百变菁英</h2>
43        <p class="intro">几乎能在任何地方创作、学习、工作和娱乐。超轻盈的 Surface Pro 比以往更出色，
44            它能让您体验完整的移动生产力、全天的电池续航，以及带圆润边角的更柔和的超便携设计。</p>
45    </div>
```

图8-52　第7步操作对应的代码

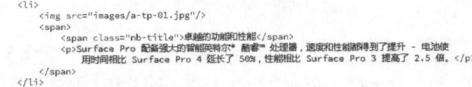

图8-53　第7步操作对应的效果图

08 在 <div> 的 第 44 行 添 加 <ul> 标签，并在第 45 行添加 <li> 标签，代码如图 8-54 所示。

```
44 ▼    <ul>
45 ▼        <li>
46
47         </li>
48 ▼        <li>
49
50         </li>
51
52    </ul>
53 </div>
54
```

图8-54　第8步操作对应的代码

09 在第一个 <li> 标签中添加图片路径为 "images/a-tp-01.jpg" 的 <img> 标签和一个 <span> 标签，其中 <span> 标签中又添加了一个类为 "nb-title" 的 <span> 标签和内容为 "Surface Pro 配备强大的智能英特尔 ® 酷睿™ 处理器，速度和性能都得到了提升 - 电池使用时间相比 Surface Pro 4 延长了 50%，性能相比 Surface Pro 3 提高了 2.5 倍。" 的 <p> 标签。代码如图 8-55 所示，效果如图 8-56 所示。

```
<li>
    <img src="images/a-tp-01.jpg"/>
    <span>
        <span class="nb-title">卓越的功能和性能</span>
        <p>Surface Pro 配备强大的智能英特尔® 酷睿™ 处理器，速度和性能都得到了提升 - 电池使
            用时间相比 Surface Pro 4 延长了 50%，性能相比 Surface Pro 3 提高了 2.5 倍。</p>
    </span>
</li>
```

图8-55　第9步操作对应的代码

图8-56　第9步操作对应的效果图

10 在第二个 <li> 标签中添加一个 <span> 标签和图片路径为 src= "images/a-sb-02.jpg" 的 <img> 标签，其中 <span> 标签中又添加了一个类为 "nb-title"，文本内容为 "支持触控笔和触摸功能的可拆卸 PixelSense™ 显示屏" 的 <span> 标签，和一个文本内容为 "屏幕 12 英寸的 Surface Pro 支持多种使用模式，像素高达 600 万，您能在无拘无束创作的同时，体验震撼的分辨率和逼真的色彩。" 的 <p> 标签。代码如图 8-57 所示，效果如图 8-58 所示。

图8-57　第10步操作对应的代码

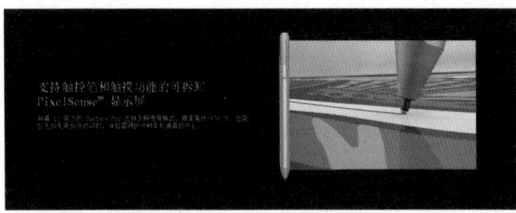

图8-58　第10步操作对应的效果图

11 在第 57 行添加一个 id "layer3" 和类 "body" 的 <div> 列表，并在 <div> 中添加一个 <a> 标签，设置属性为 href="#"。代码如图 8-59 所示。

```
57 ▼    <div id="layer3" class="body">
58 ▼       <a href="#">
59
60        </a>
61
62
63    </div>
```

图8-59　第11步操作对应的代码

疑难解答　href属性的作用是什么？
<a>标签中的href属性，它指的是链接的目标。如果不使用href属性，则不可以使用如下属性：rel、type、target等。

12 在步骤 11 的 <a> 标签中添加一个类 "buynow" 和文本内容为 "立即选购" 的 <div> 标签。代码如图 8-60 所示，效果如图 8-61 所示。

```
57 ▼    <div id="layer3" class="body">
58 ▼       <a href="#">
59 ▼          <div class="buynow">
60            立即选购
61
62          </div>
63
64       </a>
65    </div>
```

图8-60　第12步操作对应的代码

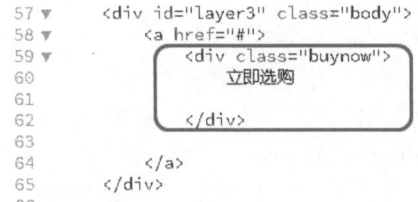

图8-61　第12步操作对应的效果图

13 在第 60 行添加一个 <hr> 标签，并在第 61 行添加 id "layer4" 和类 "body" 的 <div>。在第 61 行的 <div> 标签中添加一个类为 "block-list" 的 <div> 标签。代码如图 8-62 所示。

14 在第 62 行的 <div> 标签下添加一个文本内容为 "产品类别" 的 <h3> 和一个 <ul>

标签。代码如图 8-63 所示，效果如图 8-64 所示。

```
60    <hr/>
61 ▼  <div id="layer4" class="body">
62 ▼     <div class="block-list">
63
64       </div>
65
66    </div>
67
```

图8-62　第13步操作对应的代码

```
60    <hr/>
61 ▼  <div id="layer4" class="body">
62 ▼     <div class="block-list">
63          <h3>产品类别</h3>
64          <ul>
65
66          </ul>
67
68       </div>
69
70    </div>
71
```

图8-63　第14步操作对应的代码

图8-64　第14步操作对应的效果图

15 在步骤 14 的 <ul> 标签下添加 8 个 <li> 标签，在 <li> 标签下添加设置属性为 href="#" 的 <a> 标签，并且每个 <a> 标签的文本内容分别为 "笔记本电脑" "PC 平板二合一" "台式机" "辅助工具" "电池和电源适配器" "内存" "硬盘和光盘驱动器" "定制" "其他服务"。代码如图 8-65 所示，效果如图 8-66 所示。

```
64 ▼       <ul>
65 ▼          <li>
66             <a href="#">笔记本电脑</a>
67          </li>
68 ▼          <li>
69             <a href="#">PC平板二合一</a>
70          </li>
71 ▼          <li>
72             <a href="#">台式机</a>
73          </li>
74 ▼          <li>
75             <a href="#">辅助工具</a>
76          </li>
77 ▼          <li>
78             <a href="#">电池和电源适配器</a>
79          </li>
80 ▼          <li>
81             <a href="#">内存、硬盘和光盘驱动器</a>
82          </li>
83 ▼          <li>
84             <a href="#">定制</a>
85          </li>
86 ▼          <li>
87             <a href="#">其他服务</a>
88          </li>
89
90        </ul>
91
```

图8-65　第15步操作对应的代码

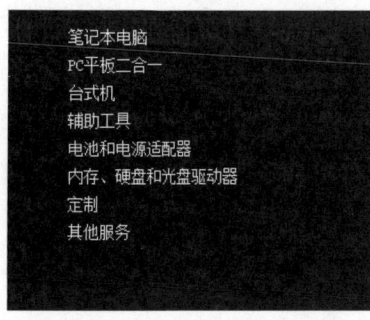

图8-66　第15步操作对应的效果图

16 其中"账户信息""支持和帮助""关于我们"这三栏与步骤14中的"产品类别"栏类型相同,在此不一一介绍。代码如图8-67~图8-69所示。

```
<div class="block-list">
    <h3>账户信息</h3>
    <ul>
        <li>
            <a href="#">账单详情</a>
        </li>
        <li>
            <a href="#">订单跟踪</a>
        </li>
        <li>
            <a href="#">订单历史</a>
        </li>
        <li>
            <a href="#">软件密钥和下载</a>
        </li>
    </ul>
</div>
```

图8-67　第16步操作对应的代码（1）

```
<div class="block-list">
    <h3>支持和帮助</h3>
    <ul>
        <li>
            <a href="#">产品支持信息</a>
        </li>
        <li>
            <a href="#">退换货政策</a>
        </li>
        <li>
            <a href="#">常见问题</a>
        </li>
        <li>
            <a href="#">软件产品问题</a>
        </li>
        <li>
            <a href="#">教育优惠相关问题</a>
        </li>
        <li>
            <a href="#">购物流程</a>
        </li>
        <li>
            <a href="#">支付与配送</a>
        </li>
        <li>
            <a href="#">售后服务</a>
        </li>
    </ul>
    ...
```

图8-68　第16步操作对应的代码（2）

```
<div class="block-list">
    <h3>关于我们</h3>
    <ul>
        <li>
            <a href="#">查找店铺</a>
        </li>
        <li>
            <a href="#">网站地图</a>
        </li>
        <li>
            <a href="#">关于我们</a>
        </li>
        <li>
            <a href="#">联系我们</a>
        </li>
    </ul>
</div>
```

图8-69　第16步操作对应的代码（3）

17 在第106行添加类"block-list"的<div>,并在<div>中添加<ul>标签。代码如图8-70所示。

```
106 ▼    <div class="block-list">
107 ▼        <ul>
108
109            </ul>
110
111        </div>
112    </body>
```

图8-70　第17步操作对应的代码

18 在<ul>标签下添加两个<li>标签,其中在第一个<li>标签中添加一个<a>标签,设置属性为href="#",并在<a>标签中添加一个图片路径为"images/weather.png"的<img>标签。在第二个<li>标签中添加一个<a>标签,设置属性为href="#",并在<a>标签中添加三个" "(空格控制)和文本内容"今日天气"。代码如图8-71所示,效果如图8-72所示。

```
106 ▼    <div class="block-list">
107 ▼        <ul>
108 ▼            <li>
109 ▼                <a href="#">
110                    <img src="images/weather.png" />
111
112                </li>
113 ▼            <li>
114 ▼                <a href="#">
115                       今日天气
116                </a>
117
118            </li>
119
120        </ul>
121
122    </div>
```

图8-71　第18步操作对应的代码

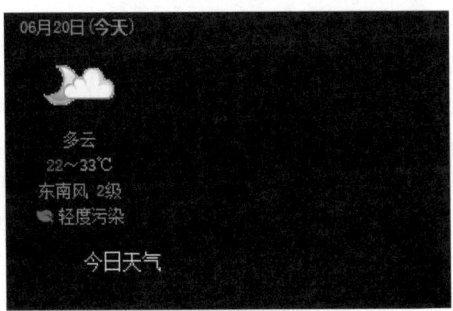

图8-72　第18步操作对应的效果图

19 在第 123 行中添加一个 id 为 "layer5" 和类为 "body" 的 <div> 标签，代码如图8-73 所示，制作完成后的效果如图8-74 所示。

```
123 ▼        <div id="layer5" class="body">
124
125        </div>
```

图8-73　第19步操作对应的代码

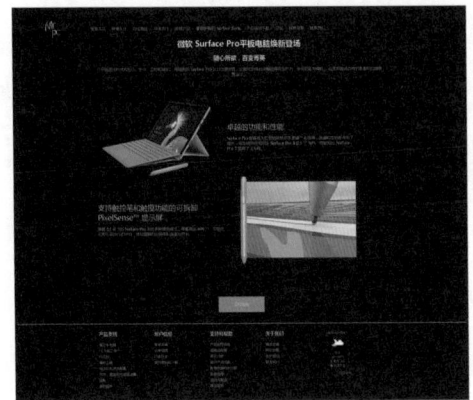

图8-74　第19步操作完成后的效果图

8.3 上机练习——制作销售后台管理系统

通过基础知识的学习，我们制作一个电子商务类网站的后台管理系统。在这个案例中，我们引入了 "Layui" 框架，并结合 JavaScript 语言，实现信息的动态查询和替换，效果如图 8-75 所示。

素材	无
场景	场景\Cha08\3\index.html
视频	视频教学\Cha08\8.3　上机练习—制作销售后台管理系统.mp4

图8-75　销售后台管理系统

01 双击 Dreamweaver 图标，打开 Dreamweaver 软件后，选择菜单栏中的【文件】|【新建】命令，弹出【新建文档】对话框，在【标题】文本框中输入 "index" 后，单击【创建】按钮，如图 8-76 所示。创建完成之后选择【拆分】视图，效果如图 8-77 所示。

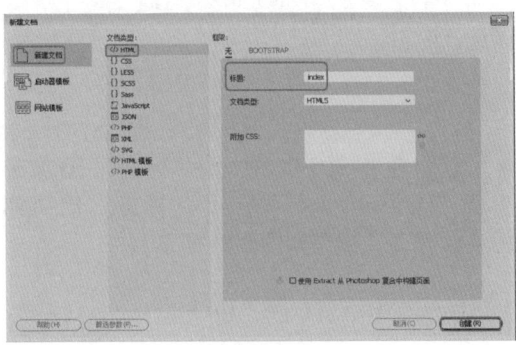

图8-76　新建文档

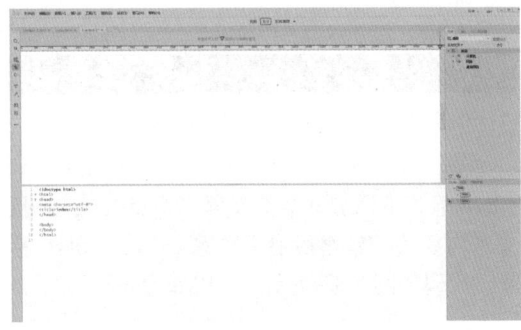

图8-77　拆分图

02 使用 Ctrl+S 组合键，弹出【另存为】对话框，将【文件名】修改为 "index"，左键单击【保存】按钮，如图 8-78 所示。

03 在 <head> 标签的结束标签之前添加 <link> 标签，其中 <link> 标签的 href 属性的地址值为 "css/layui.css"，<link> 标签的 type 属性值为 "text/css"，<link> 标签的 rel 属性值为

"stylesheet"。在 DW 软件视图的下半部分代码视图中，为 <body> 标签添加类 "layui-layout-body"，并在 <body> 标签下添加带有类 "layui-layout layui-layout-admin" 的 <div> 标签，代码如图 8-79 所示。

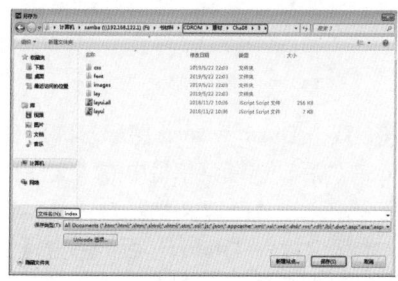

图8-78　【另存为】对话框

```
<body class="layui-layout-body">
    <div class="layui-layout layui-layout-admin">

    </div>
</body>
```

图8-79　第3步操作对应的代码

04 在步骤 3 中的 <div> 标签下添加带有类 "layui-header" 的 <div> 标签。代码如图 8-80 所示，效果如图 8-81 所示。

```
<div class="layui-layout layui-layout-admin">
    <div class="layui-header">

    </div>
</div>
```

图8-80　第4步操作对应的代码

图8-81　第4步操作对应的效果图

05 在步骤 4 中带有类 "layui-header" 的 <div> 标签下添加一个带有类 "layui-logo"，且文本内容为 "销售后台管理系统" 的 <div> 标签。代码如图 8-82 所示，效果如图 8-83 所示。

```
<body class="layui-layout-body">
    <div class="layui-layout layui-layout-admin">
        <div class="layui-header">
            <div class="layui-logo">销售后台管理系统</div>
        </div>
    </div>
</div>
```

图8-82　第5步操作对应的代码

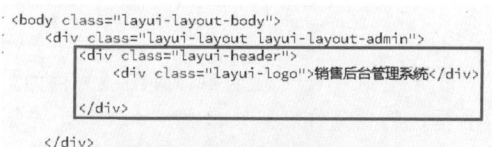

销售后台管理系统

图8-83　第5步操作对应的效果图

06 在步骤 5 中定义的带有类 "layui-header" 的 <div> 下添加一个带有类 "layui-nav layui-layout-left" 的 <ul> 标签，并在 <ul> 标签下再定义四个带有类 "layui-nav-item" 的 <li> 标签。在 <li> 中添加 <a> 标签，设置属性为 href= "javascript:;"，其中 <a> 标签中的文本内容分别为 "控制台" "商品管理" "用户" "其他系统"。在最后一个 <li> 标签中添加类 "layui-nav-child" 的 <dl> 标签，并在该 <dl> 标签下添加三个 <dd> 标签，在每个 <dd> 标签下都添加一个设置属性为 href= "javascript:;" 的 <a> 标签，并且 <a> 标签的文本内容分别为 "邮件管理" "消息管理" "权限管理"。代码如图 8-84 所示，效果如图 8-85 所示。

> 🏷 **提 示**
>
> 效果图未如预期所显示，在下方的疑难解答中将会详细的解释问题及原因。

```
<div class="layui-logo">销售后台管理系统</div>
<ul class="layui-nav layui-layout-left">
    <li class="layui-nav-item">
        <a href="javascript:;">控制台</a>
    </li>
    <li class="layui-nav-item">
        <a href="javascript:;">商品管理</a>
    </li>
    <li class="layui-nav-item">
        <a href="javascript:;">用户</a>
    </li>
    <li class="layui-nav-item">
        <a href="javascript:;">其他系统</a>
        <dl class="layui-nav-child">
            <dd><a href="javascript:;">邮件管理</a></dd>
            <dd><a href="javascript:;">消息管理</a></dd>
            <dd><a href="javascript:;">权限管理</a></dd>
        </dl>
    </li>
</ul>
</div>
```

图8-84　第6步操作对应的代码

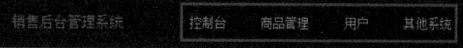

销售后台管理系统　　控制台　商品管理　用户　其他系统

图8-85　第6步操作对应的效果图

07 在步骤 5 中定义的带有类 "layui-header" 的 <div> 下添加一个带有类 "layui-nav layui-layout-right" 的 <ul> 标签，在 <ul> 标签下添加两个类 "layui-nav-item" 的 <li> 标签。代码如图 8-86 所示。

08 在步骤 7 的第一个 <li> 标签下，添加一个设置属性为 href= "javascript:;" 的 <a> 标签并添加文本内容 "Admin"，并在该 <a> 标签下添加图片路径为 "images/face/11.gif" 的 <img> 标签，在第一个 <li> 标签下添加一个类 "layui-nav-child" 的 <dl> 标签，并在该标签下添加两

个 <dd> 标签，在 <dd> 标签下添加设置属性为 href=“javascript:;”的 <a> 标签，且 <a> 标签中的文本内容分别为“基本资料”、“安全设置”。在第二个 <li> 标签下添加一个设置属性为 href=“javascript:;”和 onClick=“Wexit();”的 <a> 标签，且其中文本内容为 " 退出 "。代码如图 8-87 所示，效果如图 8-88 所示。

```
</ul>
<ul class="layui-nav layui-layout-right">
    <li class="layui-nav-item">

    </li>
    <li class="layui-nav-item">

    </li>

</ul>
```

图8-86　第7步操作对应的代码

```
<ul class="layui-nav layui-layout-right">
    <li class="layui-nav-item">
        <a href="javascript:;">
            <img src="images/face/11.gif" class="layui-nav-img">
            Admin
        </a>
        <dl class="layui-nav-child">
            <dd><a href="javascript:;">基本资料</a></dd>
            <dd><a href="javascript:;">安全设置</a></dd>
        </dl>

    </li>
    <li class="layui-nav-item">
        <a href="javascript:;" onClick="Wexit();">退出</a>

    </li>

</ul>
```

图8-87　第8步操作对应的代码

图8-88　第8步操作对应的效果图

提 示

此时的【退出】按钮还不具有退出的能力。我们将在下面的步骤中讲解。

09 在步骤 3 的 <div> 下再次添加一个类为“layui-side layui-bg-black”的 <div> 标签，并且在该标签下添加一个类“layui-side-scroll”的 <div> 标签。代码如图 8-89 所示。

```
<div class="layui-side layui-bg-black">
    <div class="layui-side-scroll">

    </div>

</div>
```

图8-89　第9步操作对应的代码

10 在步骤 9 中带有类“layui-side-scroll”的 <div> 标签下添加一个类“layui-nav layui-nav-tree”的 <ul> 标签，在该标签下添加三个 <li> 标签，其中第一个 <li> 标签类为“layui-nav-item layui-nav-itemed”，第二个与第三个 <li> 标签类为“layui-nav-item”。在 <li> 标签下添加设置属性为 href=“javascript:;”的 <a> 标签，且 <a> 的文本内容分别为“系统管理”、“商品管理”、“权限管理”。代码如图 8-90 所示，效果如图 8-91 所示。

```
<ul class="layui-nav layui-nav-tree">
    <li class="layui-nav-item layui-nav-itemed">
        <a href="javascript:;">系统管理</a>
    </li>
    <li class="layui-nav-item">
        <a href="javascript:;">商品管理</a>
    </li>
    <li class="layui-nav-item">
        <a href="javascript:;">权限管理</a>
    </li>

</ul>
```

图8-90　第10步操作对应的代码

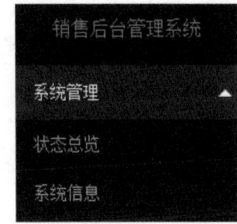

图8-91　第10步操作对应的效果图

11 在步骤 10 中第一个 <li> 标签下添加类为“layui-nav-child”的 <dl> 标签，在 <dl> 标签下添加三个 <dd> 标签，并在 <dd> 标签下添加三个带有设置属性为 href=“javascript:;”的 <a> 标签，且 <a> 的文本内容分别为“状态总览”“系统信息”“访问信息”。代码如图 8-92 所示，效果如图 8-93 所示。

```
<div class="layui-side layui-bg-black">
    <div class="layui-side-scroll">
        <ul class="layui-nav layui-nav-tree">
            <li class="layui-nav-item layui-nav-itemed">
                <a href="javascript:;">系统管理</a>
                <dl class="layui-nav-child">
                    <dd>
                        <a href="javascript:;">状态总览</a>
                    </dd>
                    <dd>
                        <a href="javascript:;">系统信息</a>
                    </dd>
                    <dd>
                        <a href="javascript:;">访问信息</a>
                    </dd>
                </dl>
            </li>
            <li class="layui-nav-item">
                <a href="javascript:;">商品管理</a>

            </li>

            <li class="layui-nav-item">
                <a href="javascript:;">权限管理</a>
            </li>
```

图8-92　第11步操作对应的代码

图8-93　第11步操作对应的效果图

⑫ 在步骤 10 中第二个 <li> 标签下添加类为 "layui-nav-child" 的 <dl> 标签，并在该标签下添加两个 <dd> 标签，在 <dd> 标签下添加设置属性为 href= "javascript:;" 的 <a> 标签，且 <a> 的文本内容分别为 "电子产品"、"生活用品"。代码如图 8-94 所示。

```
</>
<li class="layui-nav-item">
    <a href="javascript:;">商品管理</a>
    <dl class="layui-nav-child">
        <dd><a href="javascript:;">电子产品</a></dd>
        <dd><a href="javascript:;">生活用品</a></dd>
    </dl>

</li>
```

图8-94　第12步操作对应的代码

⑬ 在 类 为 "layui-layout layui-layout-admin" 的 <div> 标签下再次添加一个类 "layui-body"，id 为 "body1" 和 style= "display: none" 的 <div> 标签。代码如图 8-95 所示。

```
<div class="layui-body" id="body1" style="display: none">

</div>
```

图8-95　第13步操作对应的代码图

⑭ 在第一个类为 "layui-layout layui-layout-admin" 的 <div> 标签下添加类 "layui-footer"，并且其中 <div> 文本内容为 "欢迎使用"。代码如图 8-96 所示，效果如图 8-97 所示。

```
<!--主体底部的布局-->
<div class="layui-footer" style="">
    欢迎使用
</div>
```

图8-96　第14步操作对应的代码

欢迎使用

图8-97　第14步操作对应的效果图

⑮ 在第一个类为 "layui-layout layui-layout-admin" 的 <div> 标签后面，添加两个 <script> 标签，第一个 <script> 标签的 src 属性为 "layui.all.js"，在第二个 <script> 标签中利用 var 语句创建一个变量，该变量名为 "checkNum"，值为 0。声明一个名为 "Wexit" 的函数。然后在该函数下调用 window.close() 来关闭浏览器窗口。代码如图 8-98 所示。

```
<script>
    var checkNum=0;
    function Wexit(){
        window.close();
    }
</script>
```

图8-98　第15步操作对应的代码

⑯ 在步骤 13 中新添加的类为 "layui-tab" 的 <div> 标签中，添加类为 "layui-tab-title" 的 <ul> 标签，并在该标签下添加五个 <li> 标签，<li> 标签中的文本内容分别为 "访客信息""版本信息""服务器资源占用""数据库资源占用""实时监控"，其中第一个 <li> 标签中类为 "layui-this"。代码如图 8-99 所示。

```
<div class="layui-tab" lay-allowClose="true">
    <ul class="layui-tab-title">
        <li class="layui-this">访客信息</li>
        <li>版本信息</li>
        <li>服务器资源占用</li>
        <li>数据库资源占用</li>
        <li>实时监控</li>
    </ul>

</div>
```

图8-99　第16步操作对应的代码

⑰ 在步骤 13 的类为 "layui-tab" 的 <div> 标签中添加类为 "layui-tab-content" 的 <div> 标签，并在该标签下添加一个类为 "layui-tab-item layui-show" 的 <div> 标签，在类为 "layui-tab-item layui-show" 的 <div> 标签下添加类为 "layui-table" 的 <table> 标签。代码如图 8-100 所示。

⑱ 在 <table> 标签下添加七个 <tr> 标签。在每个 <tr> 标签下添加两个 <td> 标签，

第一个 \<td\> 标签的文本内容分别为"浏览器名称"、"浏览器版本"、"浏览器的代码名称"、"是否启用 Cookie"、"浏览器的语言"、"操作系统平台"、"CPU 等级",第二个 \<td\> 标签中 id 分别为"p1""p2""p3""p4""p5""p6""p7"。代码如图 8-101 所示。

```
<div class="layui-tab-content">
    <div class="layui-tab-item layui-show">
        <table class="layui-table">

        </table>
    </div>

</div>
```

图8-100 第17步操作对应的代码

```
<table class="layui-table">
    <tr>
        <td>浏览器名称</td>
        <td id="p1"></td>
    </tr>
    <tr>
        <td>浏览器版本</td>
        <td id="p2"></td>
    </tr>
    <tr>
        <td>浏览器的代码名称</td>
        <td id="p3"></td>
    </tr>
    <tr>
        <td>是否启用Cookie</td>
        <td id="p4"></td>
    </tr>
    <tr>
        <td>浏览器的语言</td>
        <td id="p5"></td>
    </tr>
    <tr>
        <td>操作系统平台</td>
        <td id="p6"></td>
    </tr>
    <tr>
        <td>CPU等级</td>
        <td id="p7"></td>
    </tr>
</table>
```

图8-101 第18步操作对应的代码

19 在步骤 17 的类为"layui-tab-item layui-show"的 \<div\> 标签下,添加类为"layui-card"的 \<div\> 标签,并在该标签下添加类为"layui-card-header"的 \<div\> 标签和类为"layui-card-body"的 \<div\> 标签,其中在第一个 \<div\> 标签内添加文本内容"上传文件"。在第二个 \<div\> 标签下添加一个 type="file" multiple 的 \<input\> 标签。代码如图 8-102 所示。

20 在步骤 17 中添加的类为"layui-tab-content"的 \<div\> 标签下,再次添加类为"layui-tab-item"的 \<div\> 标签,并在该标签下添加类为"layui-table"的 \<table\> 标签,在 \<table\> 标签下添加 \<tbody\> 标签,在 \<tbody\> 标签下添加三个 \<tr\> 标签,每个 \<tr\> 内部有两个 \<td\> 标签。其中每个 \<tr\> 当中的 \<td\> 文本内容分别是"当前版本""V1.2.1 ml""支持功能""服务器管理及优化""系统权限管理等""授权信息""已获得授权",设置最后一个 \<td\> 标签的 style 属性为"color: #5FB878"。代码如图 8-103 所示。

```
<div class="layui-card">
    <div class="layui-card-header">
        上传文件
    </div>
    <div class="layui-card-body">
        <input type="file" multiple>
    </div>
</div>
```

图8-102 第19步操作对应的代码

```
    </div>
    <div class="layui-tab-item">
        <table class="layui-table">
            <tbody>
                <tr>
                    <td>当前版本</td>
                    <td>V1.2.1 ml</td>
                </tr>
                <tr>
                    <td>支持功能</td>
                    <td>服务器管理及优化、系统权限管理等</td>
                </tr>
                <tr>
                    <td>授权信息</td>
                    <td style="color: #5FB878">已获得授权</td>
                </tr>
            </tbody>

        </table>

    </div>
```

图8-103 第20步操作对应的代码

21 在步骤 18 中,添加的类为"layui-tab-item layui-show"的 \<div\> 标签下添加一个类为"layui-tab-item"的 \<div\> 标签,并在刚添加的标签下添加类为"layui-card"的 \<div\> 标签,接着在刚添加的类为"layui-card"的 \<div\> 标签下添加类为"layui-card-body layadmin-takerates"的 \<div\> 标签。代码如图 8-104 所示。

```
<div class="layui-tab-item">
    <div class="layui-card">
        <div class="layui-card-body layadmin-takerates">

        </div>
    </div>
</div>
```

图8-104 第21步操作对应的代码

22 在刚添加的类为"layui-card-body layadmin-takerates"的 <div> 标签下添加类为"layui-progress layui-progress-big"和 lay-showPercent="true"的 <div> 标签，最后在刚添加的类为"layui-progress layui-progress-big"和 lay-showPercent="true"的 <div> 标签下添加类为"layui-progress-bar layui-bg-red"和 lay-percent="35%"的 <div> 标签。代码如图 8-105 所示。其中接下来的几个大致相同，在此不再过多地进行重复。代码如图 8-106、图 8-107 所示。

```
<div class="layui-tab-item">
    <div class="layui-card">
        <div class="layui-card-body layadmin-takerates">
            <div class="layui-progress layui-progress-big" lay-showPercent="true">
                <div class="layui-progress-bar layui-bg-green" lay-percent="35%">
                </div>
            </div>
        </div>
    </div>
</div>
```

图8-105　第22步操作对应的代码图（1）

```
<div class="layui-tab-item">
    <div class="layui-card">
        <div class="layui-card-body layadmin-takerates">
            <div class="layui-progress layui-progress-big" lay-showPercent="true">
                <div class="layui-progress-bar layui-bg-red" lay-percent="75%"></div>
            </div>
        </div>
    </div>
</div>
```

图8-106　第22步操作对应的代码图（2）

```
<div class="layui-tab-item">
    <div class="layui-card">
        <div class="layui-card-body layadmin-takerates">
            <div class="layui-progress layui-progress-big" lay-showPercent="true">
                <div class="layui-progress-bar layui-bg-blue" lay-percent="25%"></div>
            </div>
        </div>
    </div>
</div>
```

图8-107　第22步操作对应的代码图（3）

23 在 <script> 标签中利用 function 来声明名为"initBody"的函数，在里面调用 alert 方法用来显示内容为"即将进行二次验证！"的警告框。利用 var 定义一个名为"divh"的变量，并利用 document 对象调用 getElementById 方法来返回 id 为"body1"的元素对该变量进行赋值。代码如图 8-108 所示。

```
function initBody(){
    alert("即将进行二次验证！");
    var divh=document.getElementById("body1");
}
```

图8-108　第23步操作对应的代码

24 在 initBody 方法上利用 function 声明 checkUser 函数，利用 var 定义名为"UN"的变量，然后利用 window 对象调用 prompt 方法，这时会出现内容为"请输入用户名"的对话框。再次利用 var 定义名为"UP"的变量，然后利

用 window 对象调用 prompt 方法，这时会出现内容为"请输入密码"的对话框。最后利用 if 方法判断"UN"和"UP"是否输入正确，如果输入正确，系统会将 checkNum 数值定为 1。代码如图 8-109 所示。

```
function checkUser(){
    var UN=window.prompt("请输入用户名");
    var UP=window.prompt("请输入密码");
    if(UN=="user"&&UP=="password"){
        checkNum=1;
    }
}
```

图8-109　第24步操作对应的代码

25 在步骤 22 的 initBody 函数中进行补充，在 alert 方法下调用 checkUser 方法，最后添加 if 语句，判断 checkNum 是否为 0。如果是则将 divh 对象下的 style 属性下的 display 设置为"none"，如果不是则设置为"block"。代码如图 8-110 所示。

```
function initBody(){
    alert("即将进行二次验证！");
    checkUser();
    var divh=document.getElementById("body1");
    if(checkNum==0)
        {
            divh.style.display="none";
        }
    else
        {
            divh.style.display="block";
        }
}
```

图8-110　第25步操作对应的代码

疑难解答 display属性的作用是什么？
　　display 属性规定元素应该生成的框的类型。如果 display 属性为"none"，则此元素不会被显示。如果 display 属性为"block"，则此元素将显示为内联元素，元素前后没有换行符。

26 在 <script> 标签中利用 function 来声明名为"addVisitInfoFun"的函数，在该函数下利用 var 定义名为"pp1"的变量，然后利用 document 对象调用 getElementById 方法来返回 id 为"p1"的元素对该变量进行赋值，将 navigator 对象中的 appName 属性赋值给"pp1"的返回表格行的开始和结束标签之间的 HTML。下面对"pp2"中的不同属性进行赋值的方法相同，在此不再过多地进行重复。代码如图 8-111 所示。

27 在最后添加 window.onload 方法用于在网页加载完毕后立刻执行的操作，即当 HTML

文档加载完毕后，该方法相当于一个入口开始依次执行下方的 initBody、addVisitInfoFun 方法。此时整个页面被连串起来，使页面可以运行起来。代码如图 8-112 所示，效果如图 8-113～图 8-115 所示。

```
}
function addVisitInfoFun(){
    var pp1=document.getElementById("p1");
    pp1.innerHTML=navigator.appName;
    var pp2=document.getElementById("p2");
    pp2.innerHTML=navigator.appVersion;
    var pp2=document.getElementById("p3");
    pp2.innerHTML=navigator.appCodeName;
    var pp2=document.getElementById("p4");
    pp2.innerHTML=navigator.cookieEnable;
    var pp2=document.getElementById("p5");
    pp2.innerHTML=navigator.browserLanguage;
    var pp2=document.getElementById("p6");
    pp2.innerHTML=navigator.platform;
    var pp2=document.getElementById("p7");
    pp2.innerHTML=navigator.cpuClass;
}
```

图8-111 第26步操作对应的代码

```
window.onload=function(){
    initBody();
    addVisitInfoFun();
}
```

图8-112 第27步操作对应的代码

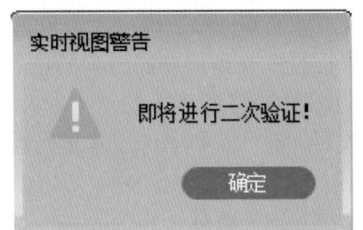

图8-113 第27步操作对应的效果图（1）

图8-114 第27步操作对应的效果图（2）

图8-115 第27步操作对应的效果图（3）

28 整体页面如图 8-116 所示。

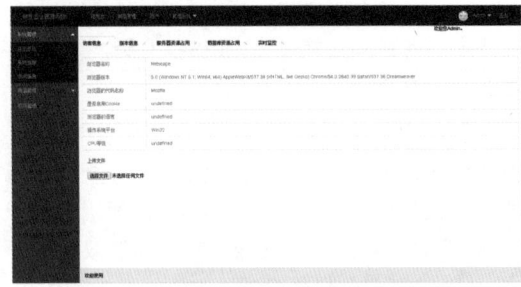

图8-116 整体页面效果图

➡8.4 思考与练习

1. 选择文件的什么属性来控制可选文件的多少，来实现多选功能？

2. 运行的拖曳效果有三种，分别是什么？

附录　参考答案

第1章

1. 我们可以直接输入文字，或者将文字与标签结合，通常我们在 <p>、<a>、<span>、<div> 标签内添加文本。我们可以使用 <style> 标签添加内联样式并设置相应的 <CSS> 样式来改变文本的样式。

2. 我们一共讲解了采用两种方法实现，一种是通过添加 <hr> 标签实现的；另外一种是通过定义外阴影实现的。我们通过使用 "box-shadow" 的 CSS 样式实现添加水平线的效果。

3. 列表一共分为三种，分别是有序列表、无序列表、自定义列表。

第2章

1. 我们可以通过两种方式引入图片，一种是通过 <img> 标签引入图片；另外一种是通过设置标签的背景图片来引入图片。

2. 我们可以通过三种方式，第一种是通过连接外样式文件来使用 CSS 样式；第二种是通过 <style> 标签来使用 CSS 样式；第三种是通过在标签内使用 style 属性来使用内联样式。

第3章

1. 有四种，分别是 "_blank"、"_self"、"_parent"、"_top"。

2. 使用 <iframe> 标签可以在网页中创建一个浮动框架，在 <iframe> 标签上添加 width 和 height 属性并设置其属性值，可以为浮动框架设置宽度和高度。

第4章

1. 表格一共由三个部分组成，分别是表头、表格行、表格单元。

2. 我们通过使用 <input> 标签实现网页中的登录功能。<input> 标签可以设置多个类型，实现不同的功能。

第5章

1. 常见的视频格式有：mp4、avi、3gp、rm、gif、wmv、mkv、mpeg。

常见的音频格式有：mp3、wma、flac、aac、mmf、amr、m4a。

2. 其中关于滚动方式、循环次数、滚动速度、停顿时间、运动区域背景色、运动区域高度和宽度等均可设置。

第6章

1. JavaScript 是一种直译式脚本语言，是一种动态类型、弱类型、基于原型的语言，内置支持类型。它主要用于嵌入动态文本于 HTML 页面、对浏览器事件做出响应、读写 HTML 元素、在数据被提交到服务器之前验证数据、检测访客的浏览器信息、控制 cookies，包括创建和修改等、基于 Node.js 技术进行服务器端编程。

2. 管理文档的事件是 Document。Document 是常用的 JavaScript 对象，用于管理网页文档。

3. JavaScript 作为一个直译式脚本语言，在网页中可以动态地获取数据，并设置当用户触发某些事件时做出响应。在现在我们可以使用 jquery 更加便捷地实现一些功能。并且随着 nodejs 的出现，JavaScript 的重要性日益突出。

第7章

1. 其恢复过程符合内存中的栈的规律：先保存的，后恢复；后保存的，先恢复。

2. HTML 中的常见长度单位一共有 8 个，分别是 px、em、pt、ex、pc、in、mm、cm。

第8章

1. 还可以通过添加元素的 multiple 属性，实现选择多个文件的功能。

2. ① copy：被拖曳的数据将从当前位置复制到放开的位置。

② move：被拖曳的数据将从当前位置移动到放开的位置。

③ link：指在源位置和放开的位置之间将建立某种关系或链接。

HTML5

网页设计与制作案例教程

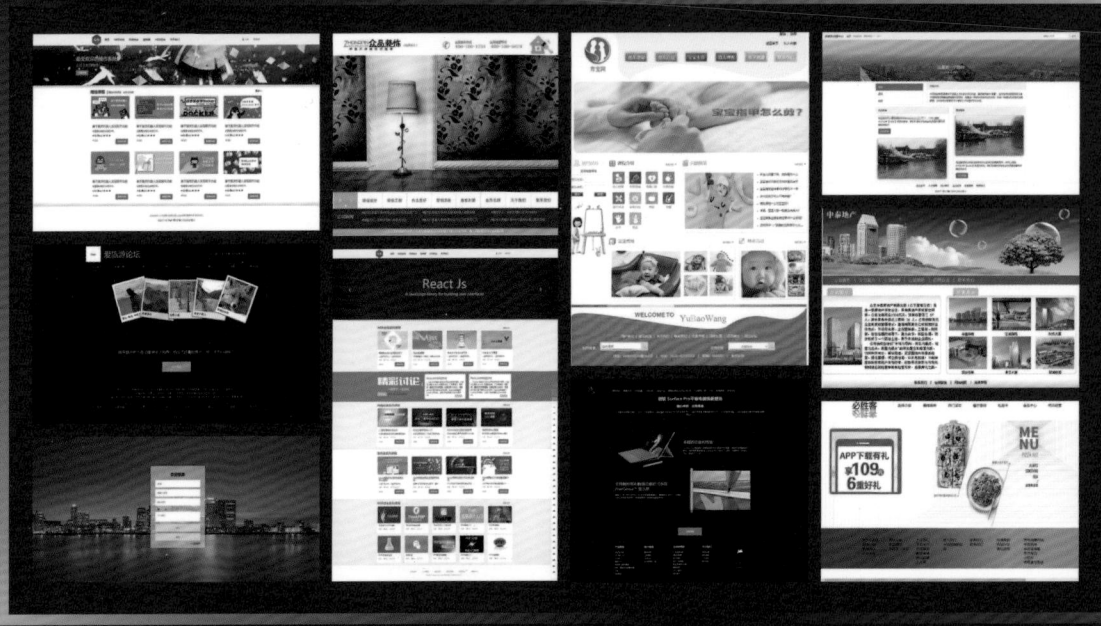

清华社官方微信号

扫我有惊喜

ISBN 978-7-302-55444-8

9 787302 554448 >

定价: 66.00元